室内细部 INTERIOR DETAIL

6000例

1

金 盘 地 产 传 媒 有 限 公 司　策划
广州市唐艺文化传播有限公司　编著

◎酒店　◎SPA

中国林业出版社
China Forestry Publishing House

图书在版编目（C I P）数据

室内细部6000例. 1 / 广州市唐艺文化传播有限公司编著. -- 北京 : 中国林业出版社, 2017.9
ISBN 978-7-5038-9253-0

Ⅰ. ①室… Ⅱ. ①广… Ⅲ. ①室内装饰设计 Ⅳ. ① TU238.2

中国版本图书馆CIP数据核字(2017)第207244号

室内细部6000例 1

编　　著: 广州市唐艺文化传播有限公司
策划编辑: 高雪梅
文字编辑: 高雪梅
装帧设计: 陶　君

中国林业出版社·建筑分社
责任编辑: 纪　亮　王思源

出版发行: 中国林业出版社
出版社地址: 北京西城区德内大街刘海胡同7号, 邮编: 100009
出版社网址: http://lycb.forestry.gov.cn/
经　　销: 全国新华书店
印　　刷: 恒美印务（广州）有限公司
开　　本: 1016mm×1320mm 1/16
印　　张: 21.75
版　　次: 2017年11月第1版
印　　次: 2017年11月第1版
标准书号: ISBN 978-7-5038-9253-0
定　　价: 329.00元（全套定价: 1037.00元）

前 言

一个优秀的室内设计作品和文学、戏剧、舞蹈以及绘画艺术一样，需要精心设计的细部形态来支撑。纵观风格多样的室内设计市场一片繁荣，但出类拔萃的作品却为数不多。一个重要原因就是对室内细部处理不够重视，从方案创作到施工图设计阶段，对细部元素的提炼运用、构造技术认识不足，导致整体表达与把握能力的缺失，无法体现空间感染力和场所精神。

室内细部，是指在整体室内环境中，针对不同空间的重点视觉观赏部位，运用一种或多种不同的元素所形成的细节。对于强调装饰性的室内环境，细部设计指的是附加给空间的物质形态，是作品中细致的部分。在室内环境中，精心设计的细部能烘托出整体环境的氛围，并赋予整体环境以性格特征。细部设计虽包含在整体环境之中，但整体环境的设计并不是细部的简单相加，而是对总体效果控制与细部特征把握相结合的产物。只有相互协调的细部才能构筑出精致、完美的整体环境，它是按形式美的规律精心组织起来的，是有主次之分的有序形态，是艺术作品意与匠的体现。对细部设计“度”的表现，需要设计师用心去感悟、去把握、去表现。设计时只有心怀全局，从一个细部的做法就可折射出大空间的感觉，才能达到最后理想的整体设计效果。

综观室内设计的各种书籍，深感目前市场上缺乏对各阶段概念的视觉表述，尤其是细部资料的匮乏。于是我们特别编辑了《室内细部6000例》这套书，共分为三册，着重介绍了人们生活、工作、购物以及休闲活动的室内场所：住宅、酒店、办公、餐厅、茶楼等空间，在这些场所中收录最新的、极具参考价值的室内细部创意元素。

本书精选决定室内整体基调的六大版块：平面元素的设计、材料的选择、色彩的搭配、空间的布局、照明的应用、软装的陈设，全面剖析它们的美学品质和应用潜力，致力引导室内设计专业领域的时尚潮流。希望通过这一系列的图书，让室内设计及相关行业的设计人员、院校学生等得到有益的启发。

目录

酒店

酒店作为一个高端的休息场所，具有多功能、奢华、多样化、人性化、个性化、环保化等共性，能最大限度地满足客户的不同需求。

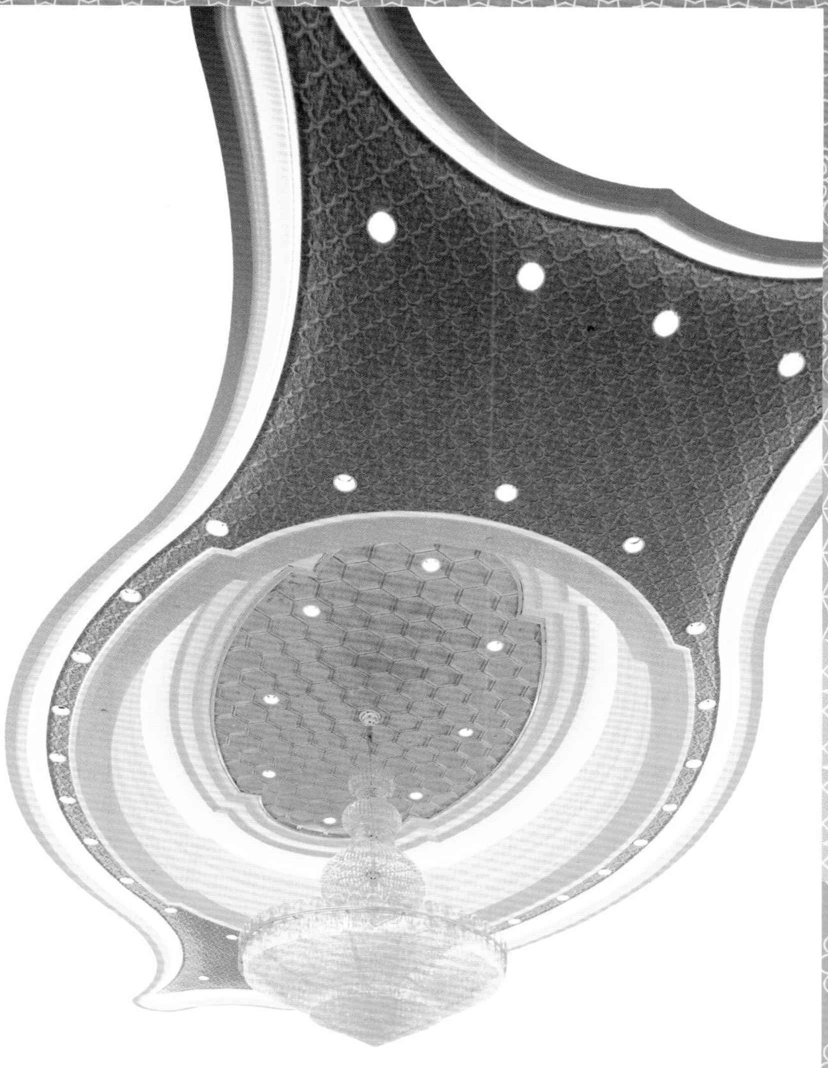

走道包括电梯间、廊道和楼梯，这些区域是连接酒店各个功能区域的重要纽带，对于整个酒店形象及品质来说非常重要。

酒店其他空间功能的完善、布局的合理，关键在于做到动静分明，而且主次有序。

在酒店空间中，把自然景观移植室内，不仅能够为人们提供新鲜空气，而且对室内环境进行美化与装饰，提升室内环境的视觉质量。

SPA

SPA场所在装修设计时必须注意空间关系、美容服务流程、室内造型设计以及软装饰搭配等。整体设计而言，其装修不能显得老气、过时，又不能过于前卫、张扬。

酒

关键词：大气　奢华　尊贵　舒适

酒店作为一个高端的休息场所，具有多功能、奢华、多样化、人性化、个性化、环保化等共性，最大限度地能够满足客户的不同需求。酒店设计最关键的是整体氛围的营造，从装修风格到照明设计，都应与其自身的酒店定位及类型相吻合。设计中应用新材料和工艺技术加强设计的品质，带来全新的视觉效果。特别是在大堂和客房的设计上，融入表达人文风情、地域符号、中国文化特色的设计，不断开发华丽中的细节，让人们在享受奢华的同时感受到酒店中的静谧。

店

大堂

宴会厅、会议厅

餐饮区

客房

卫生间

休闲健身

走道

其他

室内景观

大堂

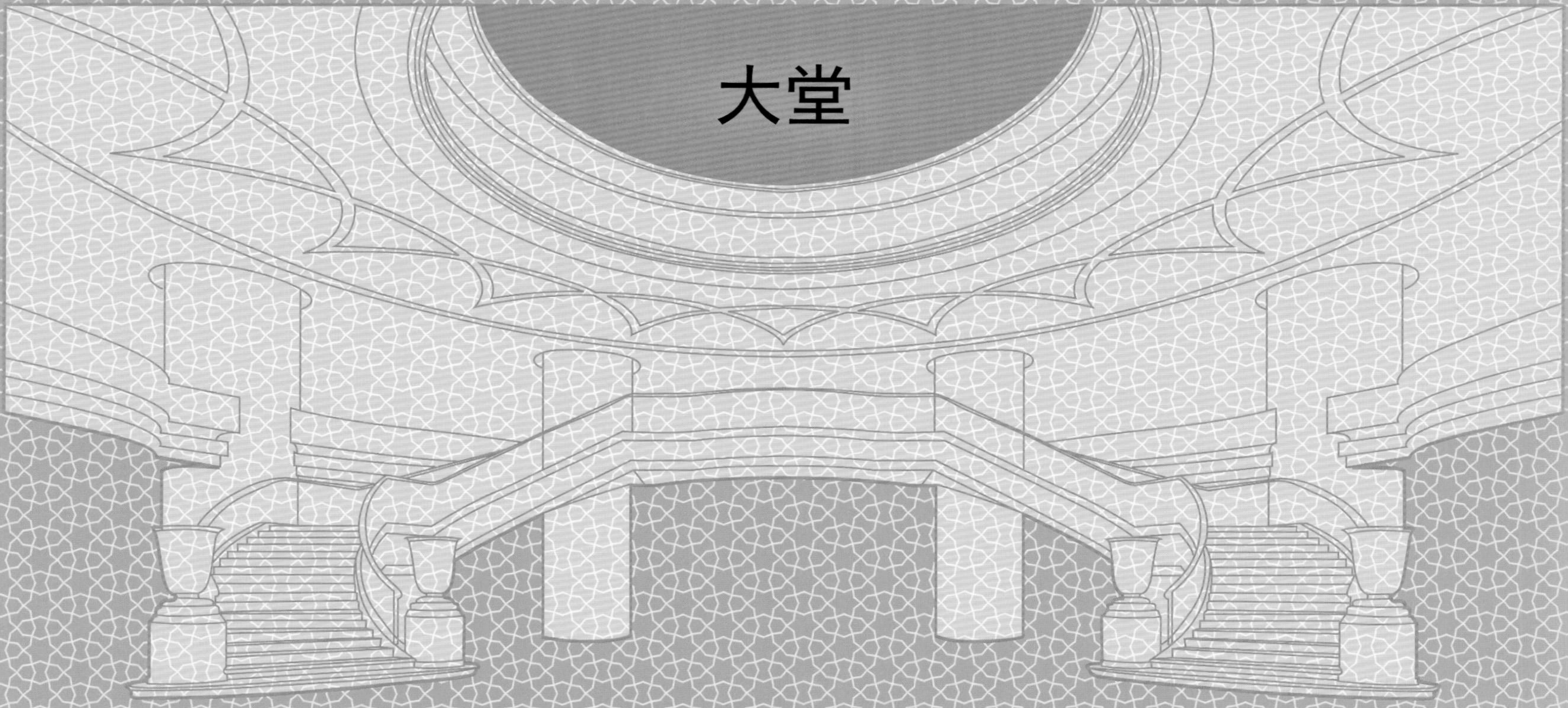

关键词：华丽 大方 文化韵味

酒店大堂是酒店的身份和象征，其设计、布局以及所营造出的独特氛围，将直接影响酒店的形象与其本身功能的发挥。一个好的酒店大堂一定有其内在的文化内涵、精神气质，使空间富有灵魂和生命力，这就要求设计师运用与众不同的表现角度和表现手法，通过对空间造型、比例尺度、色彩构成、光照明暗、材料质感等诸多因素的成功组合，构成一个气势恢弘、高雅独特的空间。

平面元素

关键词：各种图案　丰富　动感

平面构成的基本设计元素为点、线、面，依其特殊的个性，运用分割、集合、重叠等方法构成各种变化的平面图案。当这些图案应用于空间设计时，二维平面与三维空间结合，即空间成为平面元素的载体，平面元素得到了更丰富的运用，而空间则以三维的形式和不同的材质把平面图案勾勒得更惟妙惟肖。平面图形元素在空间中的运用，在很大程度上为室内空间提供丰富的视觉和精神品质。

地面

关键词：耐用 豪华 高雅 艺术感

作为酒店大堂空间的基础面，地面承担着支撑人们室内活动的作用。其中，耐用性是地面最重要的一项标准，大堂的地面多用磨光花岗石和大理石铺装，既豪华，又便于洁净。由于大多数大堂的中央没有什么家具，故常在这里作拼花，图案多种多样，设计风格大气高雅，在视觉上给人以冲击和美感，更赋予了空间全新的艺术感。另外，橡胶地面、编织地毯、玻璃地面等这类特殊的地面装饰材料也逐渐得到应用。

平面元素

宴会厅、会议厅

材料

餐饮区

色彩

客房

空间

卫生间

照明

休闲健身

走道

其他

软装

室内景观

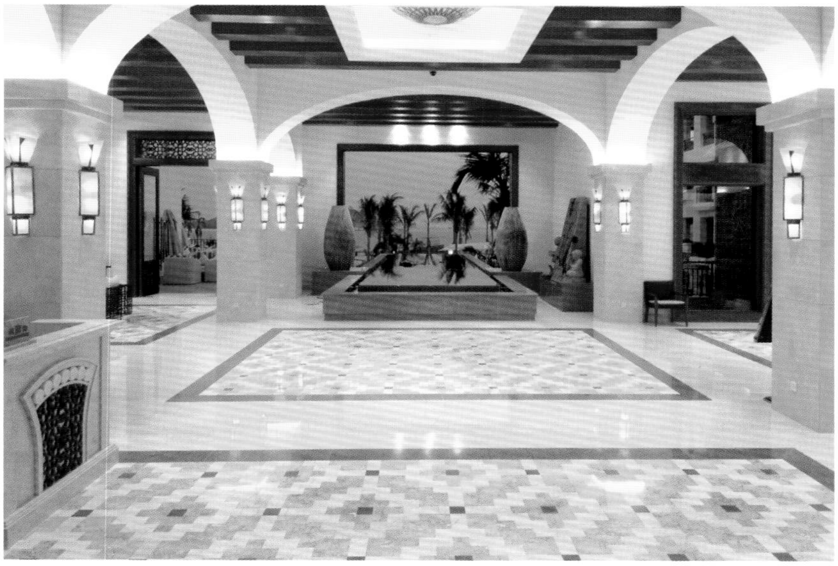

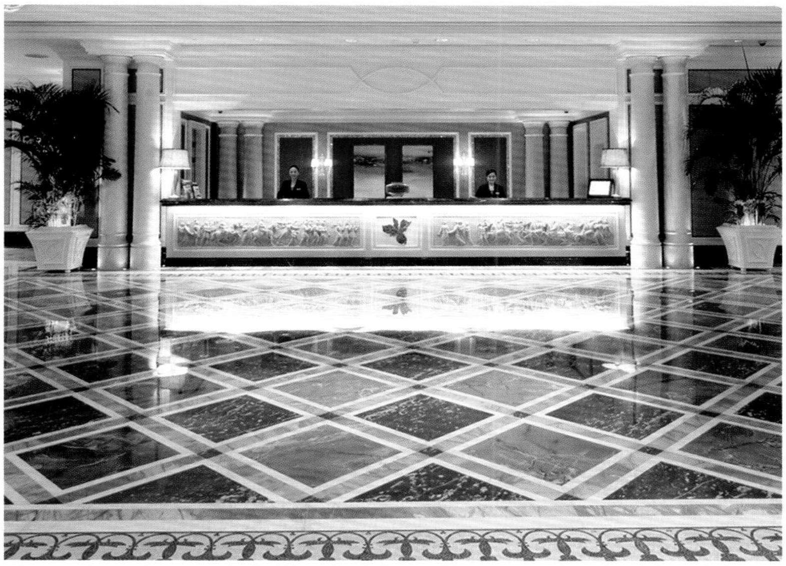

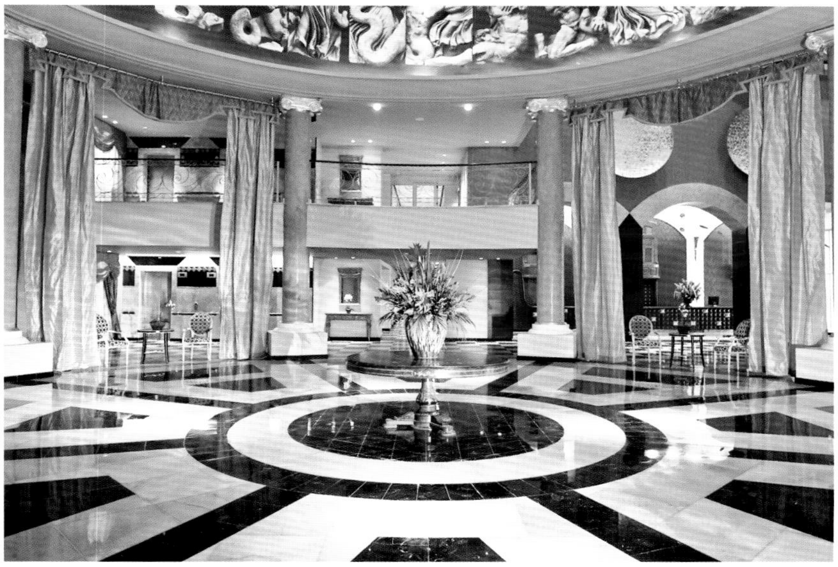

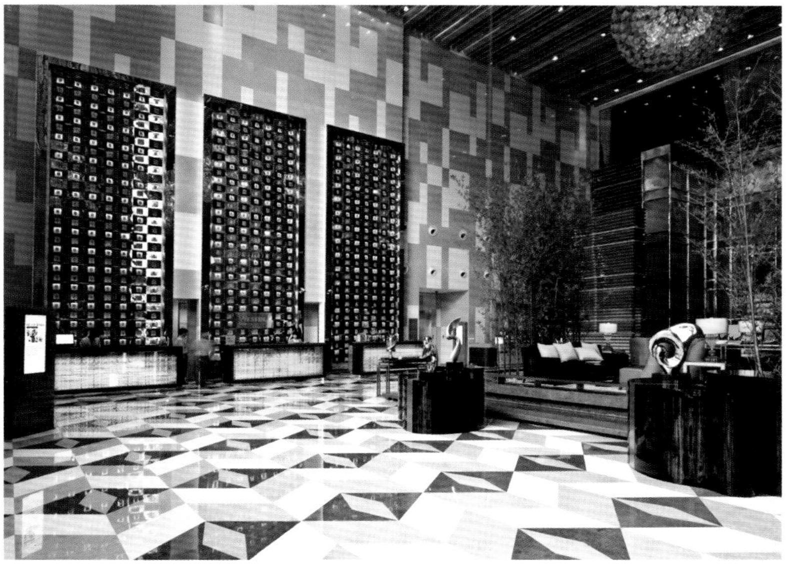

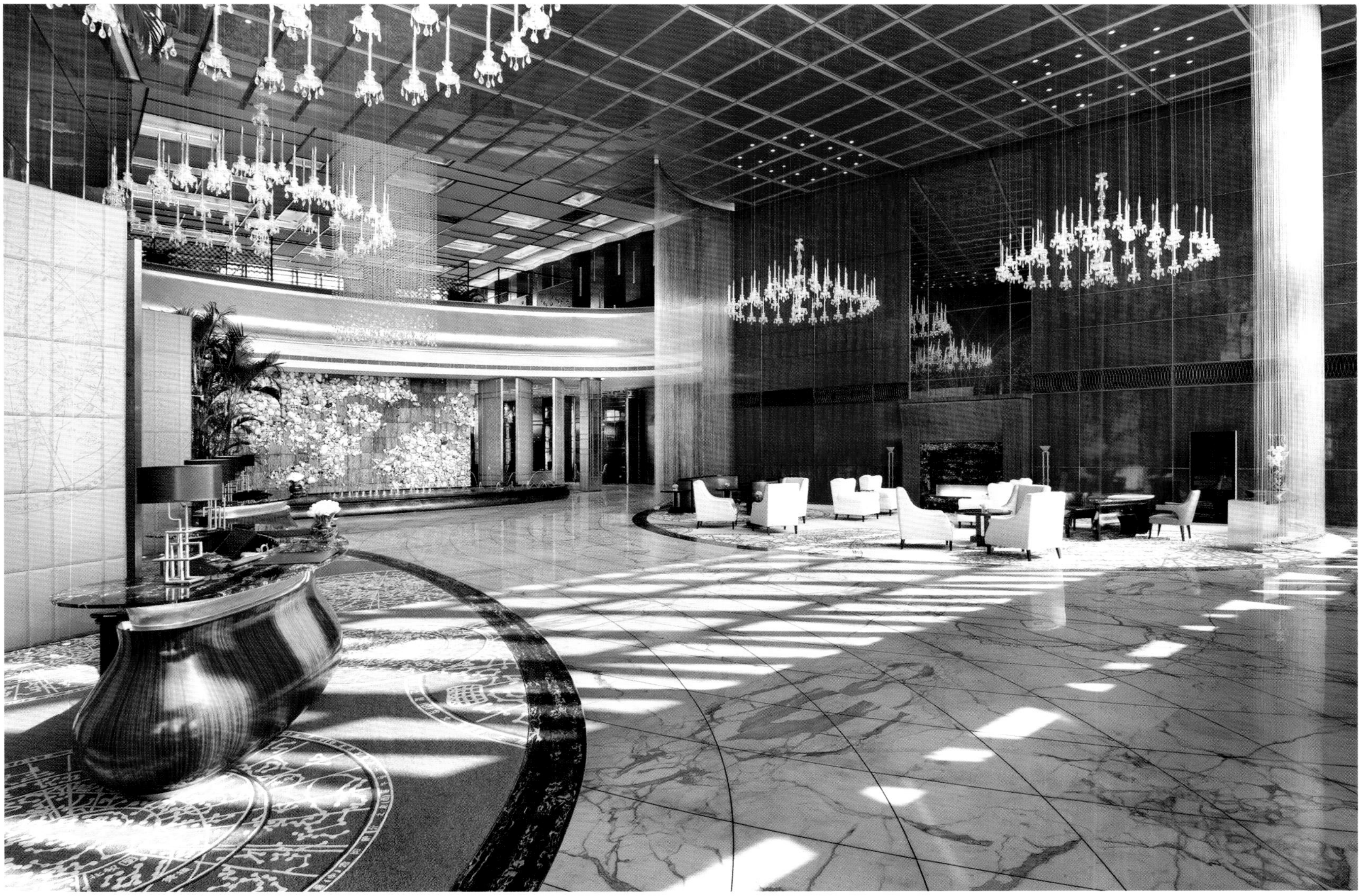

背景墙

关键词：大气 恢宏 优雅 美感

大堂背景墙多选择石材、瓷砖和木材，偶尔也用玻璃、不锈钢、钢条、铁艺做点缀。特别是花岗石和大理石的背景墙，富有豪华感，墙面上可选择以抽象的造型图案装饰，或者可用大型壁画、浮雕或挂毯，不但可以增加墙面的装饰性，还可以体现大堂的特色，进入大堂迎面给人以大气、恢宏、舒适、优雅之感。

酒店

大堂

宴会厅、会议厅

餐饮区

客房

卫生间

休闲健身

走道

其他

室内景观

平面元素

材料

色彩

空间

照明

软装

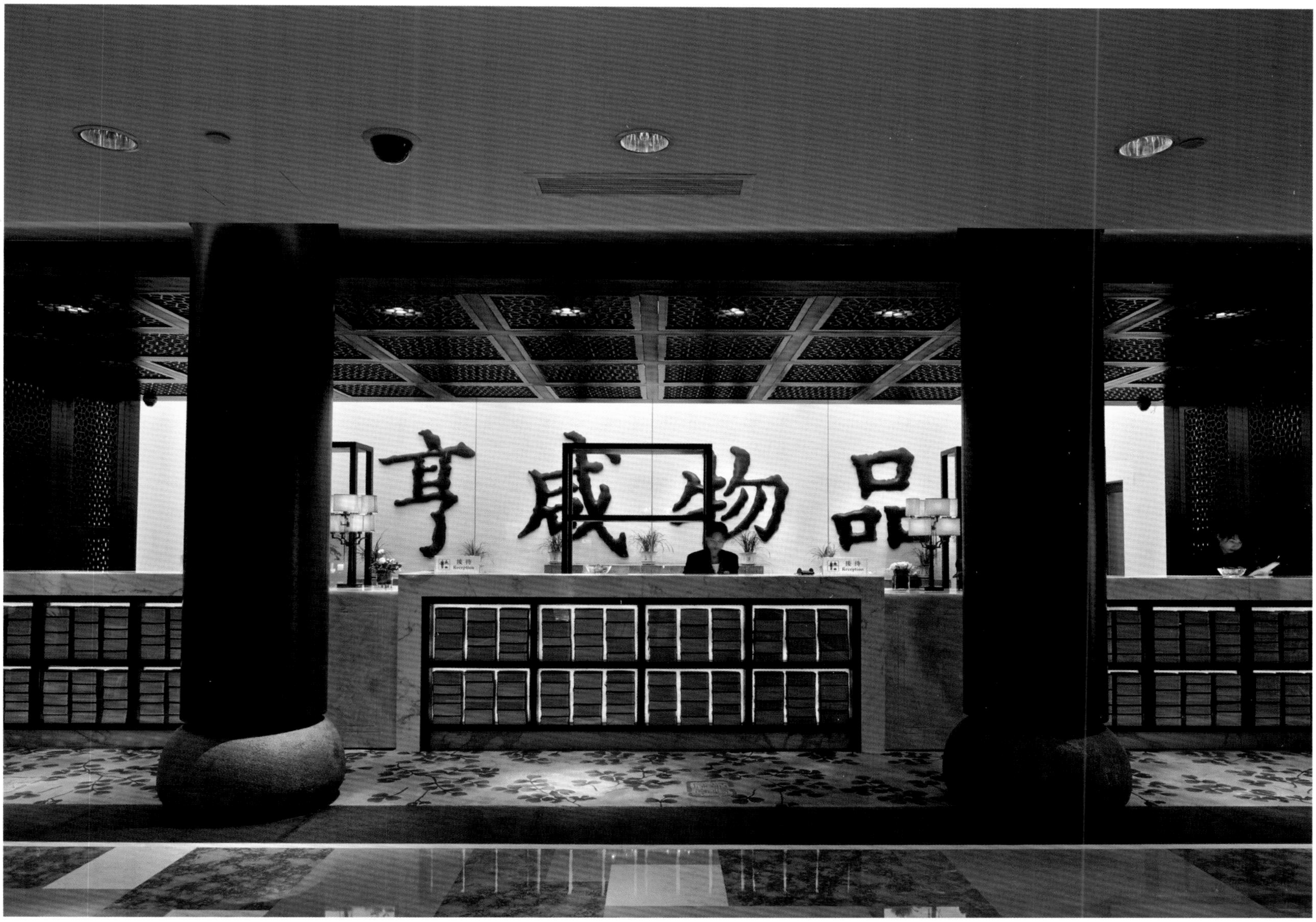

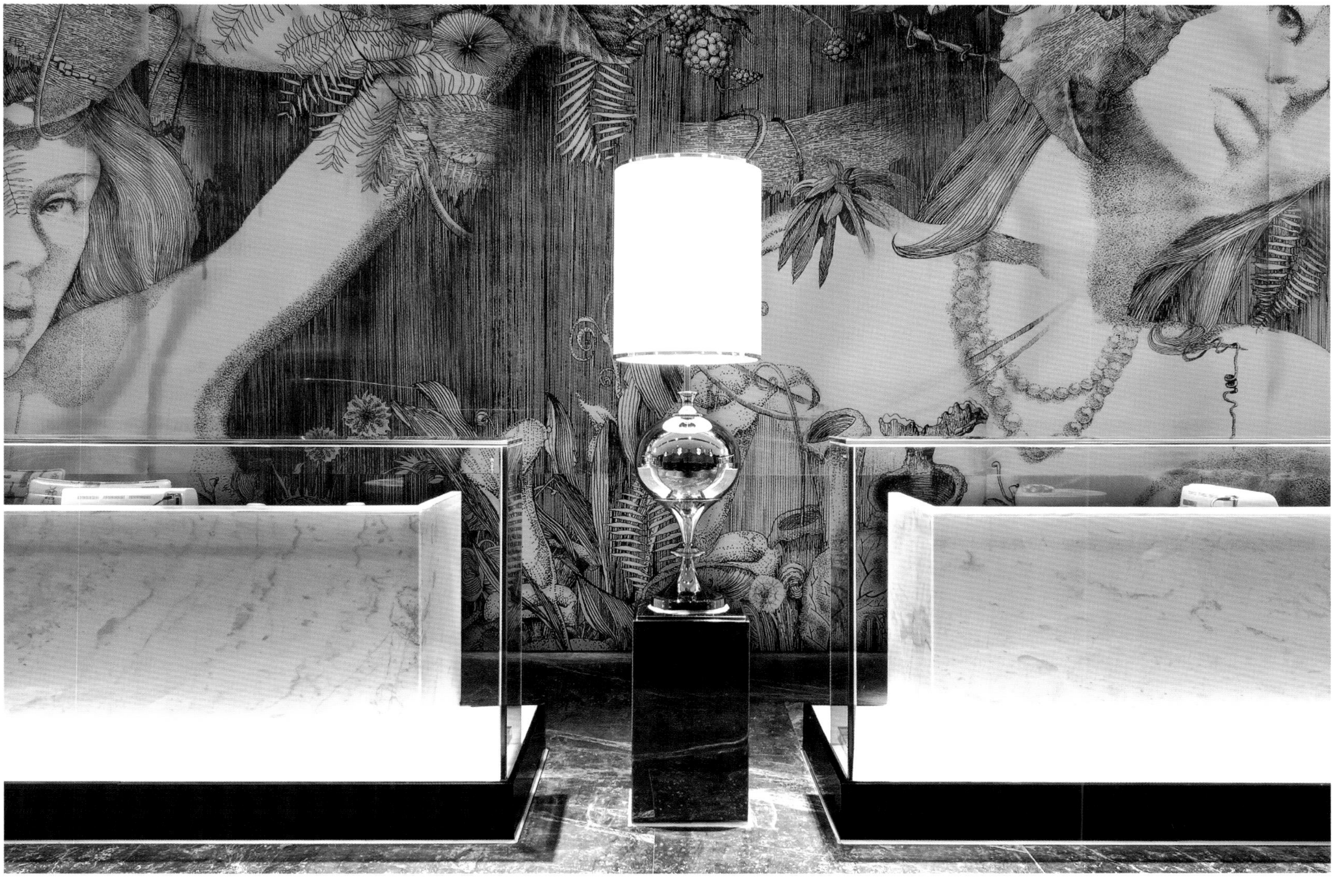

天花

关键词：风格多样 简洁 美观

大堂天花对设计师来说是一个大展身手的地方，足够大的顶部空间可以演绎出千姿百态的风格形式。同时，大堂的天花设计也是酒店设计的一个重要方面，天花的设计往往可以奠定酒店的风格。设计天花要全面考虑材料、色彩、图案、造型等因素以及空间的整体效果。除自身要求外，还应与屋顶结构形式相统一，与灯具相结合，力求简洁、完整，不宜做过分的繁琐装饰及堆砌豪华装饰材料。

材料

关键词：庄重 温馨 质感

大堂在选择装饰材料上，多采用高档的天然石材和木材，如大理石、花岗岩等，具有庄重、华贵之感，而高级木装修则显得亲切、温馨，同时也会运用一些不锈钢、镜面玻璃、亚光漆、彩色金属板、压纹定型板等新型材料，通过材料的质感、颜色的搭配、饰物的布置，使装修与装饰产生相得益彰的效果。

木质

关键词：环保 美观 耐用 质感

木质材料环保、质轻、美观，比起其他替代材料更加耐用。设计师在酒店大堂中运用了大量的木质材料来设计服务台、天花板以及家具等，木材自然而富有纹理的质感，营造出一个温馨而愉悦的氛围。

大堂

宴会厅、会议厅

餐饮区

客房

卫生间

休闲健身

走道

其他

室内景观

平面元素

材料

色彩

空间

照明

软装

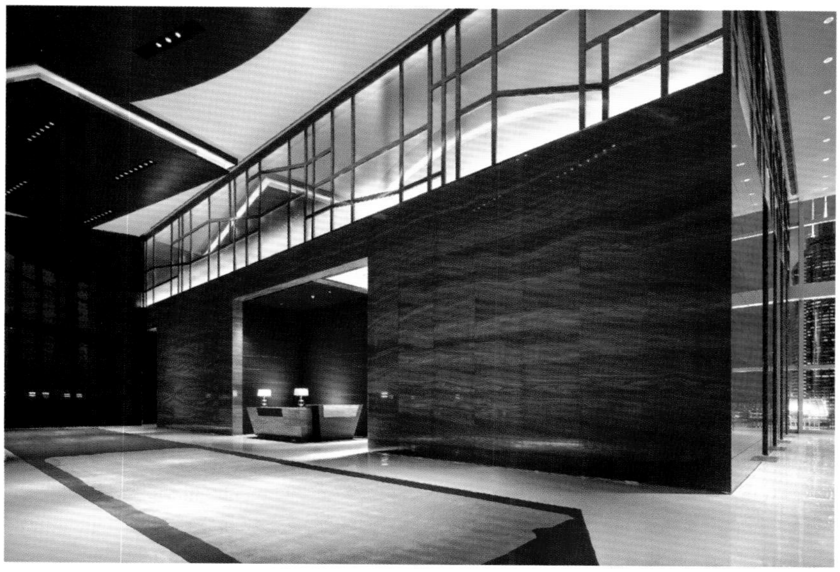

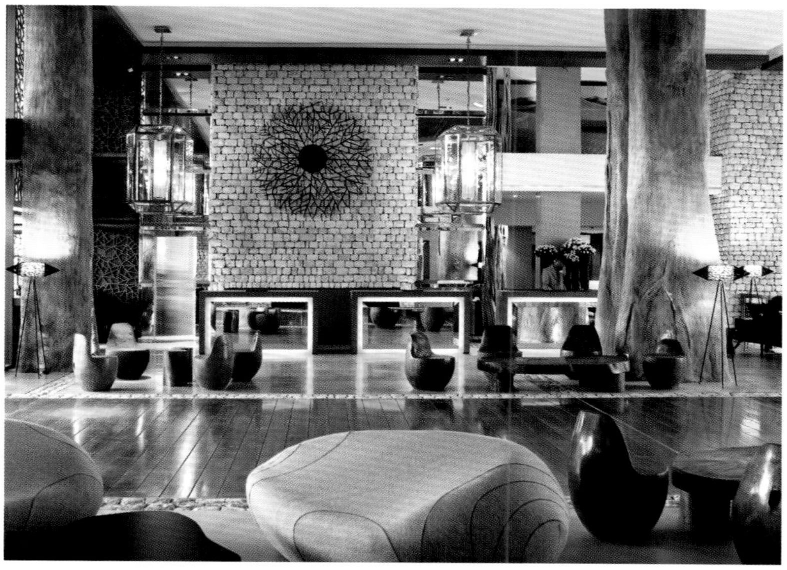

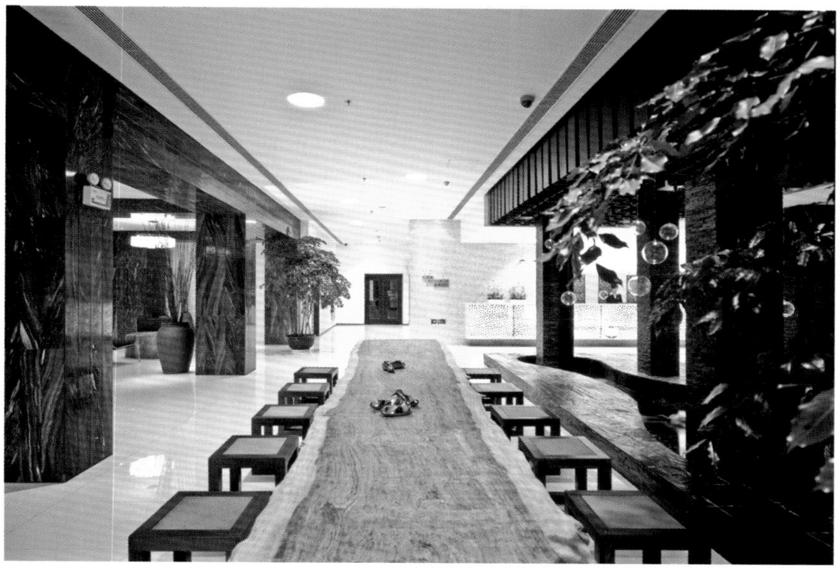

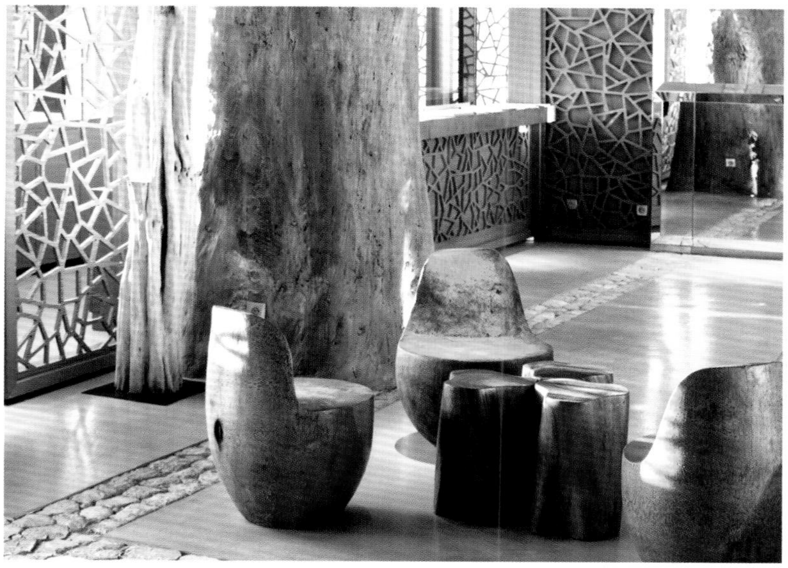

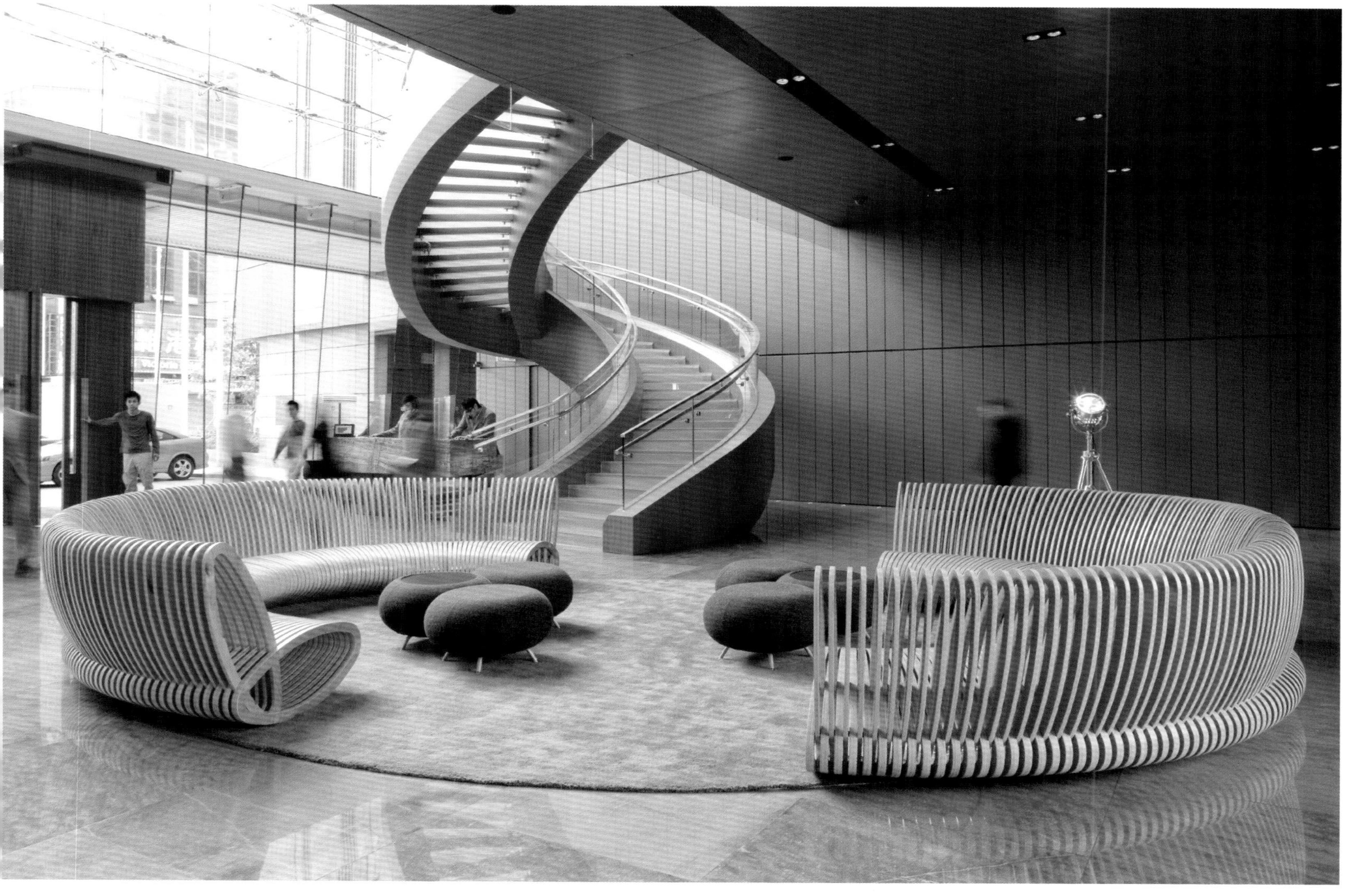

材料展示

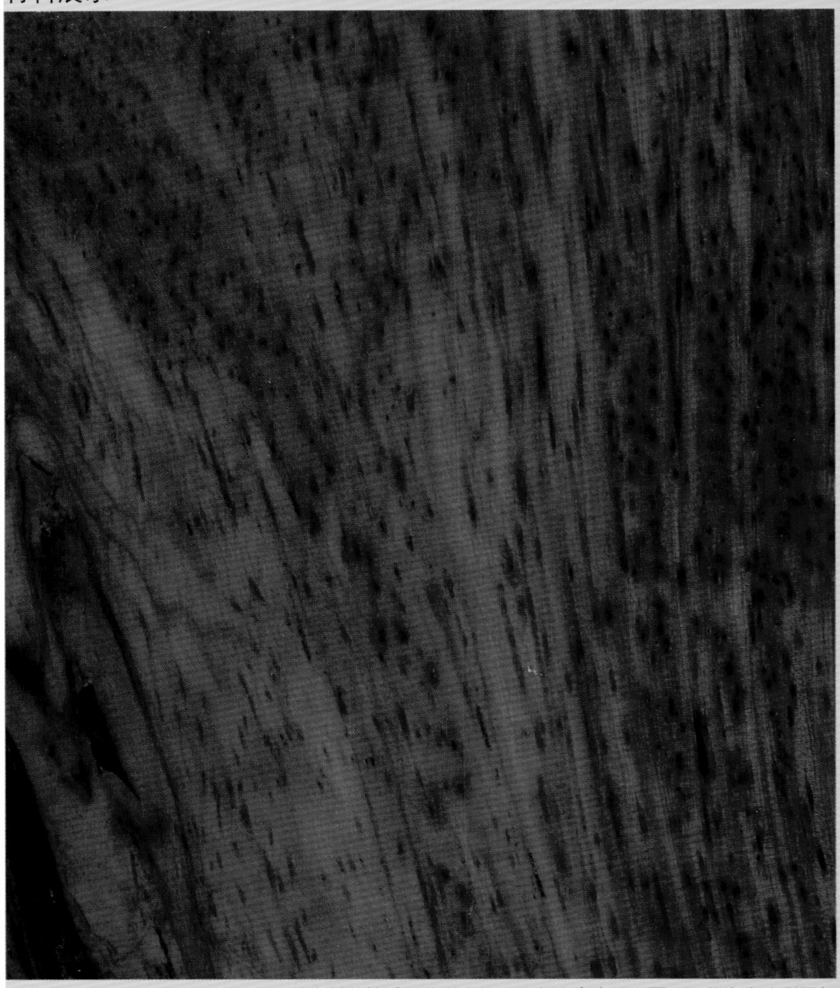

亚花梨：有二十多种类，这二十多种木材的性质与花梨木接近，但在密度等方面又不能完全达到国标中关于花梨木所要求的标准，因而被称之为“亚花梨”。

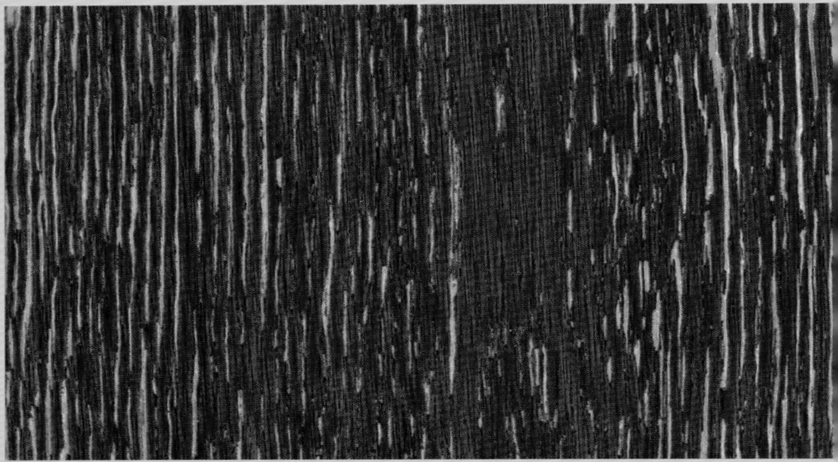

橡木拉丝

水曲柳拉丝仿古

石材

关键词：天然 亮丽 光泽 豪华

酒店设计中运用石材较多的部分即为酒店大堂，而天然石材应用于酒店大堂中大体部位为：地面、电梯入口墙面、大堂前台形象背景墙、大堂前台吧台、大堂圆柱等。优秀的设计师能通过石材天然独成的纹路及纯净亮丽的色泽，将大自然与艺术完美结合，从而赋予酒店建筑空间灵魂和生命。

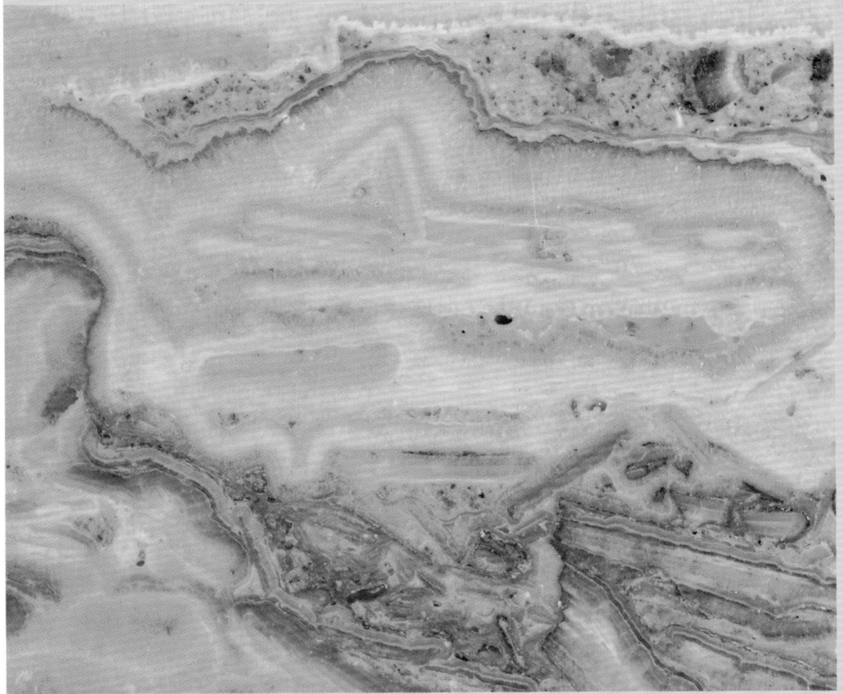

月亮玉： 纹理走向分明，色彩承续了玉的光泽与气质。

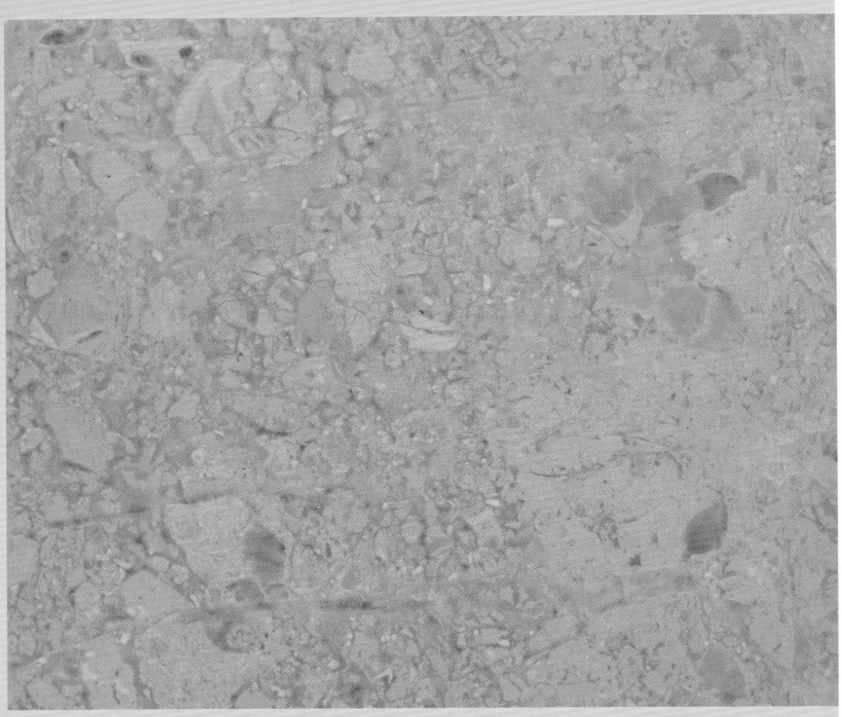

圣诞米黄

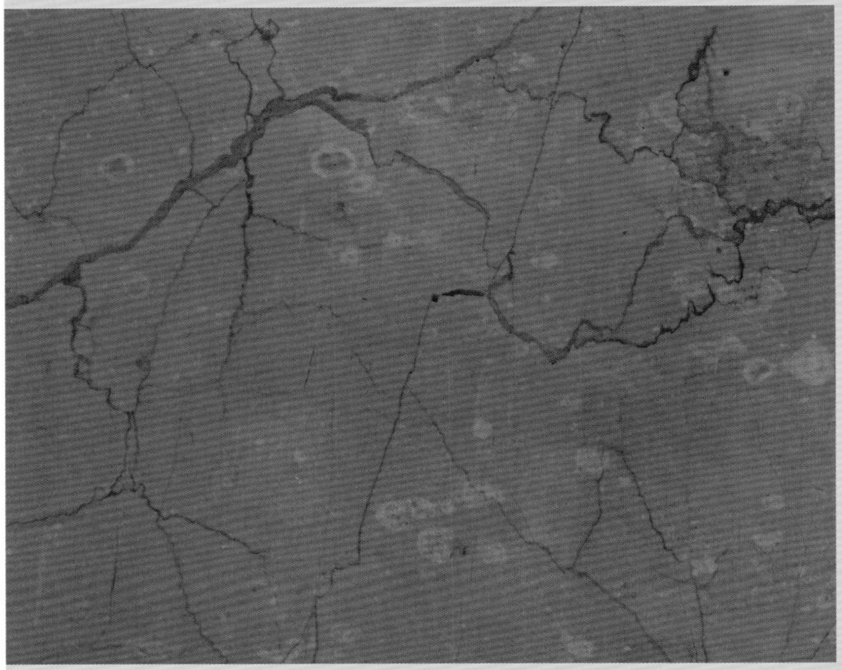

帝皇金： 材质细腻，光度好，比较容易胶补。

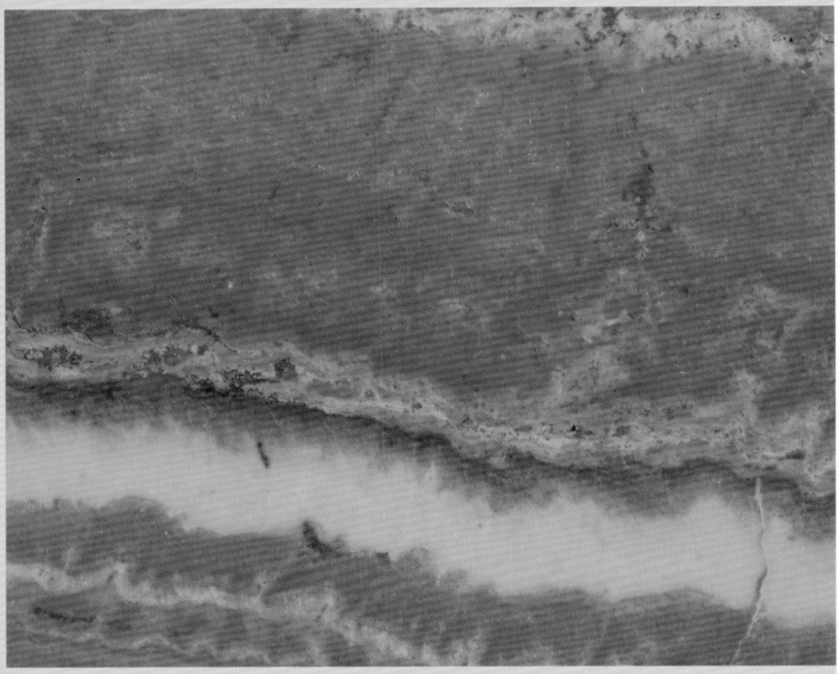

金罗曼： 金黄的色彩，银白的纹理，恬淡的奢华中不失大气。材质饱满温馨，载满欧洲皇室的尊尚气质。

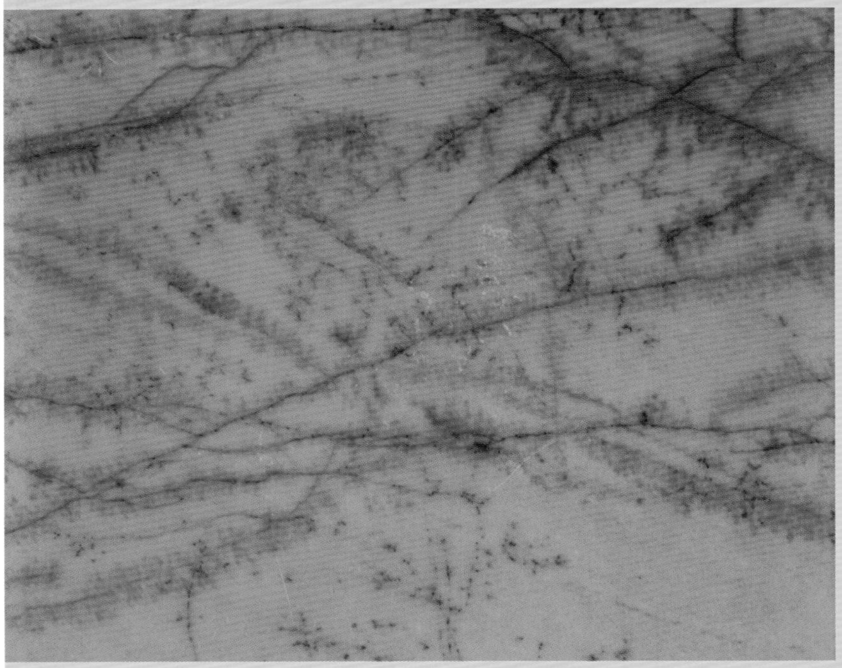

黄金天龙： 色彩斑斓，花纹无一相同，广泛应用于公共建筑、别墅、豪宅、星级酒店、会所等建筑装饰，名贵典雅，具有皇家宫廷的奢华。

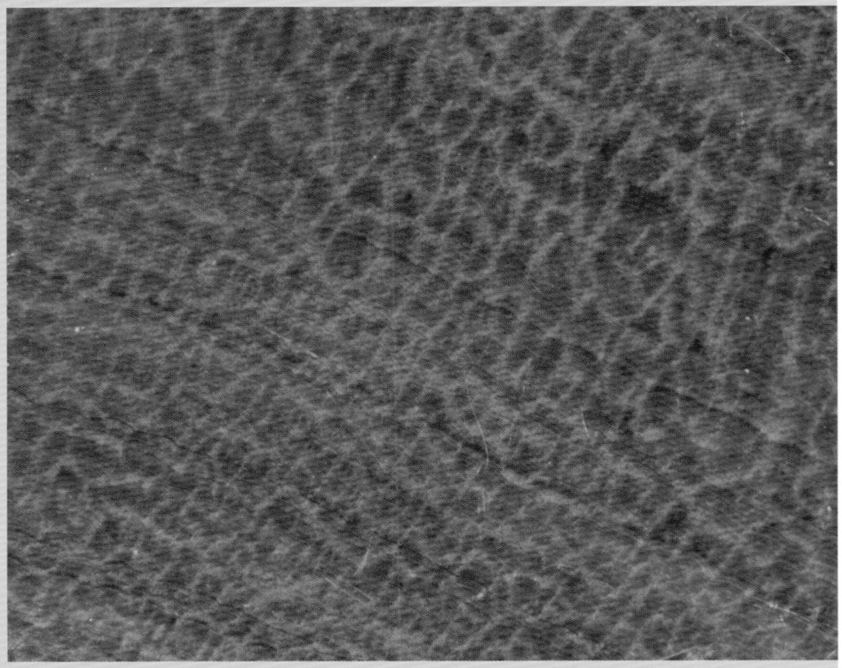

金木纹： 该大理石木纹清晰，适用于室内外高档装饰。

色彩

关键词：和谐 整体性 视觉感染力

大堂色彩是由许多方面组成，如吊顶面色、墙面色、地面色、家具色以及陈设物的色彩等。大堂的色彩不能走两个极端：色彩太单一，会使人乏味；但色彩过于繁杂，又容易使人心浮气躁。各部分的色彩变化都应服从于一个基本色调，才能使整个大堂装饰呈现互相和谐的完美整体性。

暖色系

关键词：温暖 明快 兴奋感

红、橙、黄色系列让人联想到火光与太阳，从而产生热或暖的感觉。暖色调的酒店大堂烘托出明快、辉煌、典雅的感觉。通常大堂的墙、顶、地面抓住金黄色基调，并通过红、黄、橙等多种色彩的大胆运用使大堂极具视觉感染力。

空间

关键词：高大 开敞 导向性

酒店大堂是宾客穿行、分流的主要空间，高大开敞是大堂空间设计的基本要求，最好为庭院式，采光效果佳。在空间处理上要考虑视觉导向的作用，通过具有导向性的形体和线条、连续的图案或色彩等装饰设计手段来科学合理地组织空间的时序关系，使空间动向流线清晰明确，具有连续、渐变、转折、引申等导向功能；避免空间时序杂乱，方便宾客的正常活动。

入口

关键词：宽敞 典雅 防风 便于通行

大堂入口包括进门和前厅，是进入酒店的过渡空间。宽敞典雅的入口很重要，既便于客人认辨，又便于人员和行李的进出；同时要求能防风，减少空调空气的外逸，地面耐磨易清洁且雨天防滑。部门酒店设置双重门，或在自动门处加一道风幕。门的种类分手推门、旋转门、自动门等。

中庭

关键词：开放 共享 尺度宜人

大堂中庭的设置要考虑人们的生理和心理感受，要符合空间尺度关系，过低会使人感到压抑。通常人的视觉合理感受高度约为21～24米，在规划时应考虑这个规律和因素，通过设计手法使空间的构成元素和构成比例相对应。中庭共享空间一般有三种形式：一是主题建筑围合形式；二是群楼建筑围合形式，此类中庭形式较多，常见于旅游度假型酒店中；三是建筑物前单面设立的形式。

酒店

大堂

宴会厅、会议厅

餐饮区

客房

卫生间

休闲健身

走道

其他

室内景观

平面元素　　材料　　色彩　　空间　　照明　　软装

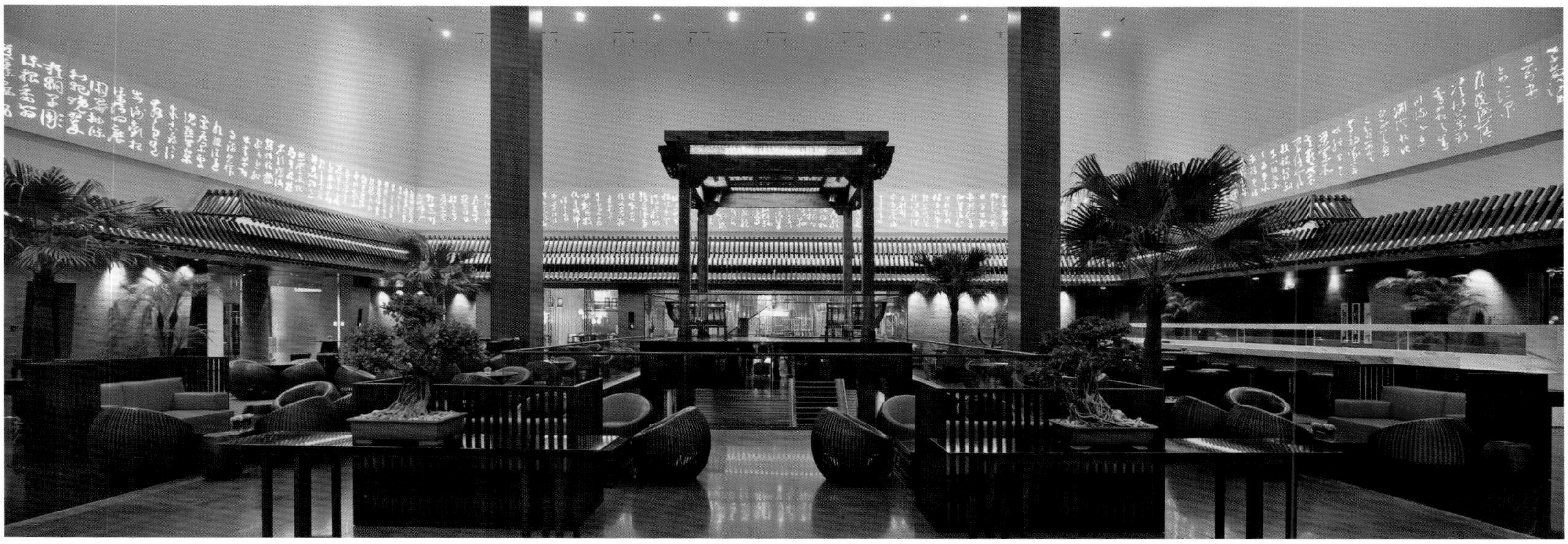

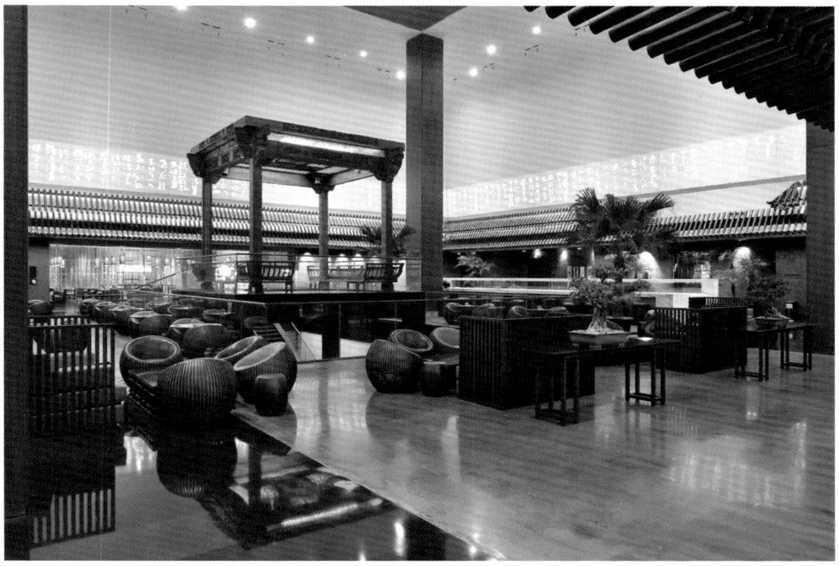

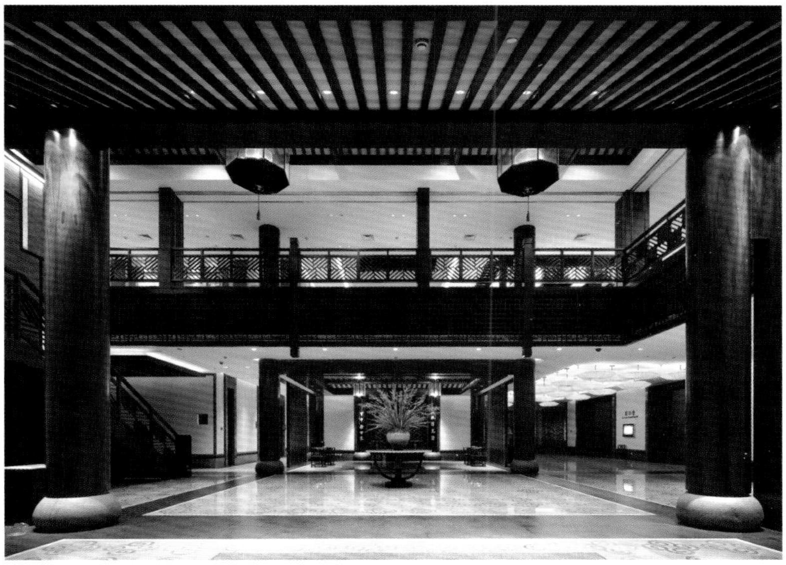

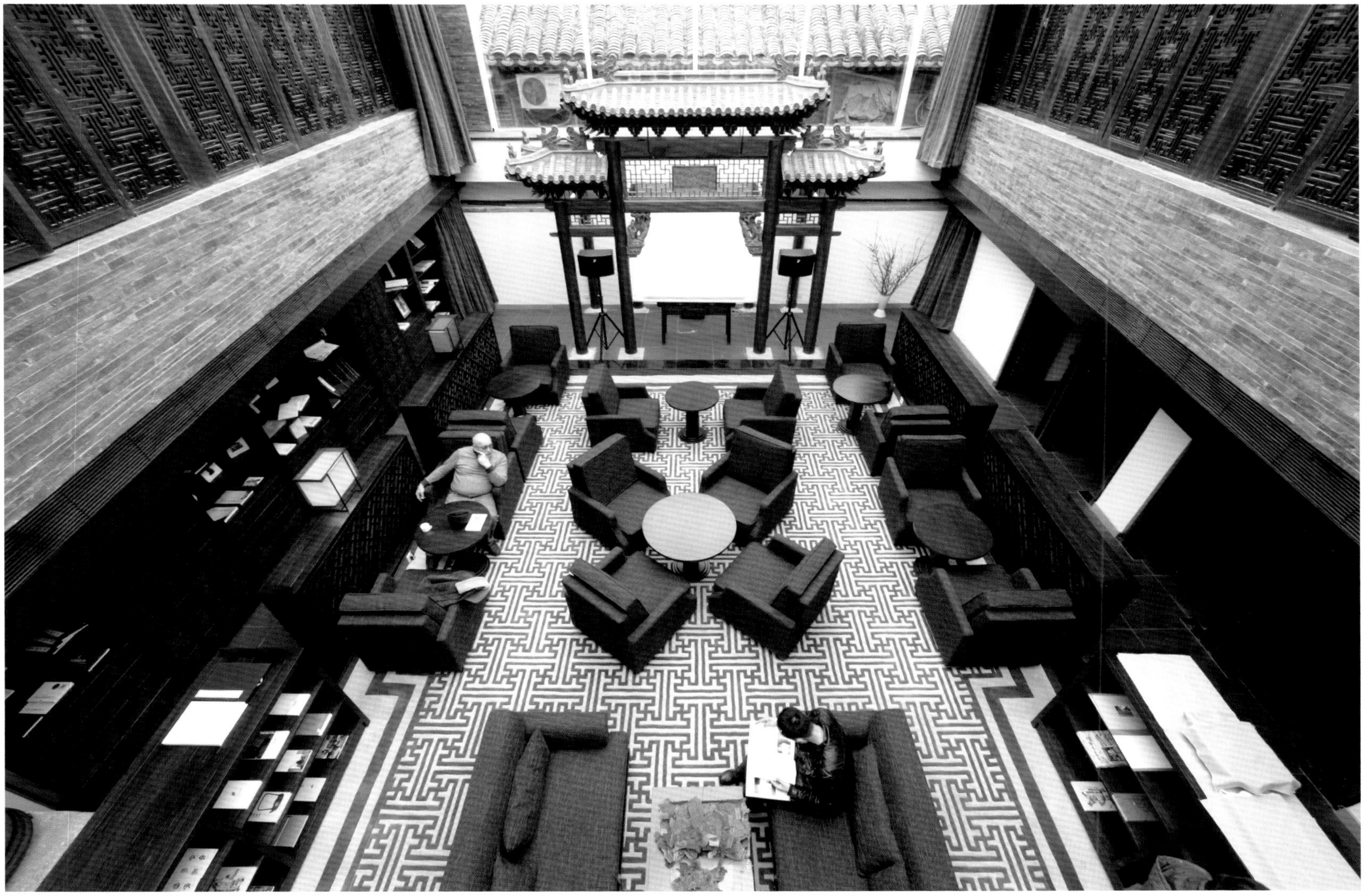

接待处

关键词：醒目 舒适 大方 安逸

接待处包括总服务台和休息区，是酒店对外服务的窗口和中心枢纽，其位置应尽可能不要面对大门，这样可以给往来的客人一个相对安逸的空间。总服务台材质以高级硬木、大理石、花岗岩、高性能的聚酯化合物居多。颜色上以黑、棕灰色居多，给客人以可信赖的感觉。而休息区的设计上要求舒适，相对不受外界干扰，整体色调大方、富丽。

照明

关键词：实用 装饰 丰富空间

大堂是酒店的第一视觉感应区，照明环境需要考虑到几大要素：色温、照度、眩光、显色性和明暗比。大堂主厅空间内可采用节能筒灯作为基础照明，顶部的装饰结构部分，可以采用灯带暗藏的手法，丰富空间的造型层次。服务总台照明和休息区照明是局部照明，通过亮度对比，可以形成富有情趣的、连续且有起伏的明暗过渡，从整体上营造亲切气氛。

暖色调

关键词：气派 友好 温暖

在酒店大堂的照明设计中，需要营造大气又不失友好的氛围，宜选用色性较好、光效较高的暖色光源。在黄色系中，色相偏橙黄的色彩同色相偏蓝紫色色彩的对比中，橙黄让人感觉温暖、舒适，心里距离近，而色温3 000K的光源所提供的照明环境，能强化这一特点。

冷色调

关键词：清醒 振奋 流畅感

偏绿蓝的色调称为冷色调，在这样的照明环境下人显得比较清醒和振奋。大堂中心的天花板上，隐藏式的冷色调灯具提供了所需的环境照明，周围则采用了凹槽式低压下照灯，为整个空间提供了漫射照明，突出酒店大堂的空间流畅感。

中性色调

关键词：柔和 舒适 安详

白色光又叫中性色，它的色温在3 300K～5 300K之间，中性色由于光线柔和，使人有愉快、舒适、安详的感觉。豪华吊灯在酒店大堂运用比较广泛，而白色耀眼的水晶吊灯，除了装饰性强，还营造出心情舒畅的环境体验。

软装

关键词：生动 丰富 紧凑 细致

酒店大堂一般都很宽敞，软装的设计要求要生动、丰富而紧凑。其中，家具、壁饰、结构装饰、顶饰、植被、其他装饰摆件等都显得比较豪华与细致，细节之处往往都能以顾客的心理为标准来衡量，让顾客可以在酒店中享受到宾至如归的感觉。

家具陈设

关键词：美观 舒适 烘托气氛

家具陈设在室内空间中主要起到组织空间、塑造空间、优化空间、烘托气氛四种作用。在酒店大堂中，各类活动家具要求既美观又要求舒适。沙发、茶几、椅子等不仅具有坐、卧等实用性功能，还是体现大堂氛围和艺术效果的重要物品。同时，这些家具陈设要与酒店大堂设计的整体风格相协调。

酒店

大堂

宴会厅、会议厅

餐饮区

客房

卫生间

休闲健身

走道

其他

室内景观

平面元素

材料

色彩

空间

照明

软装

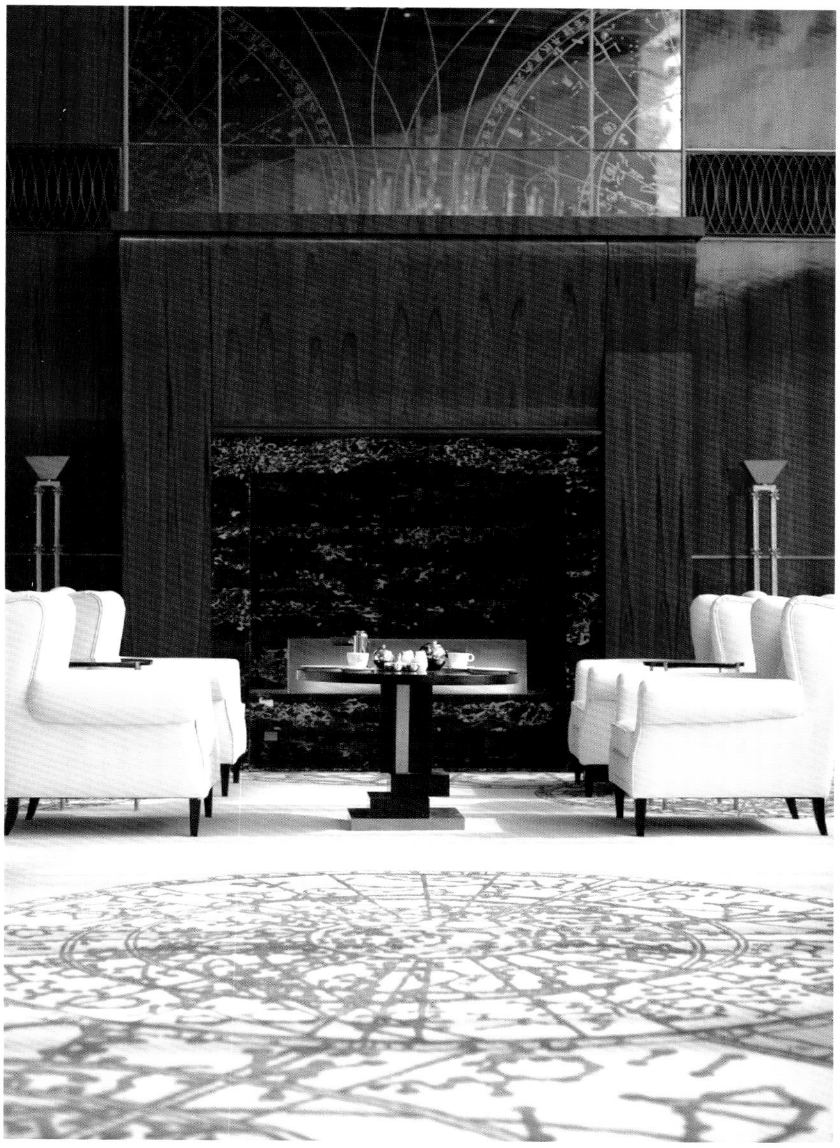

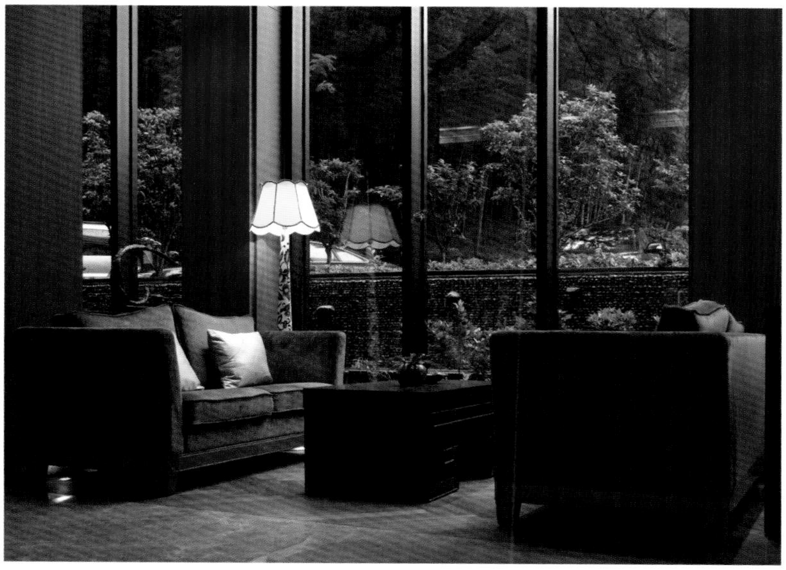

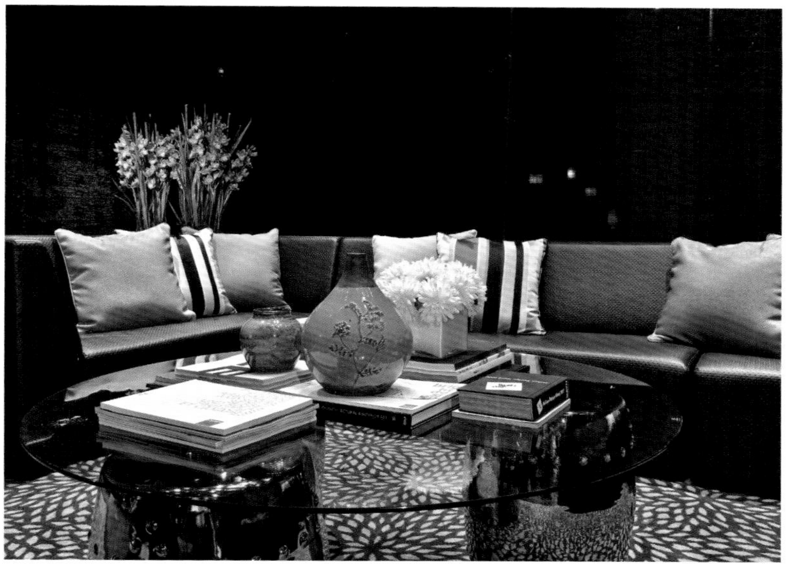

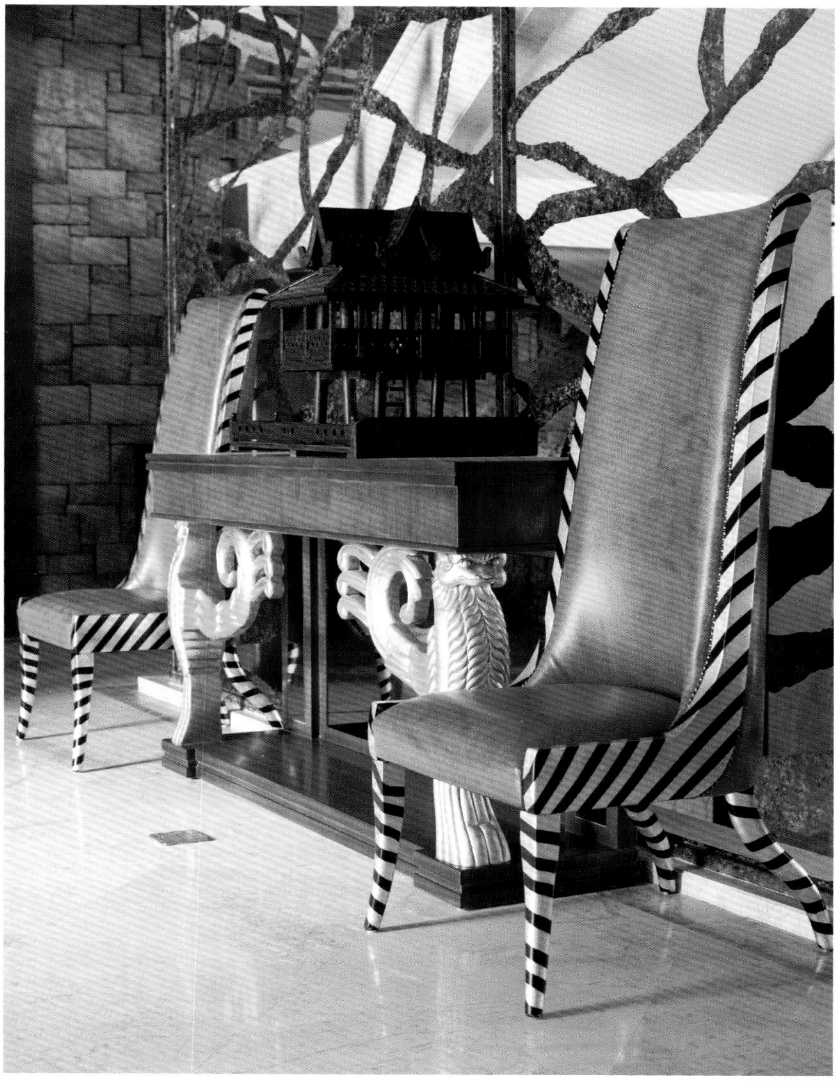

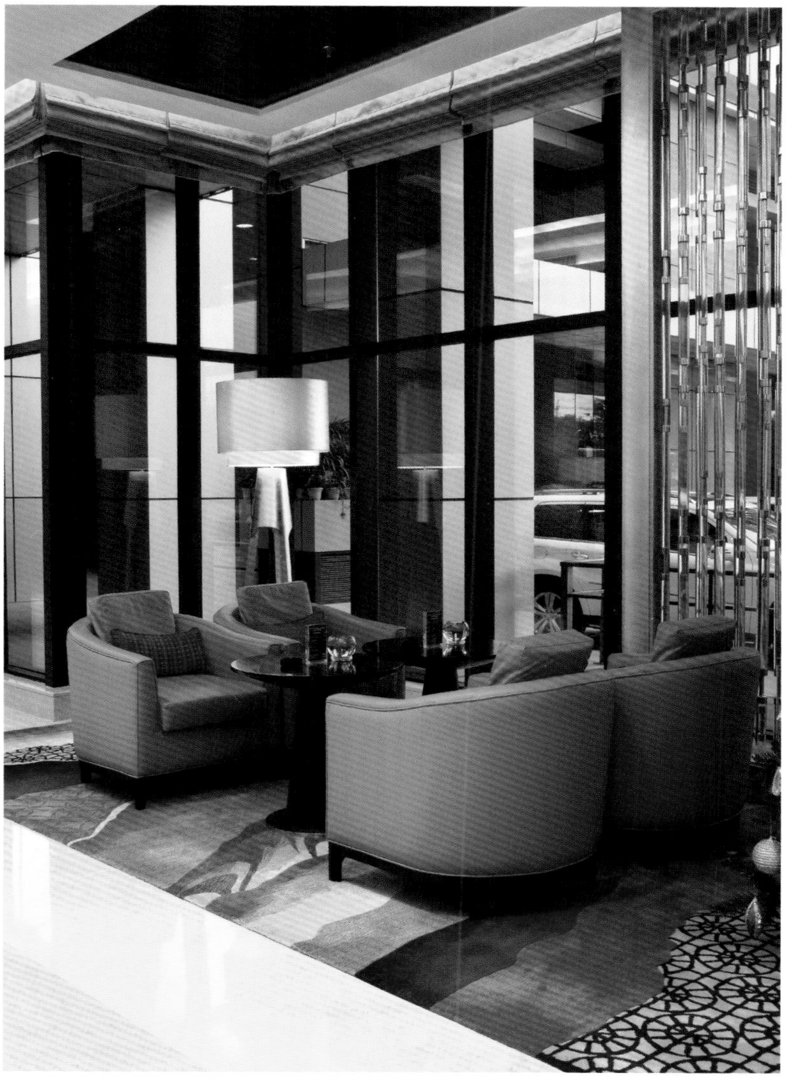

饰品摆件

关键词：美化 充实空间 丰富视觉

酒店大堂的饰品摆件包括雕塑、字画、工艺品、收藏品、灯具、植物等。在选择饰品摆件时一定要考虑饰品摆件本身的造型、色彩、图案及质感等因素和大堂风格相统一。好的饰品摆件不仅能起到一定的装饰点缀作用，而且能达到均衡和组织空间构图、塑造美观、舒适怡人的环境效果。

宴会厅、会议厅

关键词：多功能 气势宏伟 装备现代化 美轮美奂

宴会厅由大厅、门厅、衣帽间、贵宾室、音像控制室、家具储藏室、公共化妆间、厨房等构成，主要用途是宴会、会议、婚礼和展示等，装备现代化的影音和灯光设备是显示宴会厅档次的重要标志，设计时需要预留足够的管线，保证场内所有区域的视听效果。而设计良好的会议厅除了为与会人员提供舒适的开会环境外，更应让与会者的视觉体验和语言信息交流达到良好效果。

平面元素

关键词：空间 色彩 明度 纹理

线、形、大小、空间、色彩、明度、纹理，这些都是平面设计的基本元素。宴会厅、会议厅的平面元素设计追求大气、典雅、尊贵，在设计中充分考虑了点、线、面和体的结合和运用，突出空间的节奏感和层次感。

地面

关键词：大花图案 色泽鲜艳 艺术感

宴会厅、会议厅的地面经常铺设地毯，尤其是选用羊毛地毯，其毛质细密均匀，厚实富有弹性，色泽鲜艳，强调艺术感和装饰性等奢华元素。对于宴会厅、会议厅一些大的公共空间，其地毯图案应以多色的大花图案为主，比较大气，并且强调地毯的花色、质地的选择与室内环境的结构、色彩、装饰主题、风格形式相一致，突出酒店特有的情调与氛围。

酒店

大堂
宴会厅、会议厅
餐饮区
客房
卫生间
休闲健身
走道
其他
室内景观

平面元素
材料
色彩
空间
照明
软装

046～047

墙体

关键词：天然材质 吸声 空间感

宴会厅、会议厅的墙体处理应着重考虑色彩和材质的选择。墙面多选用较为温馨的天然材质，为了突出空间感，主要采用石材与高档壁纸相结合的手法，同时考虑到吸声的需要，通常使用吸音性能较好的壁纸、织物软包等。

天花

关键词：造型华美 质感材料 整体统一

常见的天花设计方式有平滑式、凹凸式、井格式、悬吊式、采光天花等。宴会厅、会议厅的天花通常采用凹凸式，天花表面有进退关系的处理形式，有单层与多层凹凸，天花常常采用暗灯槽，以取得柔和均匀的光线。这种天花造型华美富丽，与各种类型的吊灯、反光灯、吸顶灯、筒灯等灯具相配合，加上各种不同质感的装修材料综合构成，这类装修应注意各凹凸点的主从关系和秩序感，力戒变化过多、材料过杂而失去和谐的整体统一感。

色彩

关键词：稳重 大气 庄重

宴会厅、会议厅在色彩上的设计应稳重、大气、庄重，同时还应注意主色调的选择，颜色不宜过多，以两种为宜，多了给人以凌乱之感，其他颜色应为辅助色。辅助色的选择应是主色调同一色系的深浅变化，或在色谱中相邻的颜色，同时还要考虑季节的因素。正确地选择和运用色彩，是宴会厅气氛设计到最佳效果的主要手段。

暖色系

关键词：温暖 稳重 明快 富丽堂皇

一般豪华宴会厅宜使用较暖或明亮的颜色，地毯使用红色，可增加富丽堂皇的感觉。中餐宴会厅一般适宜使用暖色，以红、黄为主调，辅以其他色彩，丰富其变化，以创造温暖热情、欢乐喜庆的环境气氛，迎合进餐者热烈兴奋的心理要求。西餐宴会厅可采用咖啡、褐色、红色之类，色暖而较深沉，以创造古朴稳重、宁静安逸的气氛。也可采用乳白、浅褐之类，使环境明快，富有现代气息。

冷色系

关键词：沉静 严肃

冷色系给人以寒冷、沉静、寂寞等感受，如：蓝、绿、紫色等。会议厅的色彩要给人一种严肃的感觉，冷色系比较适合。为了避免冷色系造成空间的压抑感，色彩常装饰于地面。

空间

关键词：多功能 大尺度 舒适

宴会厅设计的最大特点是室内空间较大，大都兼有礼仪、会议、报告、舞厅等功能。为便于桌椅形式的变动，应设计有专门的贮藏间；为方便宾客入宴，入口设接待与衣帽存放处；同时还应设专门的音响、灯光控制室。

一般会议厅的室内装修宜力求宁静清雅。厅内应有足够的光照和舒适的会议桌椅。对于高级会议厅，还须具备先进的视听及多媒体设备。

宴会厅

关键词：灵活 流畅 无柱空间

宴会厅主要是提供一些娱乐、公司聚会、会议等。针对于不同面积大小可以划分为：小型宴会厅50至100m²、中型200m²、大型宴会厅面积可达500至700m²。大型的宴会厅设计更要兼顾灵活分割和整体使用，最好配备专门的宴会厨房。为了更好地保证空间的流畅性，宴会厅设计多要求是无柱空间，空间的净高要求在5m以上。储藏空间一般占宴会厅面积的20%至25%。多种功能区的合理规划可以有效增加空间的利用效率。

会议厅

关键词：简约 低调 安静 沉着

相对宴会厅而言，会议厅考虑会议所需功能，设计应简约、低调一些。硬装设计重点在于吊顶、墙面、柱子的装饰上；在软装配饰上，多选用静谧、柔和的色彩，以配合会议时需要的安静和沉着。用明亮的颜色来装饰会议桌椅，将人物活动突出成为焦点，使整个空间更为灵动。

Hilton

Hilton

Hilton

V
HOTEL
皇庭V酒店

酒店

平面元素 大堂

宴会厅、会议厅

材料 餐饮区

客房

色彩

卫生间

空间 休闲健身

走道

照明 其他

软装 室内景观

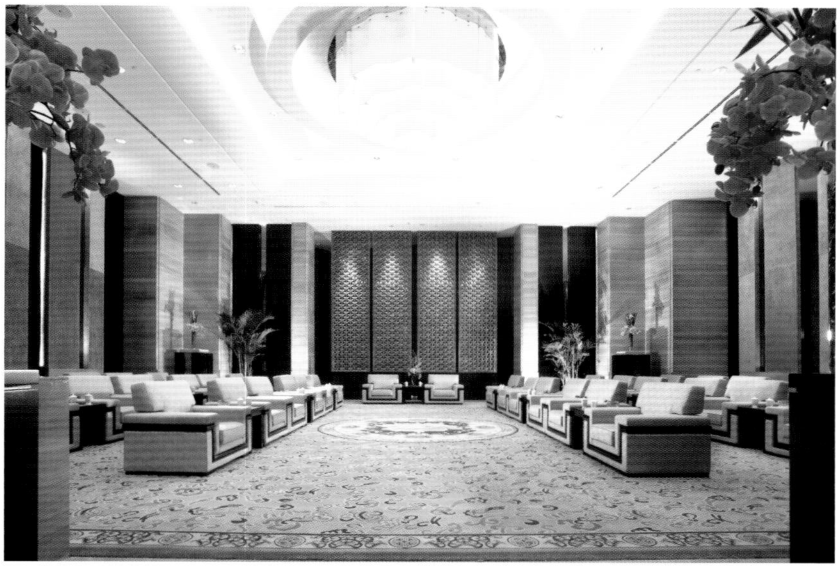

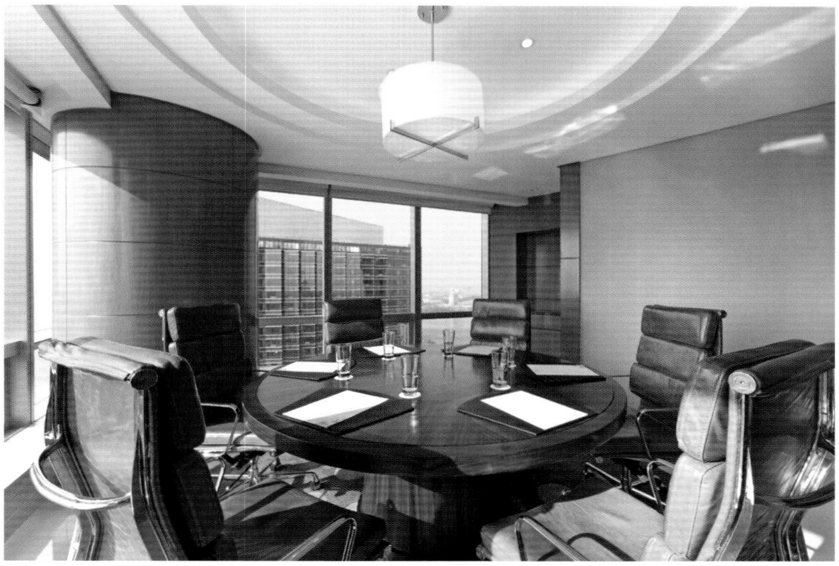

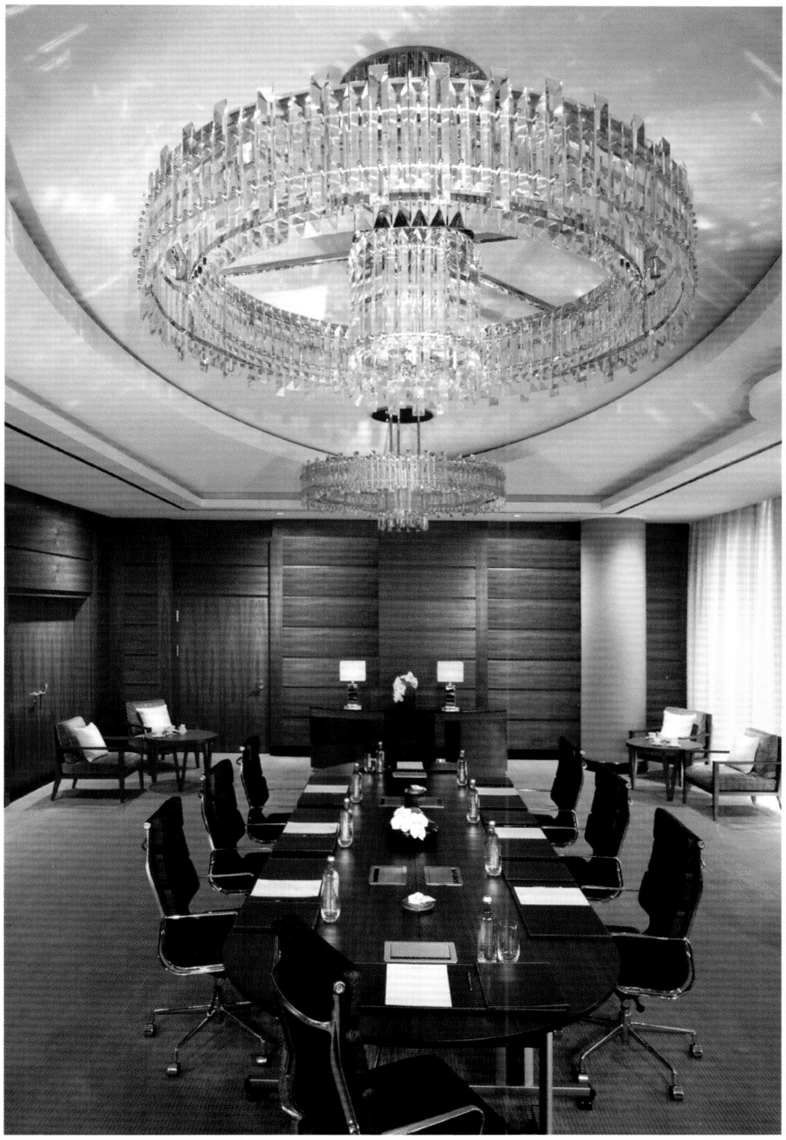

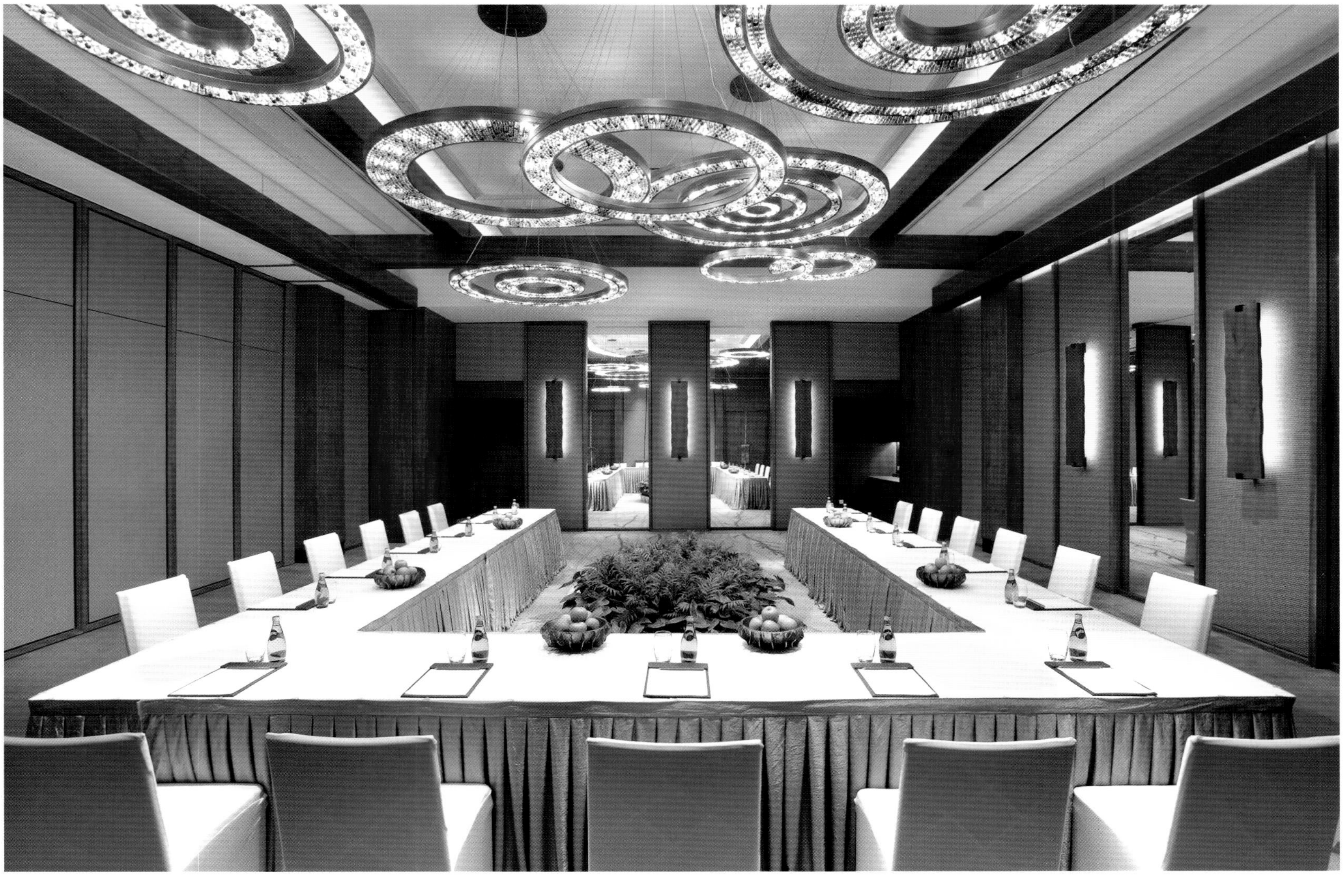

照明

关键词：烘托气氛 搭配巧妙 宫殿式

光线是气氛设计考虑的最关键因素之一，在灯光设计时，应根据宴会厅、会议厅的风格、档次、空间大小、光源形式等，合理巧妙地配合，以营造出不同的照明环境。特别是宴会厅中，灯饰应是宫殿式的，它是由主体大型吸顶灯或吊灯以及其他筒灯、射灯或多盏壁灯组成。配套性很强的灯饰，既有很强的照度又有优美的光线，显色性很好，但不能有眩光。

暖色调

关键词：调节气氛 热情 友好

宴会厅的主要活动一般具有喜庆色彩，多使用烛光以及彩光等光线。烛光属于暖色，是传统的光线，采用烛光能调节宴会厅气氛，这种光线的红色火焰能使景物显得漂亮，适用于西式冷餐会、节日盛会、生日宴会等。彩光是光线设计时应该考虑到的另一因素。彩色的光线会影响人的面部和衣着，如桃红色、乳白色和琥珀色光线可用来加强热情友好的气氛。

DOUBLETREE

冷色调

关键词：庄重 严肃 冷清

会议厅照明一般都选用冷色调LED灯，色温一般在5 000K～6 000K，这主要是两个原因，第一，5 600K的灯光显色指数最高，接近太阳光，可使得拍出的照片上领导面色不致有异样。第二，这种色温的整个氛围显得庄重严肃，不容易使人倦怠，能以更充沛的精力投入到会议工作中来。

中性色调

关键词：大气 高贵 明亮

大型宴会厅、会议厅以明亮为基本原则，吊顶常以中性色调为主，墙面饰以纯度较高的暖色系色彩，相配合达到金碧辉煌的效果。

软装

关键词：搭配合理 特色 和谐 美感

在宴会厅、会议厅中，软装设计都意在体现酒店的文化或者风格，即使是一盆花、一套家具、一幅装饰画、一个小小的软装配饰物，都能增加酒店的一种和谐美感，体现酒店的特色。

家具陈设

关键词：相映成趣 和谐统一 艺术效果

家具的选择和使用是形成宴会厅整体环境气氛的一个重要部分，家具陈设质量直接影响宴会厅空间环境的艺术效果。宴会厅的家具一般包括餐桌、餐椅、服务台、餐具柜、花架等。家具设计应配套，以使其与宴会厅其他装饰布置相映成趣、形成统一和谐的风格。

餐饮区

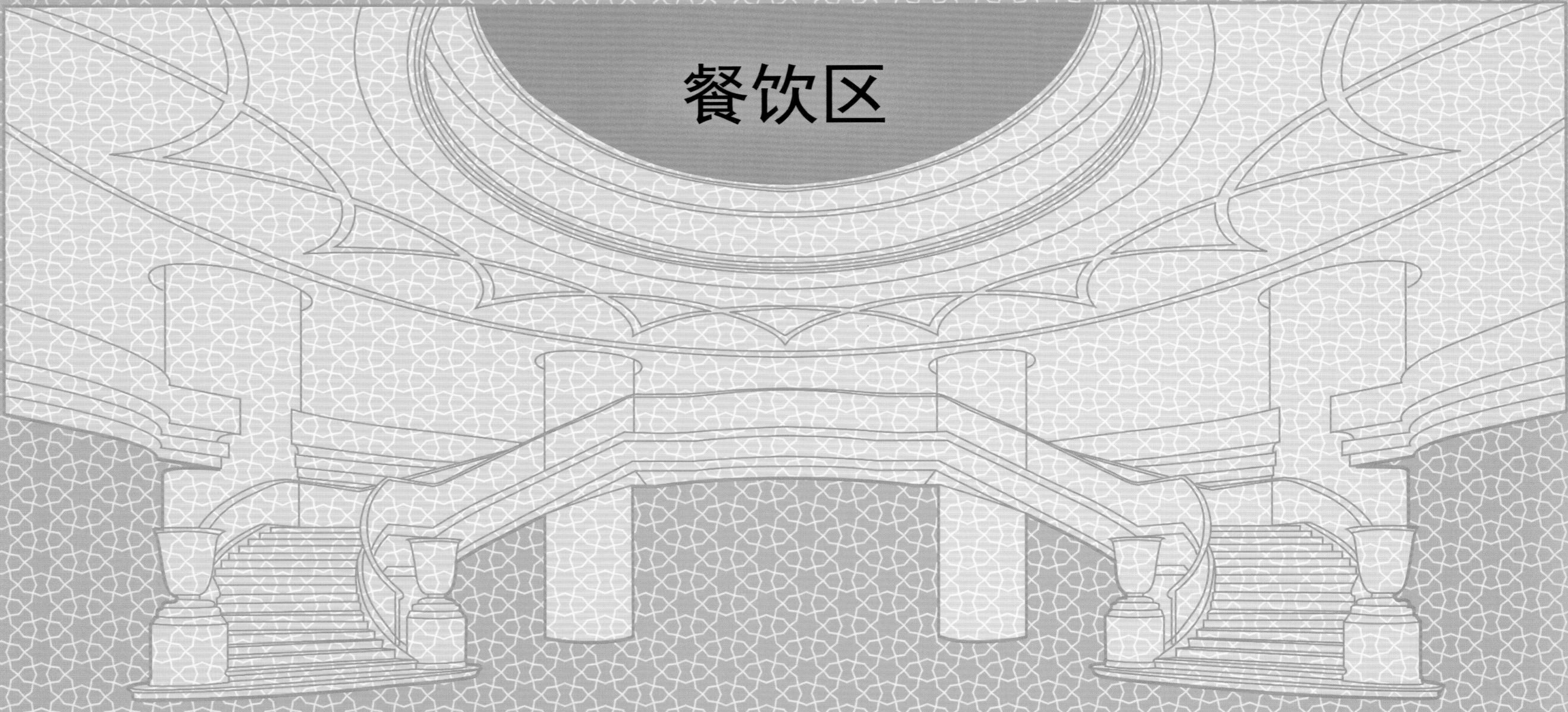

关键词：安静 舒适 美观 雅致

餐饮区是酒店重要的公共活动场所，它的设计合理与否将关系到整个酒店在客人心目中的形象。餐厅形式多种多样，通常有中餐厅、西餐厅、饮料厅等。餐厅的内部空间，按其使用功能可分为客用空间、公用空间、管理空间、流动空间等。根据宾客进餐活动时各种心里要求，酒店餐饮区的室内布局、装饰和家具布置应力求达到宽敞气派、清洁整齐、安静舒适、美观雅致、柔和协调的艺术效果。

平面元素

关键词：分割 解构 界面 空间

在餐厅设计中，运用平面图形元素来产生空间的分割，往往会令人觉得特别的亲切。平面图形可以解构空间，在某种意义上可将空间元素打散，再组构新的空间，赋予界面新的情感，创造出流行与时尚，舒适与人性化的丰富空间。

地面

关键词：耐磨 耐脏 吸收声音 反射声音

餐饮区的地面对客户来讲，不仅仅意味着行走的地面，也可以作为指示性的标志，给客户轻松、愉快之感。它既可以用来吸收声音也可以反射声音。在餐厅设计中，地面以各种石材和复合木地板为首选材料，它们都因为耐磨、耐脏、易于清洗而受到普遍欢迎。

酒店

平面元素　大堂
材料　宴会厅、会议厅
色彩　餐饮区
　客房
空间　卫生间
照明　休闲健身
　走道
软装　其他
　室内景观

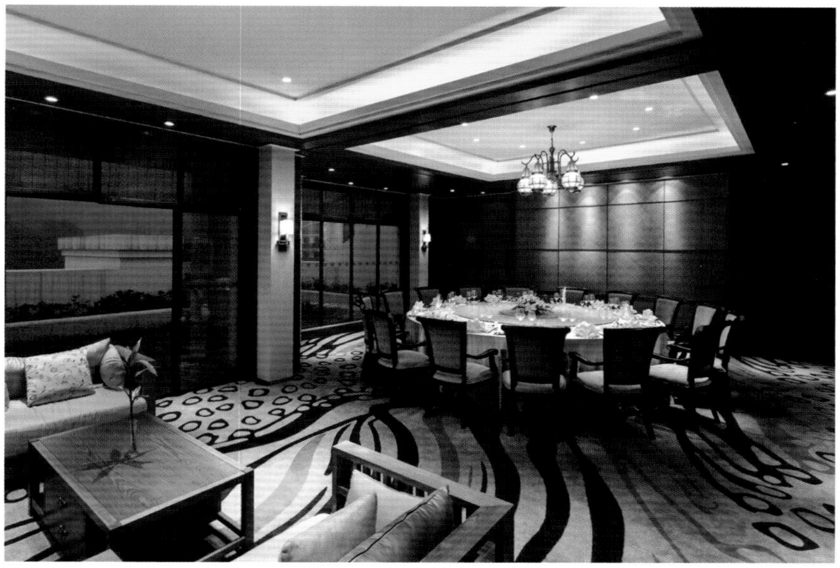

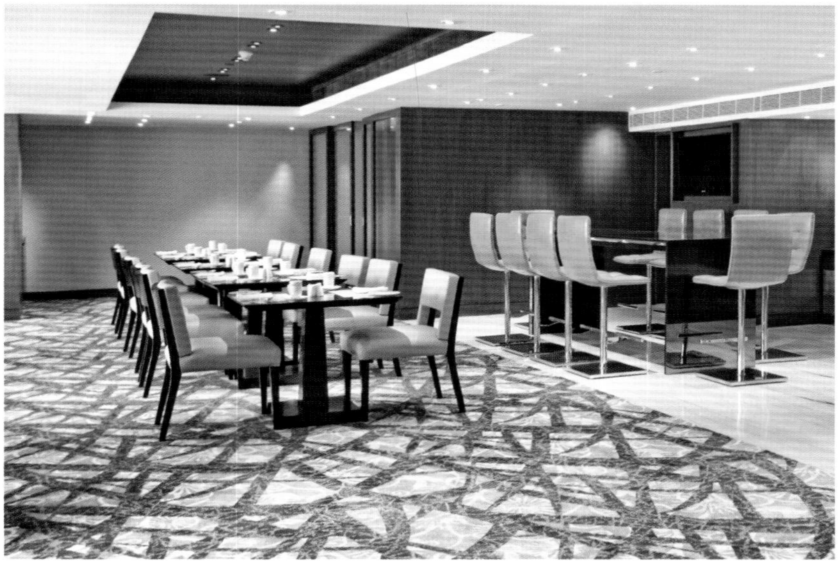

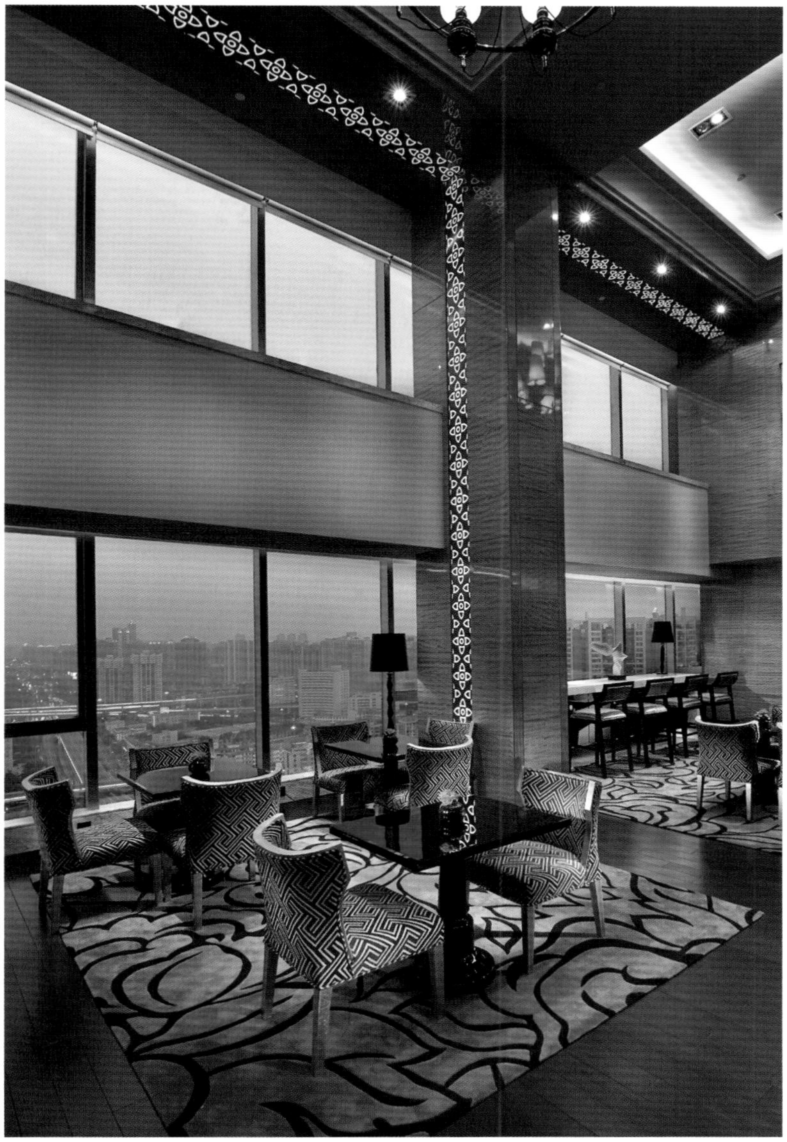

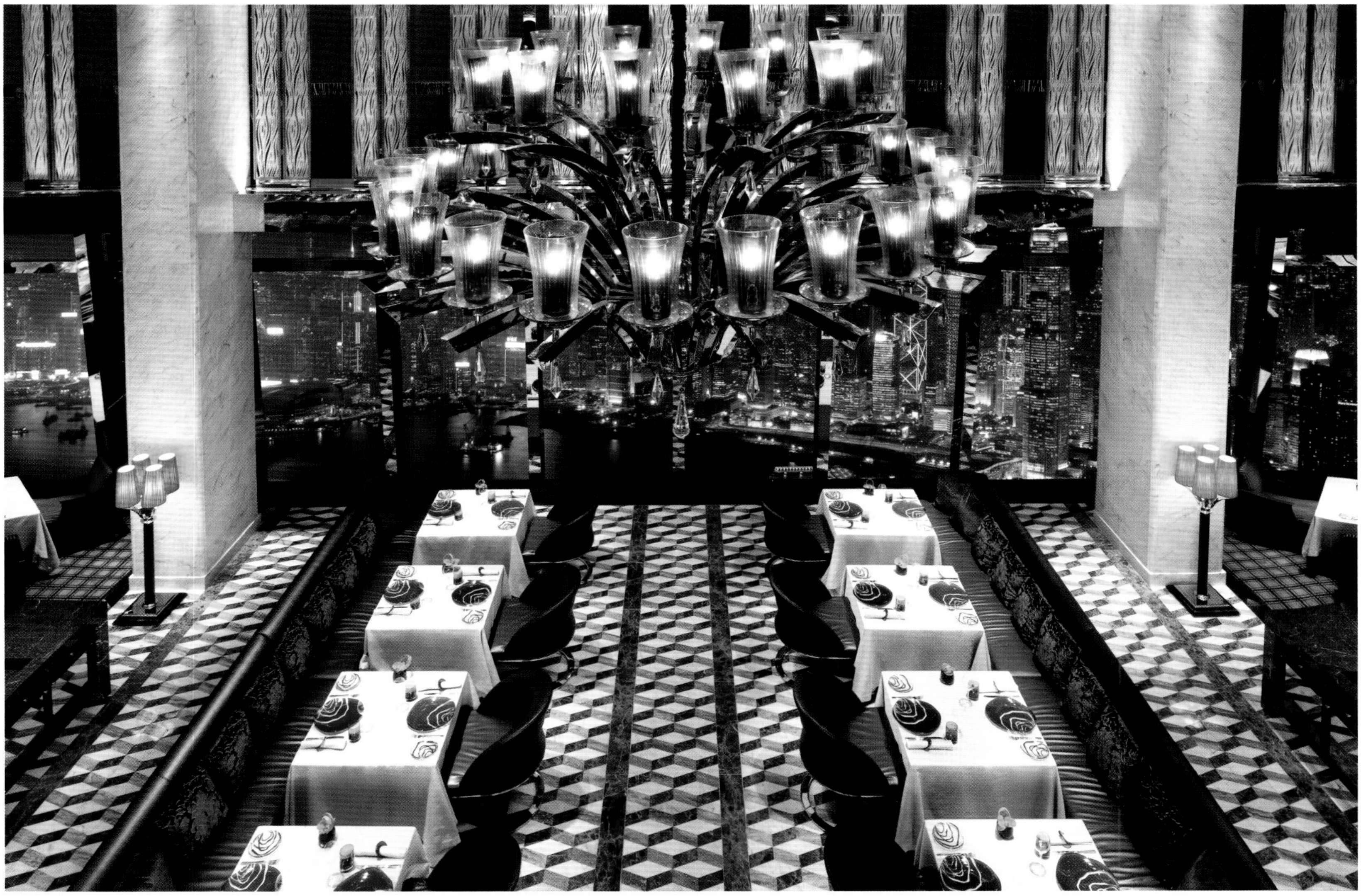

墙体

关键词：质感 美观 实用 营造气氛

餐厅墙体常用磨光的大理石或花岗岩等光洁的材料，但有时又故意搭配使用壁纸、木材、涂料乃至织物、皮革等较软的材料，形成质感上的对比，并使环境更具亲和力。餐厅墙体的氛围既要美观又要实用，一定要根据餐厅的主题风格来打造墙体，可用装饰画等饰品来装饰，但是切忌不能喧宾夺主，并避免餐厅墙面过于单调。

隔断

关键词：分隔 隔音 舒适 安心

餐厅是用餐的场所，要给人一种轻松、温馨的感觉，感觉像在家里一样，所以餐厅隔断的造型选择要适中，根据空间大小、高度来合理地设计隔断，餐厅隔断不宜给人有种灼眼的感觉，色彩要温和。餐厅是公共场所声音嘈杂，隔断最好选用隔音、隔热材料，因为包间如设有活动隔断门，对空间有很好的分隔及隔音作用，让客户感到舒适、安心。

天花

关键词：造型丰富 素雅 洁净 亲切

餐饮区的天花非常注重造型，其形式有方形、圆形、弧面形、十字造型等多种，吊顶也是餐厅天花经常采用的，其形状和材料质地对空间效果影响较大。天花应以素雅、洁净材料做装饰，如漆、局部木制、金属，并用灯具作衬托，有时可适当降低吊顶，可给人以亲切感。

酒店

平面元素

大堂

宴会厅、会议厅

餐饮区

客房

卫生间

休闲健身

走道

其他

室内景观

材料

色彩

空间

照明

软装

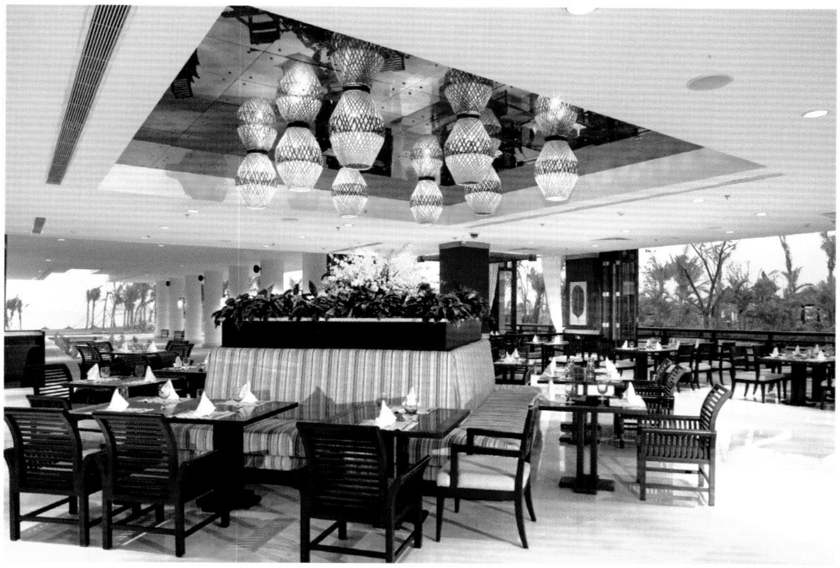

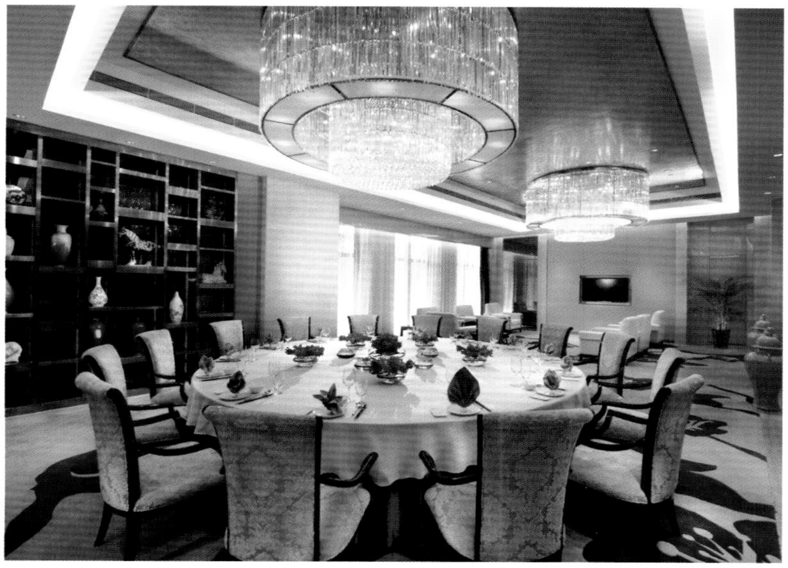

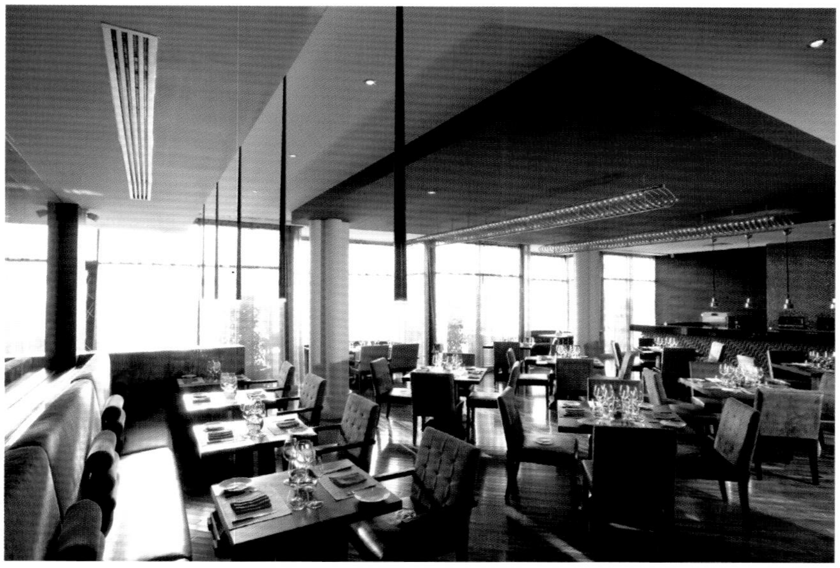

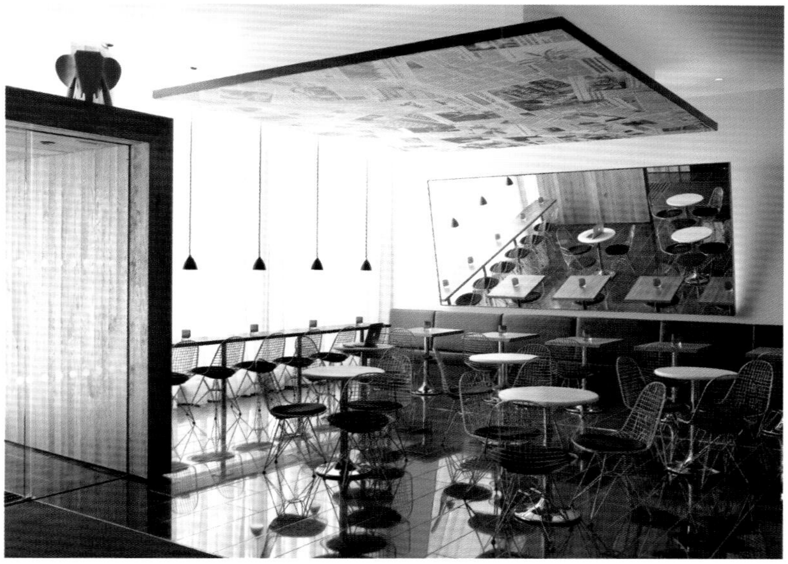

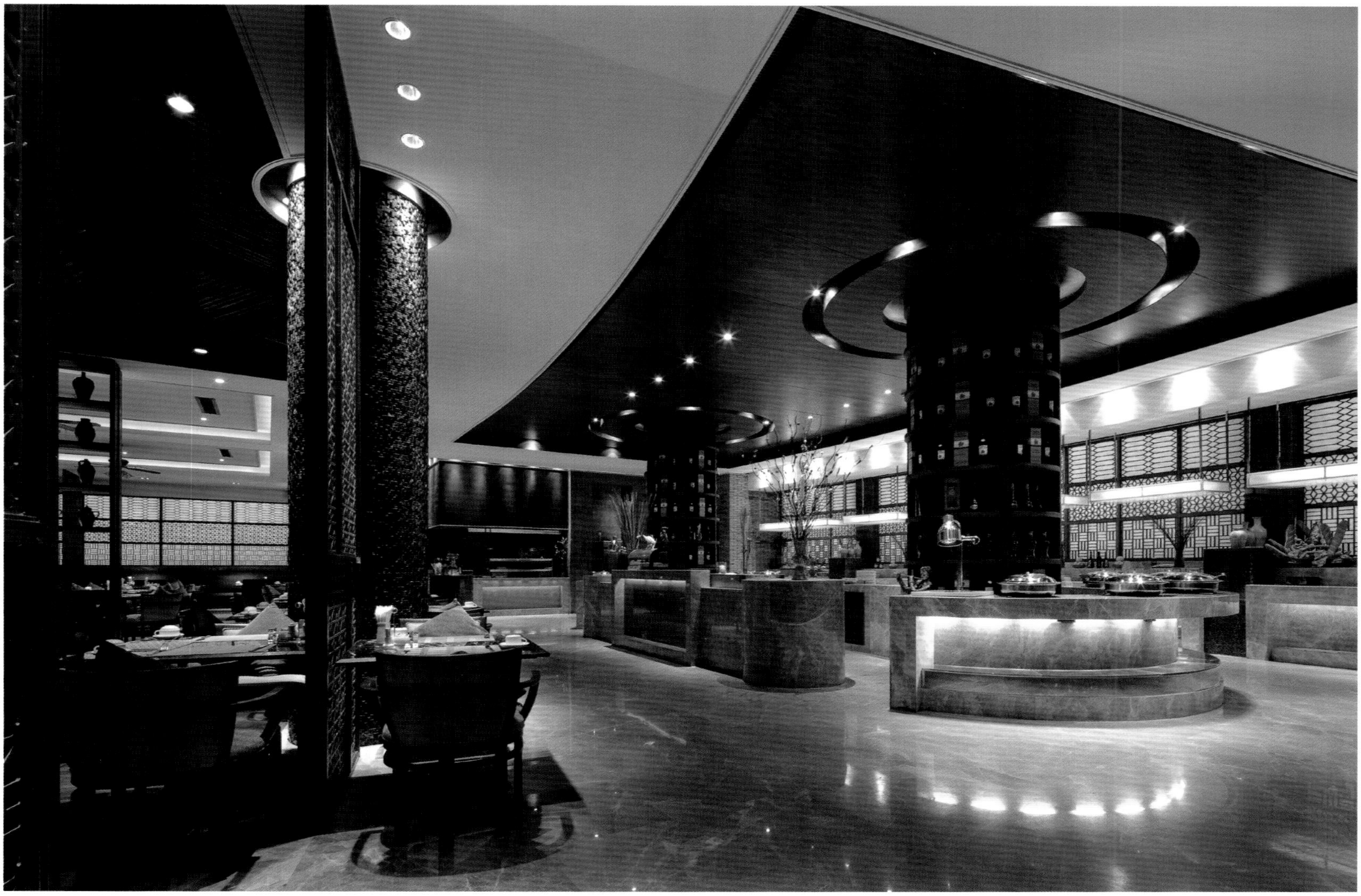

萬年長春

酒店

大堂

宴会厅、会议厅

餐饮区

客房

卫生间

休闲健身

走道

其他

室内景观

平面元素

材料

色彩

空间

照明

软装

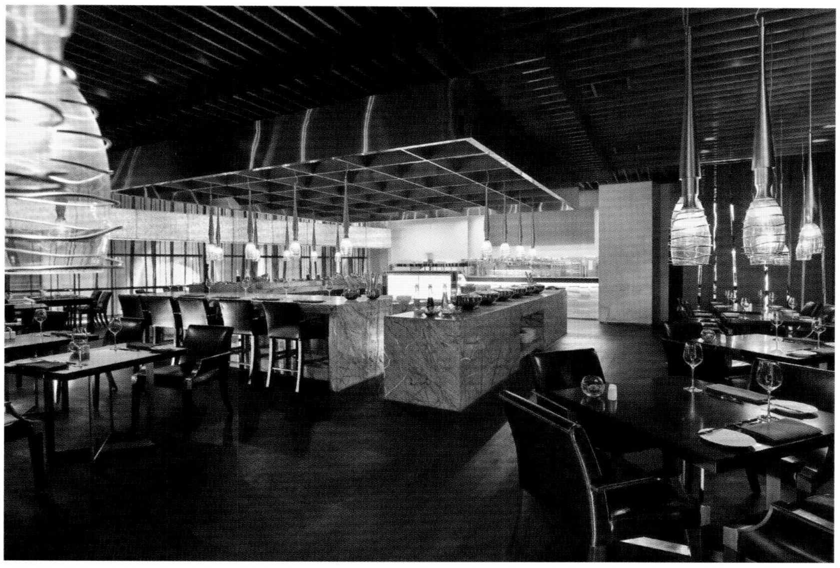

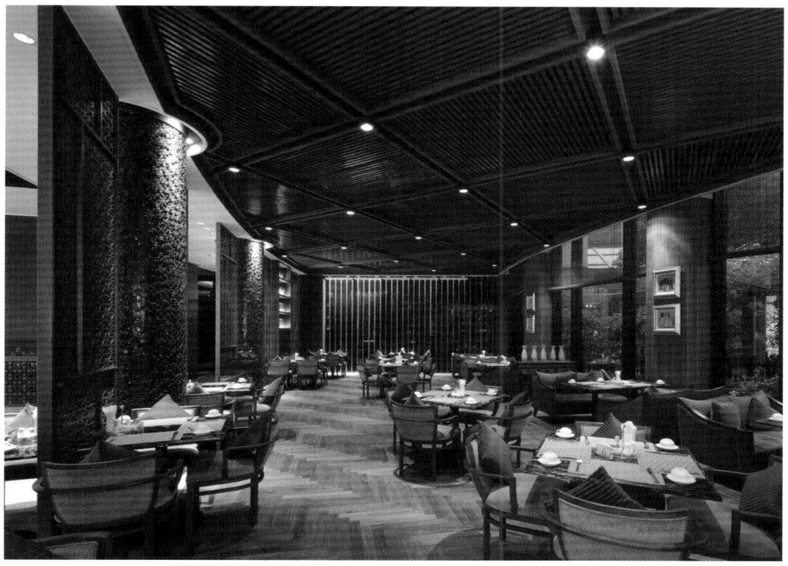

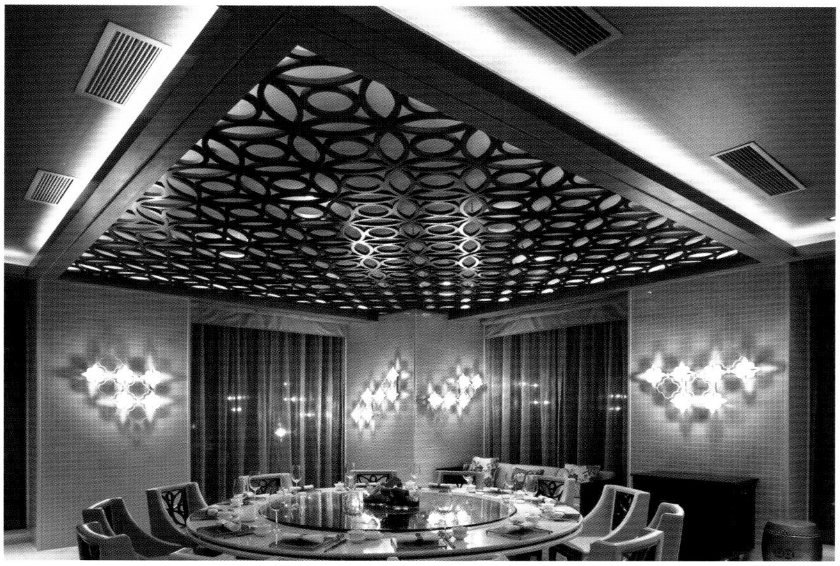

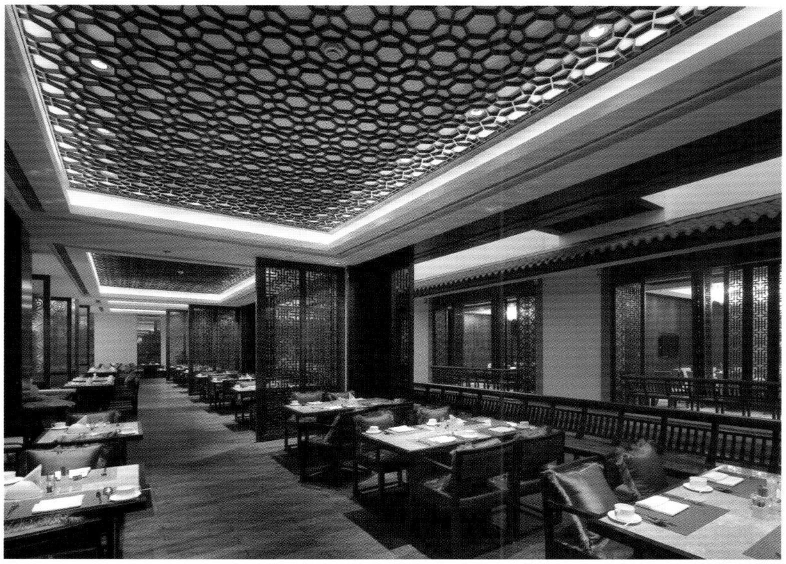

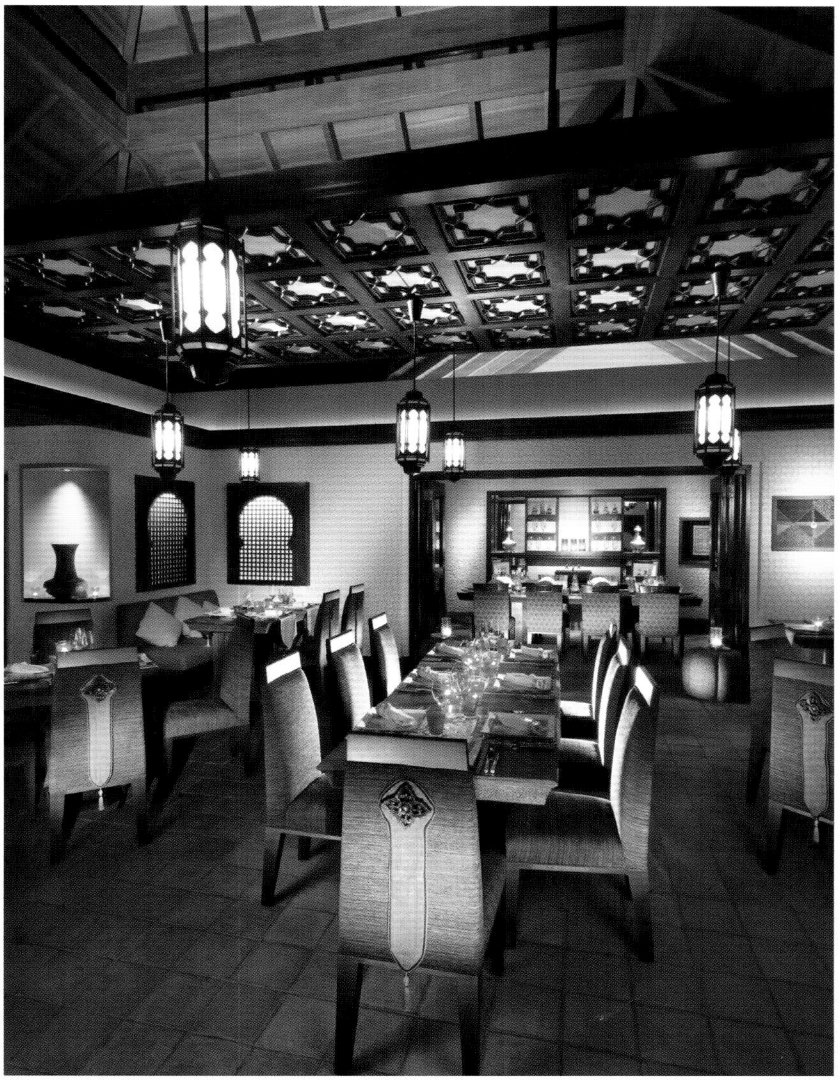

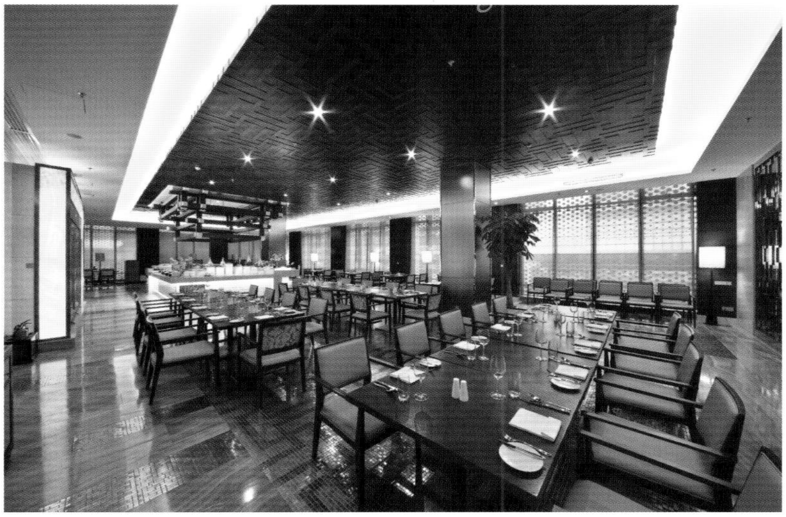

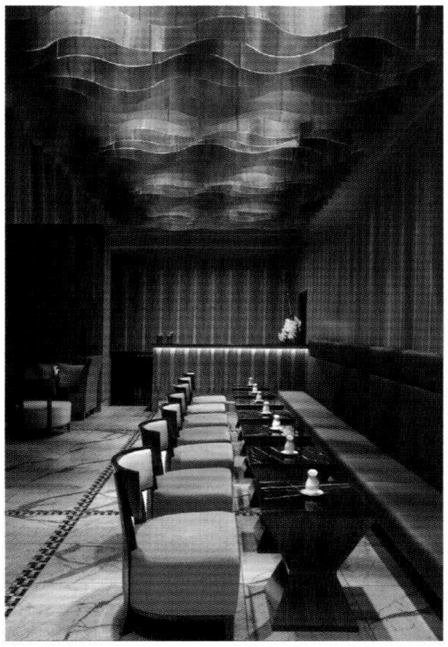

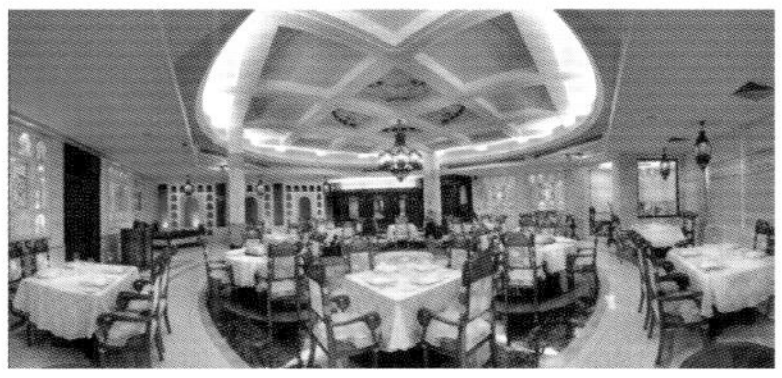

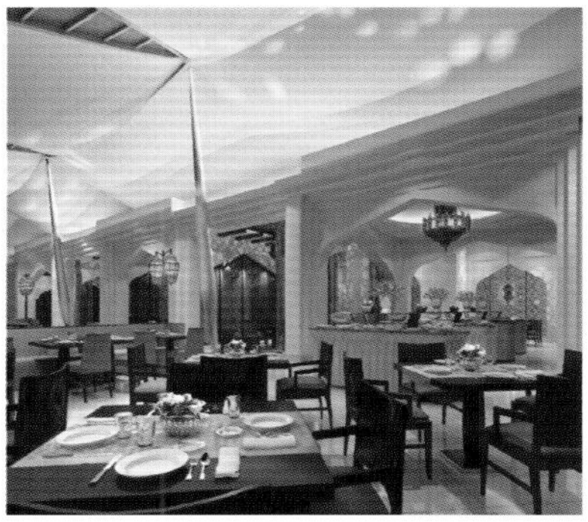

材料

关键词：坚硬 光滑 舒适 柔软

在餐饮空间设计中，正确掌握材料的性格特征并加以合理地选用很重要。例如，在严肃性空间可以采用质地坚硬的花岗岩、大理石等石材；活跃空间，则采用光滑、明亮的金属材料和玻璃；休息性空间可以采用木材、织物、壁纸等舒适、柔软性的材料。

木质

关键词：美观 淡雅 自然

木质材料以其特有的固碳、可再生、可自然降解、美观和调节室内环境等天然属性，以及强化重量比高和加工耗能小等加工利用特性，在餐厅空间设计装饰被广泛应用，例如：木制的桌椅、木制的地板与墙壁，显得清新自然。根据餐厅的不同风格，木质材料通常与其他装饰材料混合使用，如果是田园风格或者乡村风格的餐厅装饰可以单独使用木质材料。

材料展示

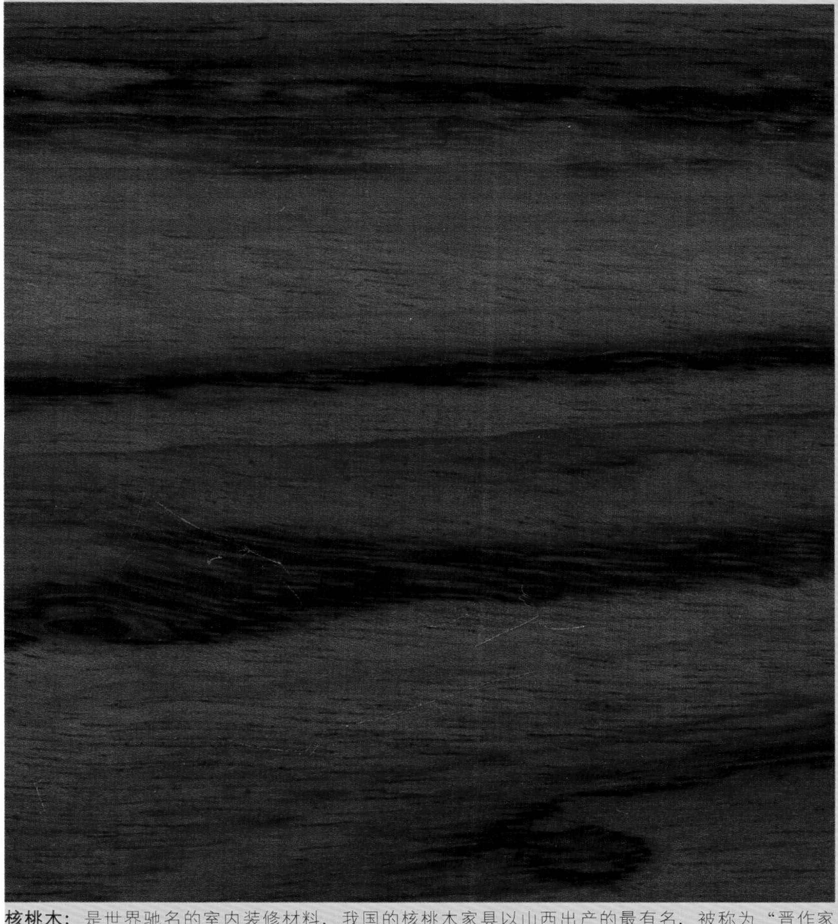

核桃木： 是世界驰名的室内装修材料，我国的核桃木家具以山西出产的最有名，被称为“晋作家具”。晋作家具自清初以来便形成了独有的地方特色：造型和做工多仿作宫廷气派，用料厚重大度，形体庄重稳固，尤其是晋中和晋南的高档核桃木家具，常常仿作石雕工艺，所做的床榻、几案和柜格等宽大厚实，工艺精细、华贵，上光后颇有紫檀家具的味道。

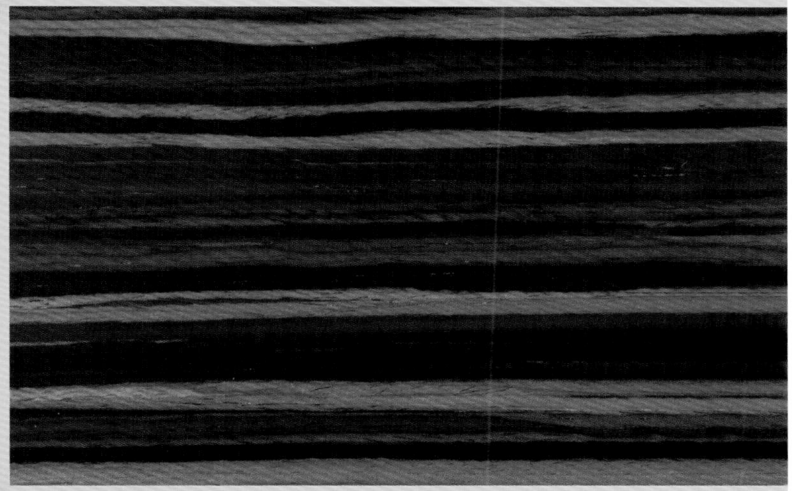

新红木： 一般是指花梨木或者是近几年进口的红木，或者是新发现的类似红木类的木材。

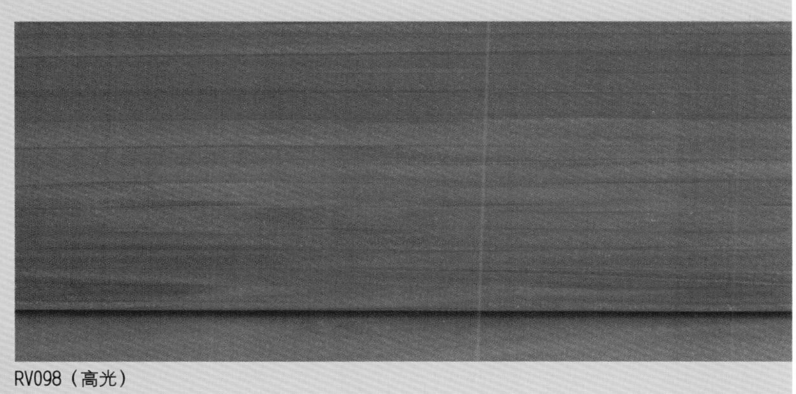

RV098（高光）

金属

关键词：光泽 现代 时尚

金属材料的共同特征是：典型地呈现出特有的光泽，通常分为黑色金属、有色金属和稀有金属。餐厅大多在扶手、桌椅以及餐具设计时以金属材质作为首选，而运用得当的金属材料也是一种简约美的象征，使餐厅设计奢华、时尚，却不张扬。

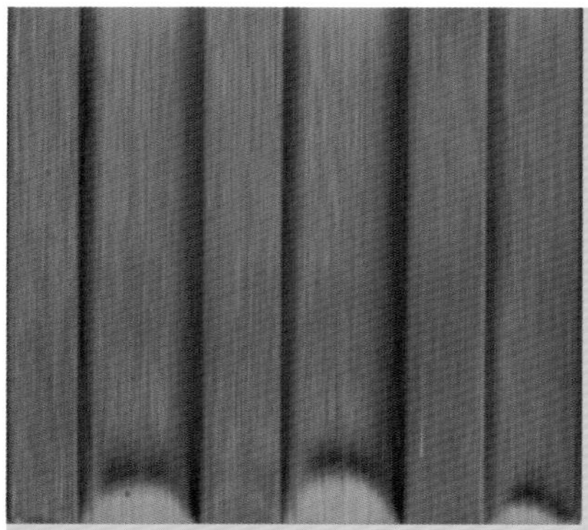

粗条纹镀香槟金色

小波浪镀香槟金色

材料展示

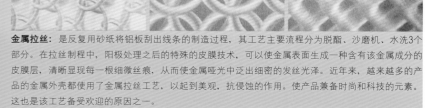

金属拉丝：是反复用砂纸将铝板刮出线条的制造过程，其工艺主要流程分为脱酯、沙磨机、水洗3个部分。在拉丝制程中，阳极处理之后的特殊的皮膜技术，可以使金属表面生成一种含有该金属成分的皮膜层，清晰显现每一根细微丝痕，从而使金属哑光中泛出细密的发丝光泽。近年来，越来越多的产品的金属外壳都使用了金属拉丝工艺，以起到美观，抗侵蚀的作用。使产品兼备时尚和科技的元素。这也是该工艺备受欢迎的原因之一。

石材

关键词：装饰 强度高 花纹图案

在餐厅装修设计中，石材多用来装饰地面、墙壁。用于餐厅的地面装饰用石材，基于花岗石物理化学性能稳定、机械强度高，而首选花岗石，其次有着美丽花纹图案的大理石也是不错的选择。餐厅装修使用石材的时候，对于颜色的选择也需要好好考虑。比如客用空间可以选用偏暖的色调创造出温暖舒适的情调。

材料展示

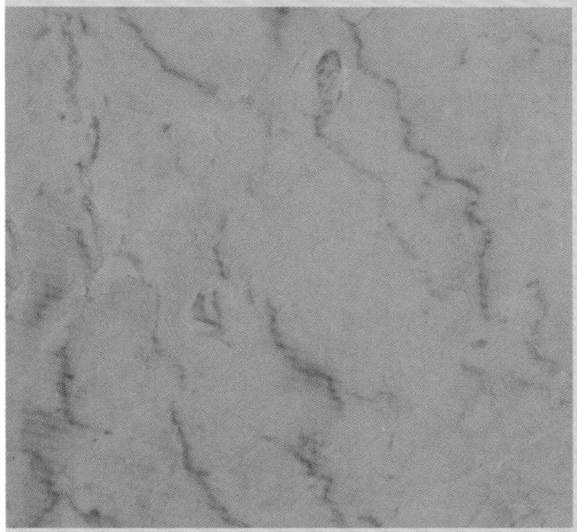

瓦伦西亚金：绵延的纹理，简易的色泽，材质与色彩点缀出西班牙风格。

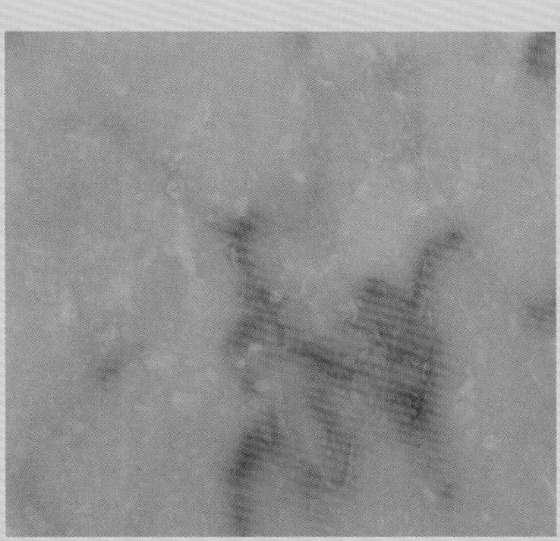

戴维斯金：色彩鲜明，材质唯美，纹理清晰。

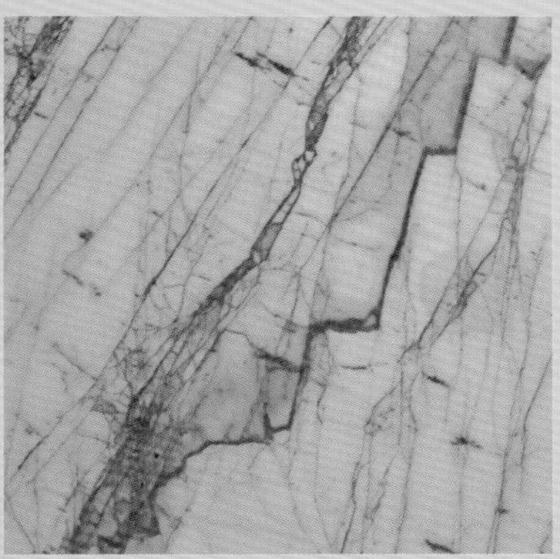

金蜘蛛：分为白底红根、黄底红根、黄底黄根三种风格，有密集网和稀疏网之分，网纹经常变化，胶补困难。

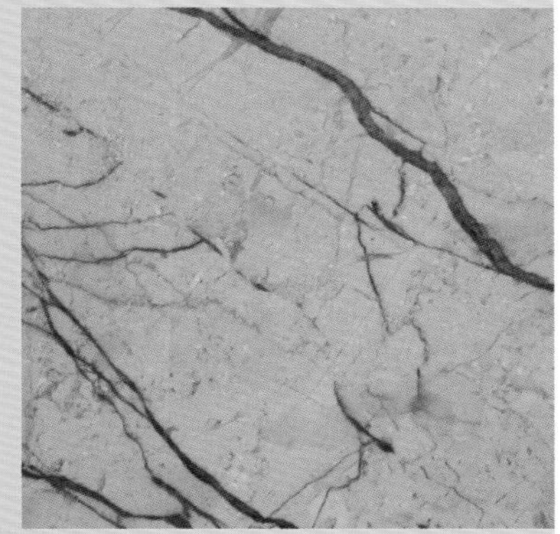

金根米黄（皇）：米黄的主体色彩，金黄的纹理线路，装饰效果古典、大气、奢华。

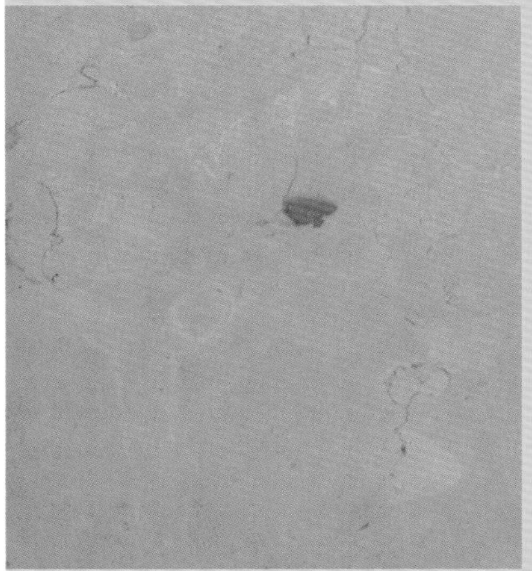

古罗马：材质结构温和，色彩浓烈，纹理古色古香，汇聚古往今来的尊荣。

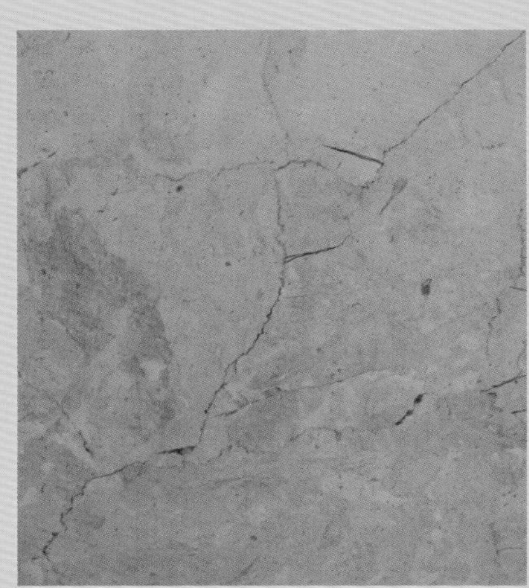

金香米黄：多用于大型空间，产生典雅或者金碧辉煌的效果。也可用于过门石、窗台等局部空间装饰。

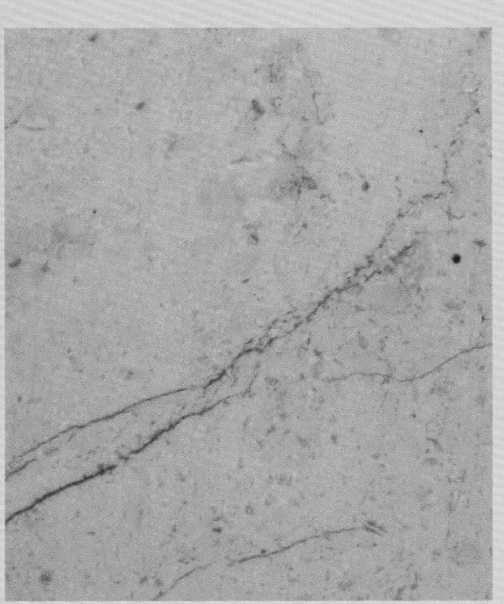

安格拉米黄：颜色均匀，花纹、深浅逐渐过渡；图案清晰、花色鲜明、花纹规律性强。

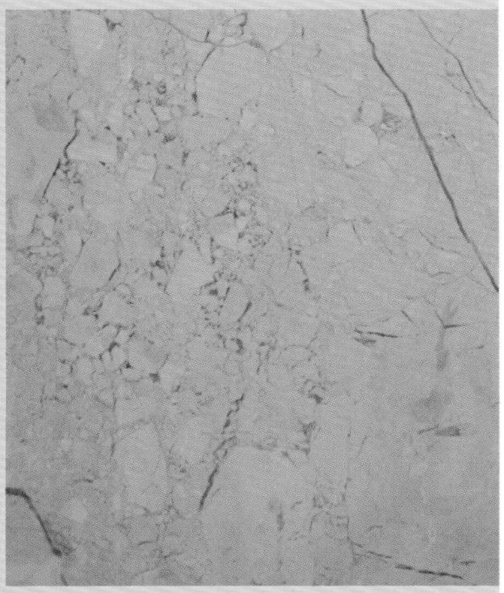

拉菲米黄：花纹、纹理比较大，通透感很强。

色彩

关键词：舒适 愉悦 协调

餐饮区环境装饰离不开色彩，良好的色彩应用能产生完美的室内空间氛围，从而增进宾客的舒适感和愉悦感。餐饮空间色彩设计首先要确定总体的色彩基调，然后再针对不同区域功能设定搭配的色调。在总体上应强调协调，但也要有重点地突出对比，起到画龙点睛的作用。此外，建筑色彩讲究色相宜简不宜繁，彩度宜淡不宜浓，明度宜明不宜暗。所以，在餐饮空间的色彩选用与搭配上也要遵循此法，主要色调不宜超过三色。

暖色系

关键词：热烈 浓郁 温暖

餐饮空间的室内色彩多采用暖色调，以达到增进食欲的效果，虽同为暖色调，但中间的差异还是很大的，如中餐厅若是皇家宫廷式的，则色彩热烈浓郁，以大红和黄色为主；若是园林式的则以粉墙为主，略带暖色，以熟褐色的木构架穿插其中，也可以用木质本色装饰。而西式餐厅则更多的采用较为淡雅的暖色系，如粉红、粉紫、淡黄色等，当然也有用熟褐色的，有的高档餐厅还施以描金。

冷色系

关键词：清凉 淡雅 浪漫

在阳光充足的地区和炎热的地方，餐饮区的色彩设计可多用淡雅的冷色调。如象征天空和大海的蓝色以及草绿色时常应用在餐厅的天花板、餐桌椅中，给人一种清凉的感受，很好地体现了餐饮空间的浪漫清新情调。

空间

关键词：流畅 舒适 分隔

餐饮区的内部空间，按其使用功能可分为客用空间、公用空间、管理空间、流动空间等。首先，餐厅的空间设计必须合乎顾客方便用餐这一基本要求，应有适当的空间高度和面积，不使人感到压抑，空间流畅舒适。其次，餐厅应有适当的分隔，分隔的总体原则是既可使客人能够享有相当隐蔽的空间，又能感受整个餐厅的气氛。

中式餐厅

关键词：热烈 对称美 文化内涵

中式餐厅强调热烈，一般会根据市场的需求进行包厢设计，注重内部的装饰，特别强调中国文化的内涵、气氛热烈。在餐厅的布局中，除了有效利用营业面积之外，中式餐厅一般讲究对称美，流行通过各类形式的玻璃、镂花屏风将空间进行组合，这样不仅可以增加了装饰面，而且又很好地划分区域，给客人相对私密的空间。

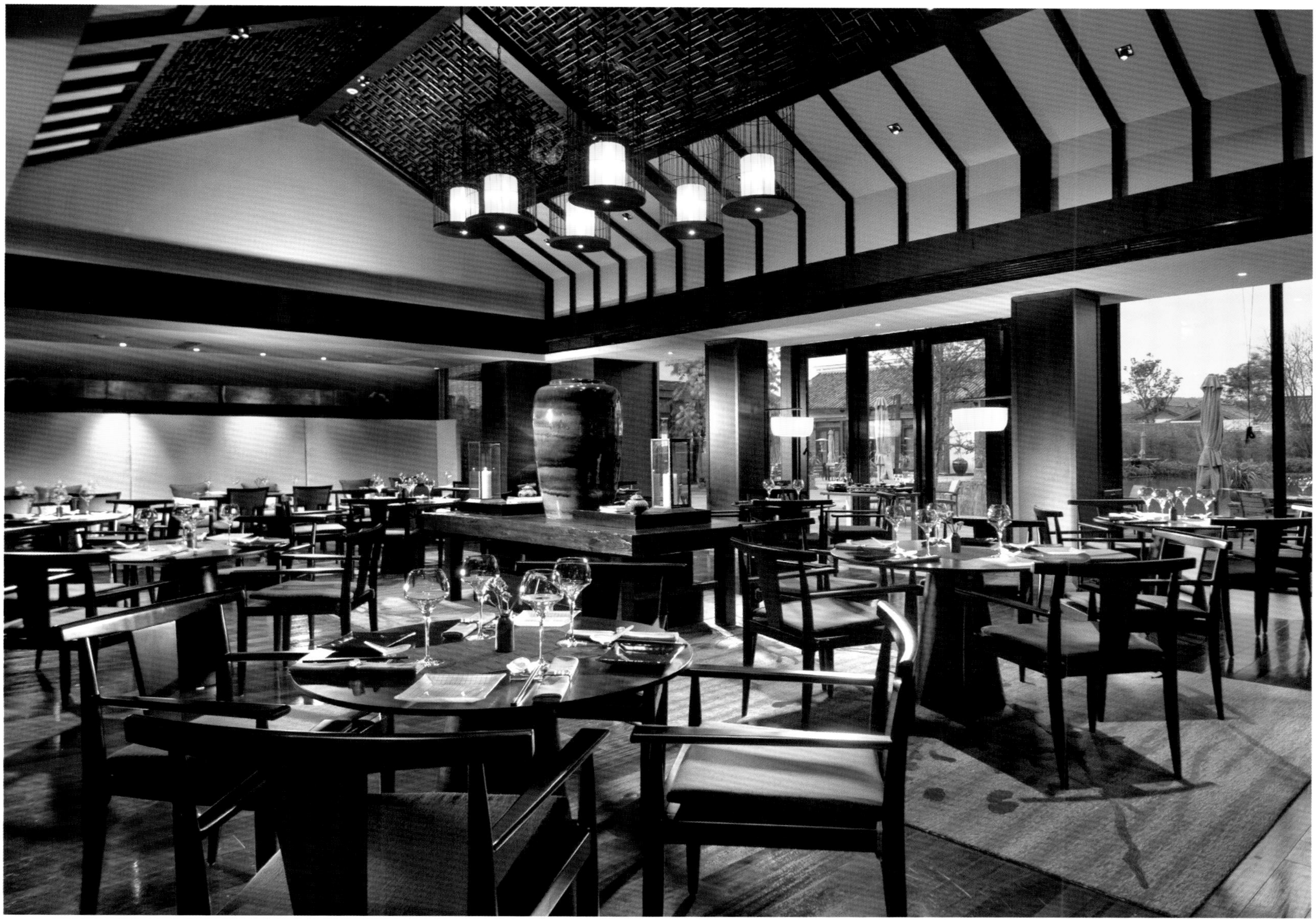

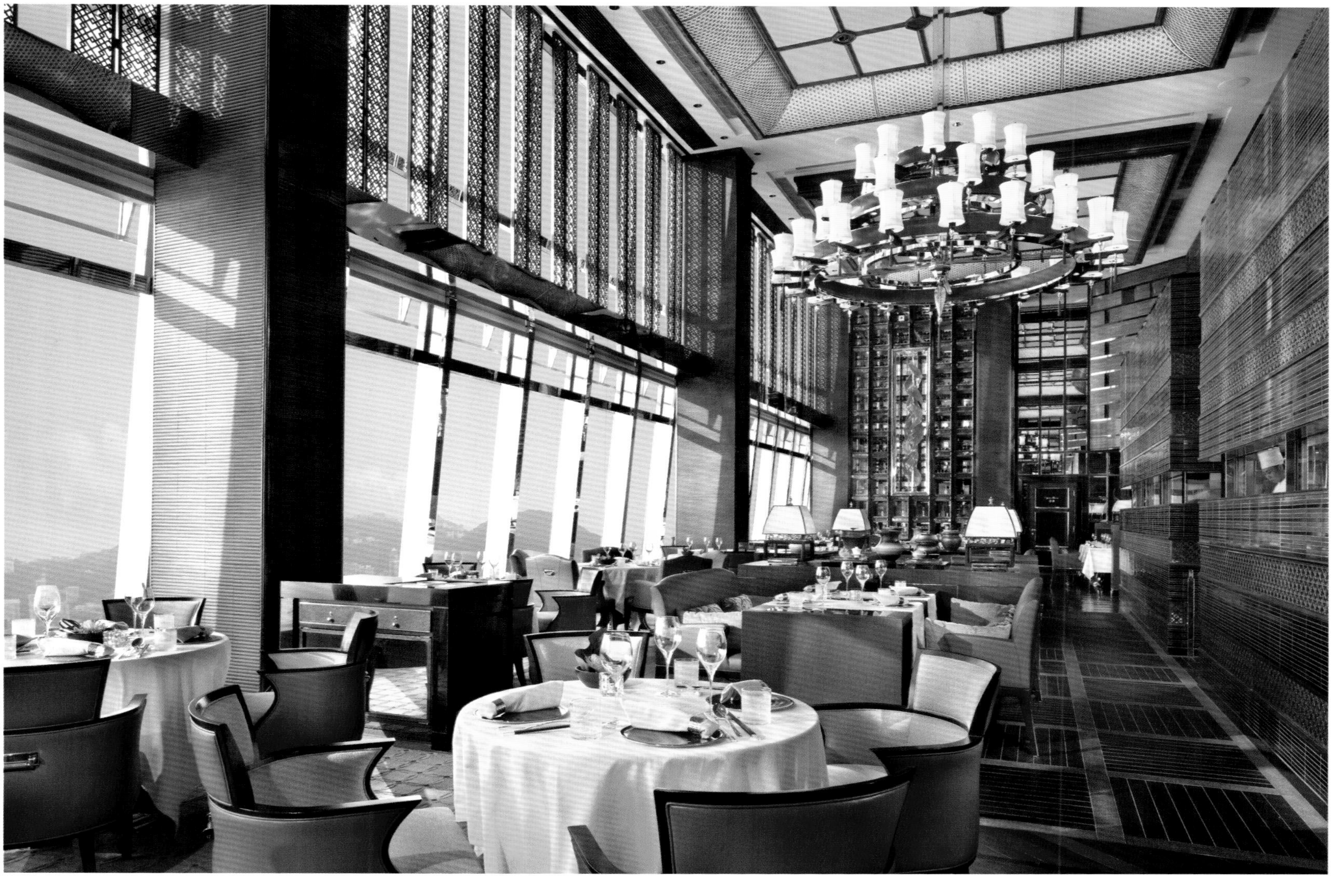

酒店
大堂
宴会厅、会议厅
餐饮区
客房
卫生间
休闲健身
走道
其他
室内景观
平面元素
材料
色彩
空间
照明
软装

西式餐厅

关键词：闲适 安谧 高雅 艺术性

西式餐厅往往由接待台、吧台、表演台和就餐区组成。就餐区可大可小，一般布置方法是区域的中央坐席较多，区域的周围则以各式隔断划分为若干小区域。这些小区域可设为一组或多组的餐桌，用来分隔空间的是花槽、栏杆或者是帷幔。餐椅多为沙发或软椅，有时也用藤椅或竹椅，有些餐椅的造型带有西方古典家具的痕迹。总之，西餐厅空间设计应以创造安谧的气氛、高雅的格调和西式风格为原则，追求艺术性。

大堂

宴会厅、会议厅

餐饮区

客房

卫生间

休闲健身

走道

其他

室内景观

平面元素

材料

色彩

空间

照明

软装

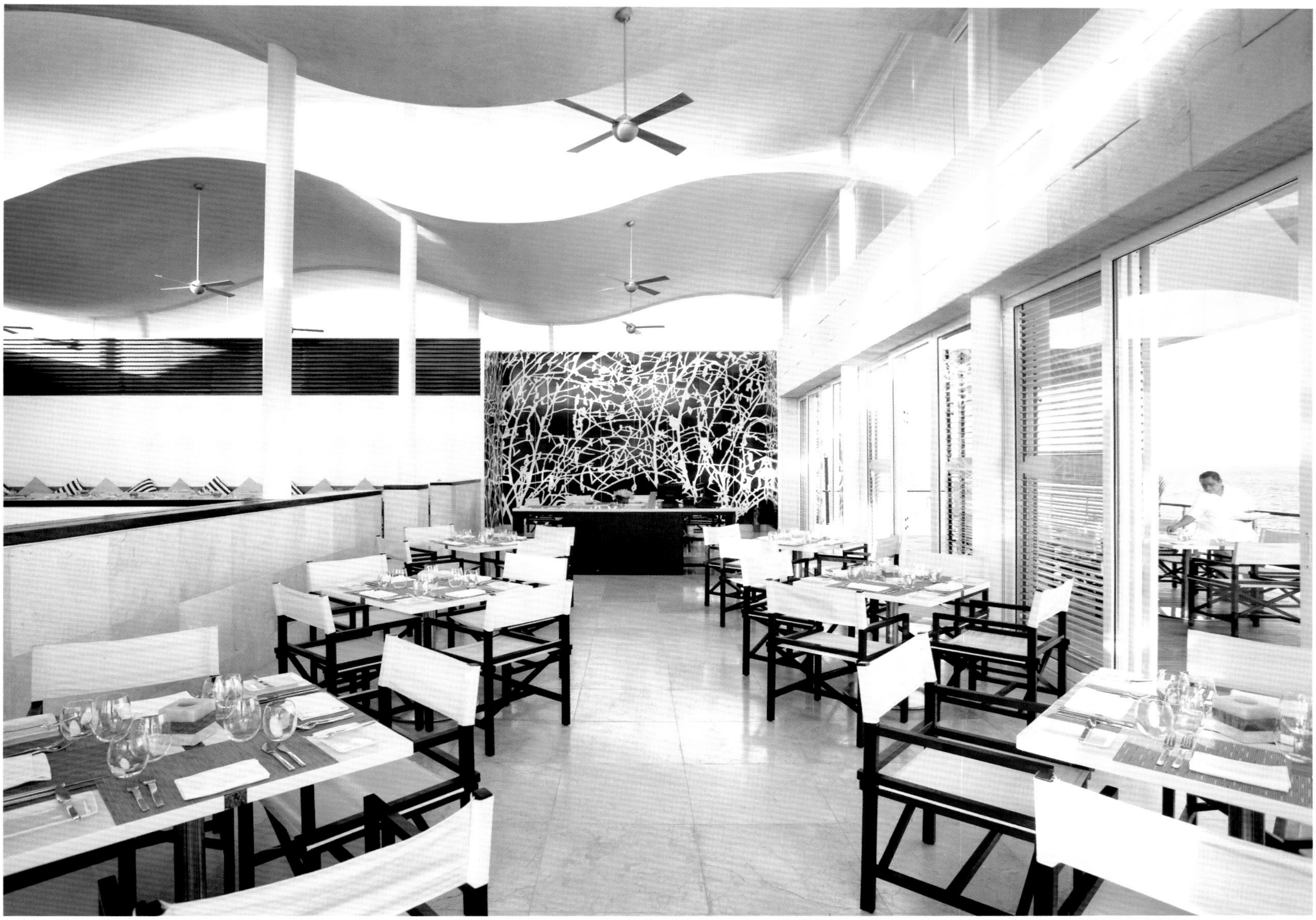

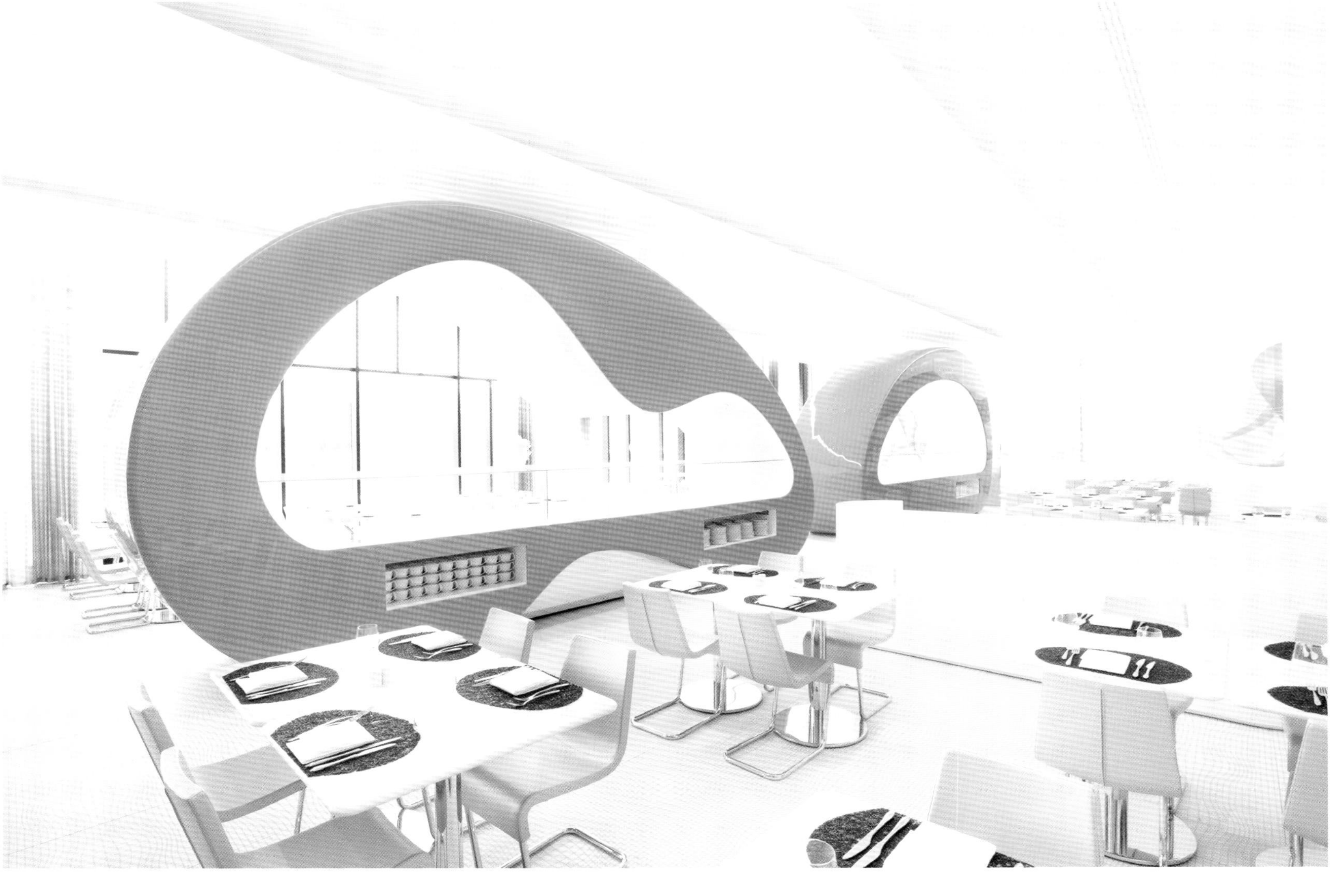

照明

关键词：暴露光源 眩光 偏暗 柔和

不同风格的餐饮区对光线的要求不一样。中式餐厅以金黄和红黄光为主，而且大多使用暴露光源，使之产生轻度眩光，以进一步增添热闹的气氛。灯具也以富有民族特色的造型见长，一般以吊灯、宫灯配合使用，要与酒店总的风格相吻合。西式餐厅的传统气氛特点是幽静、安逸、雅致，照明应适当偏暗、柔和，同时应使餐桌照度稍强于餐厅本身的照度，以使餐厅空间在视觉上变小而产生亲密感。

暖色调

关键词：亲切 温馨 富有情调

餐饮区灯光色调宜选用暖色调营造氛围，给客人以亲切、温馨之感受，使客人受到尊重，从而提升餐厅的档次。其中，西餐厅装修具有浪漫、典雅、含蓄的特点，灯光色调用暖色调，其照度比中餐厅弱一些，如果配以烛光造型的灯具更有情调。

酒店

平面元素

大堂

宴会厅、会议厅

材料

餐饮区

色彩

客房

卫生间

空间

休闲健身

照明

走道

其他

软装

室内景观

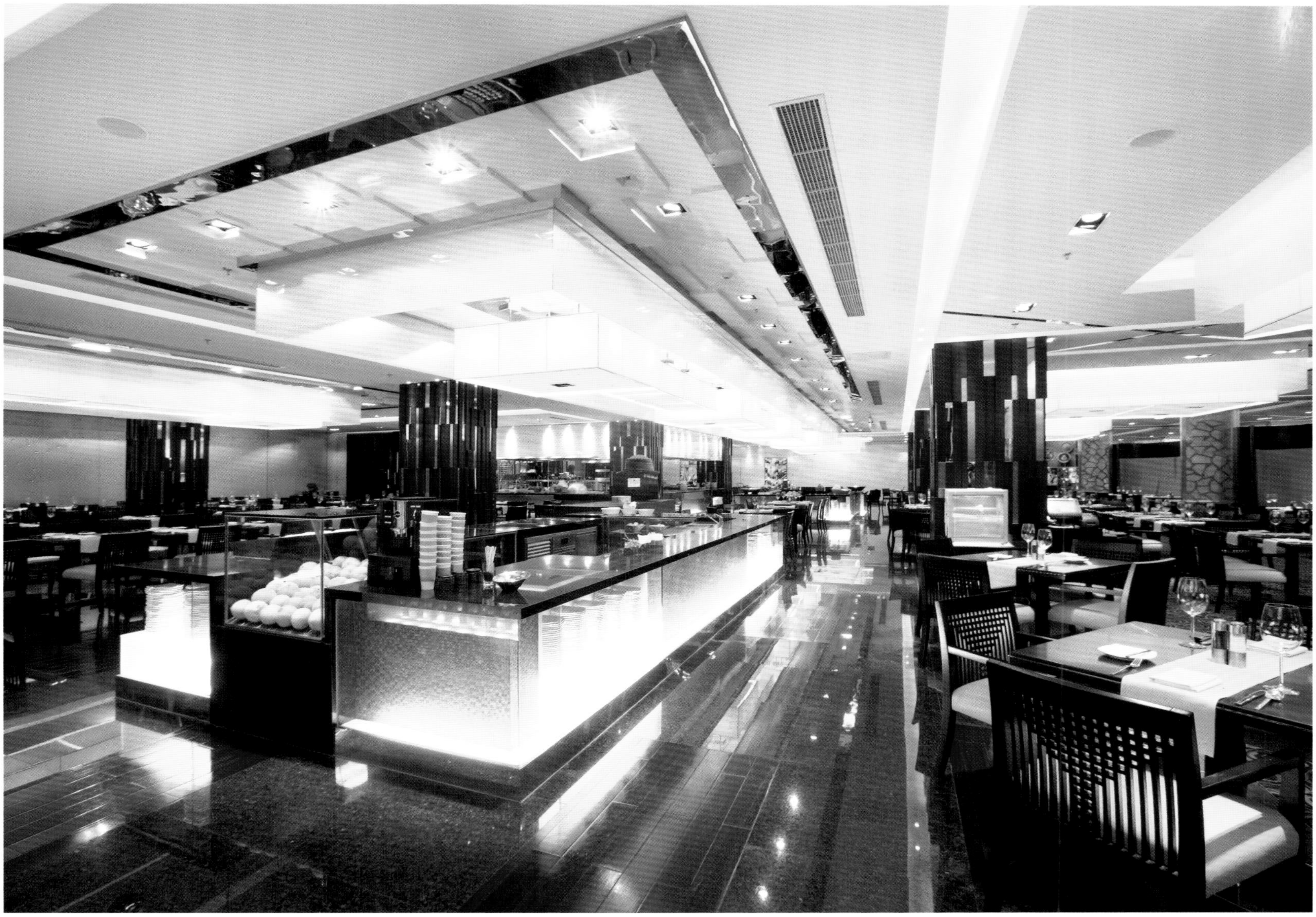

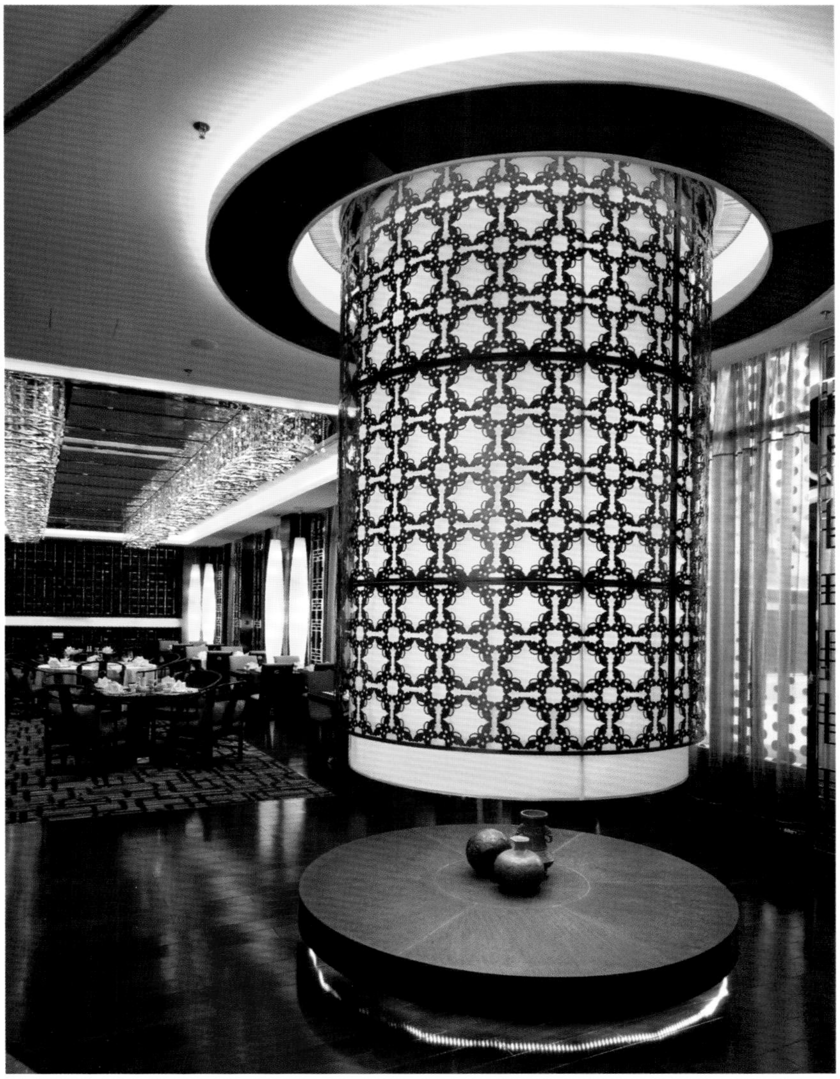

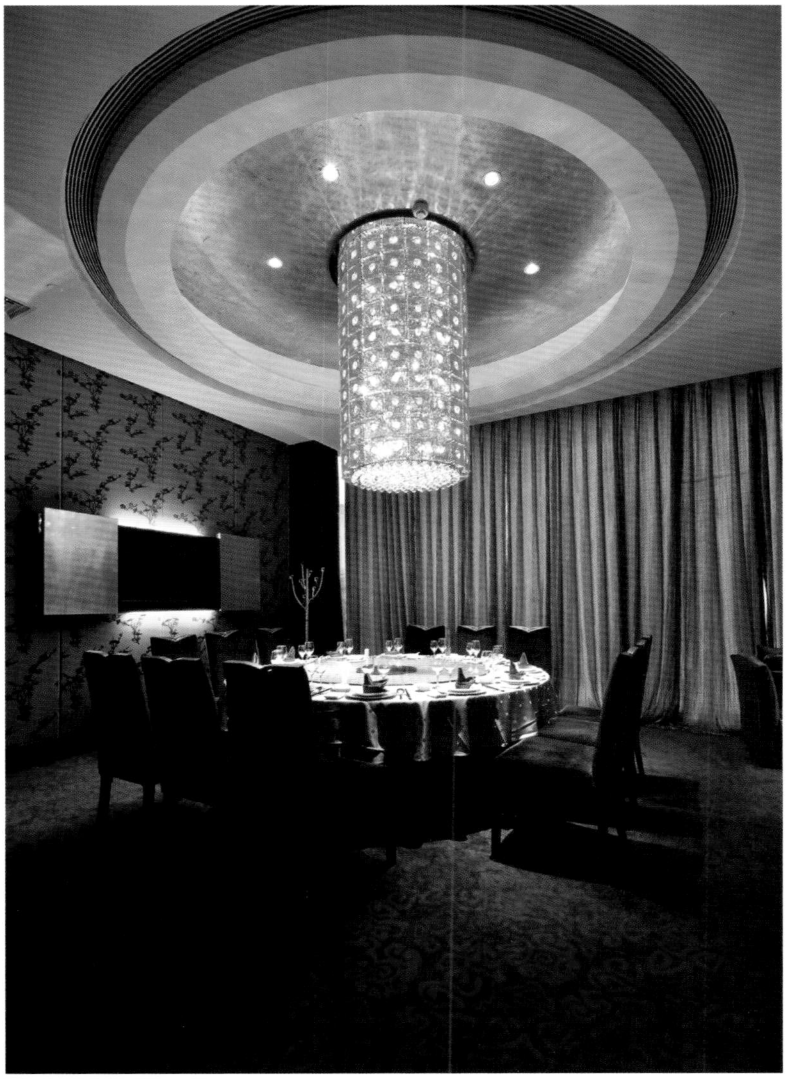

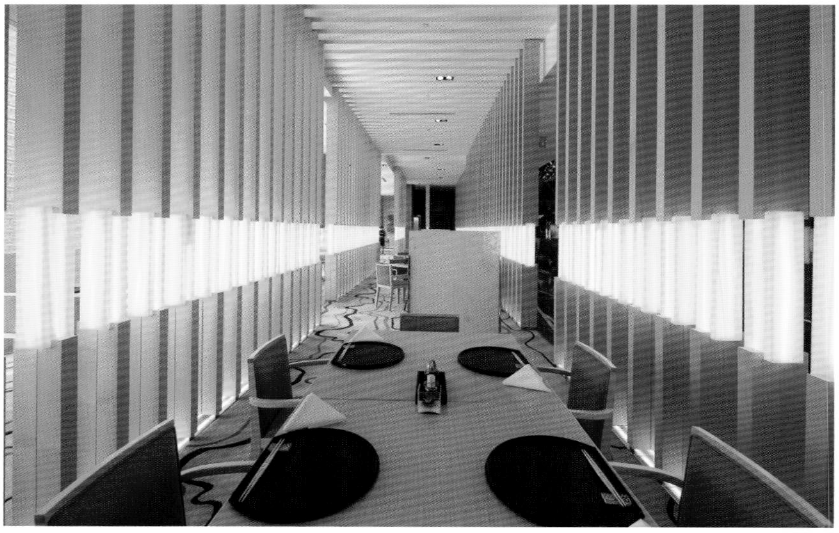

冷色调

关键词：柔和 高雅 浪漫

西餐厅是最讲究情调的地方，用冷色调的柔和灯光陪衬水绿色或淡蓝色的桌布，充满高雅、浪漫气氛，有利于情趣的升华。

中性色调

关键词：沉静 舒适 幽雅

中性色包括黑色、白色、灰色、棕色，在餐厅照明中，中性色具有一种沉静的照明效果，能避免眩光，有助于营造一种舒适、幽雅的格调。

软装

关键词：营造气氛 协调 情趣

室内软装也是餐饮空间气氛营造的重要手段，室内软装包含的面非常广，从字画、雕塑、工艺品等艺术品，到人们的日常生活用具与用品，都可以成为室内装饰品。设计师应根据需要以及不同类型的餐厅去选用相应的室内陈设，为就餐者提供文化享受，增加就餐情趣。

家具陈设

关键词：舒适 美观 大方

餐桌椅是餐厅的主要家具，其造型与色彩最能体现餐厅的风格。选择餐桌椅时要注意其大小要与餐厅空间比例协调，符合人体工程学，以舒适便利，美观大方为优。如圆桌气氛亲切，适应大空间；方桌虽限定了空间，却雅致精巧；木桌椅适合温馨的暖色调，玻璃桌椅适合欢快明亮的中性及冷色调。

平面元素　材料　色彩　空间　照明　软装

大堂　宴会厅、会议厅　餐饮区　客房　卫生间　休闲健身　走道　其他　室内景观

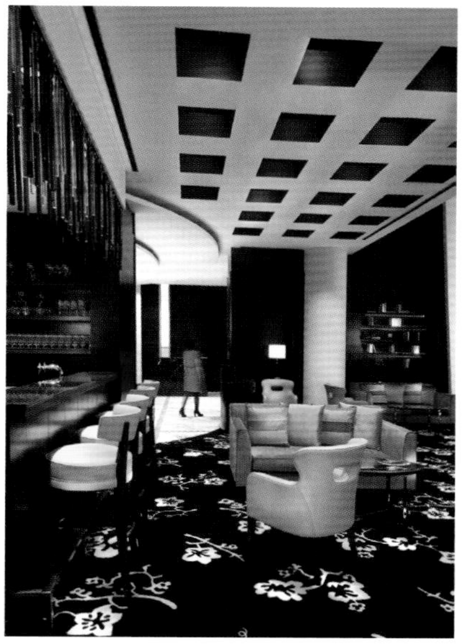

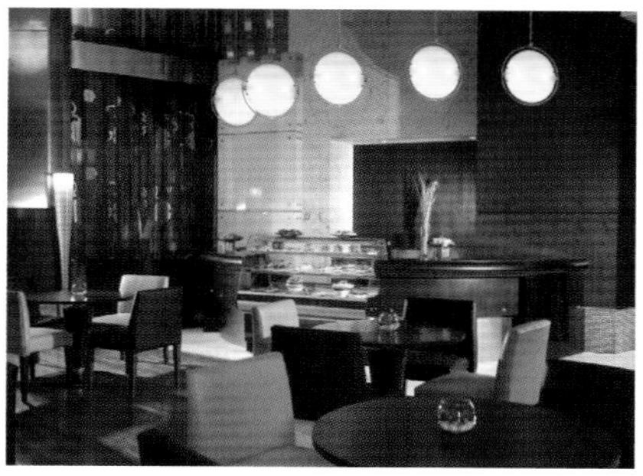

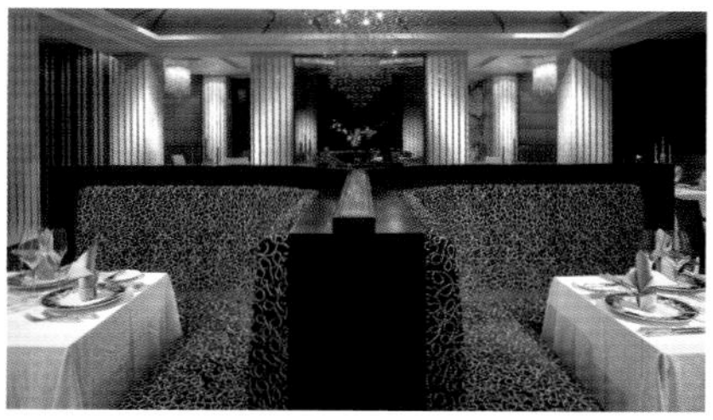

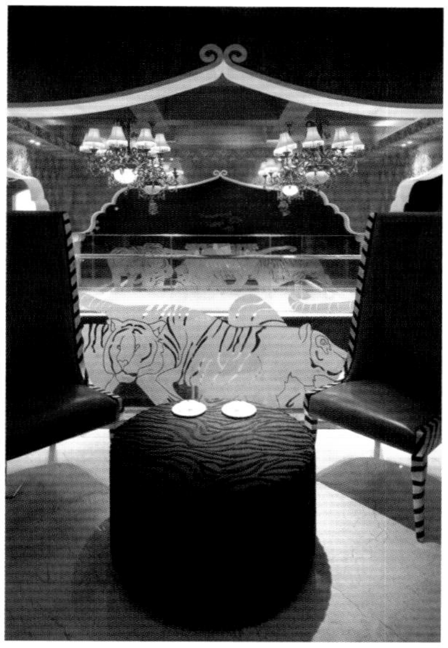

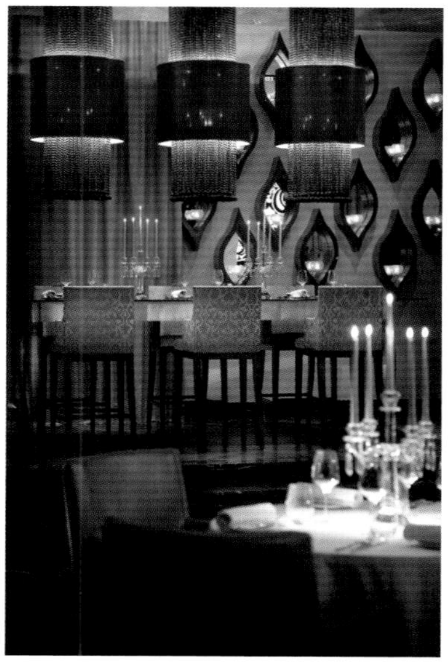

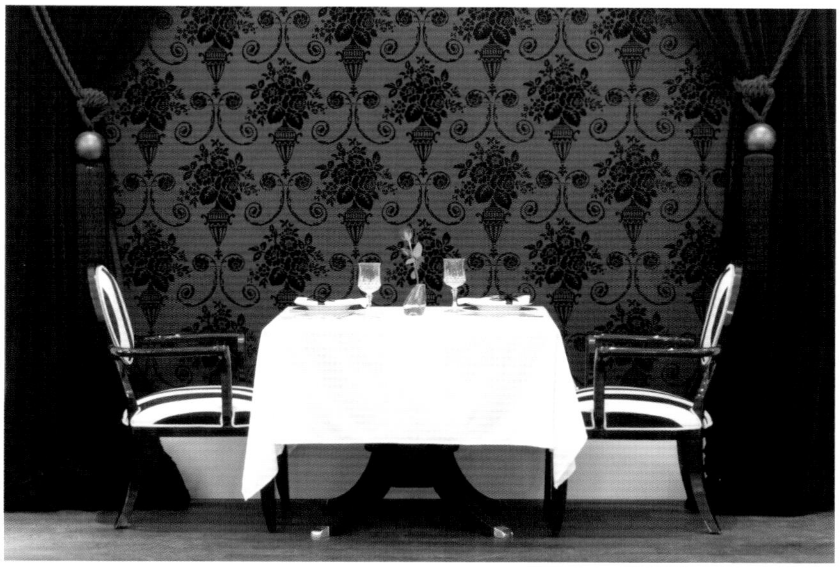

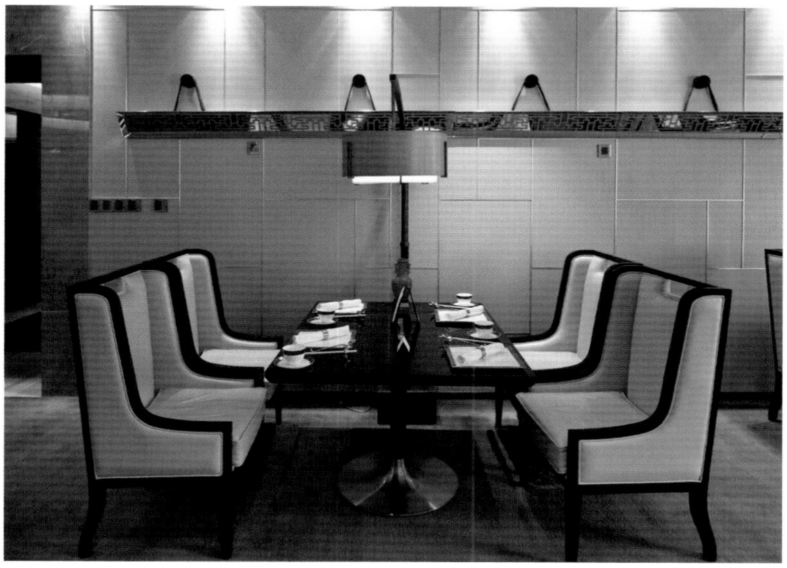

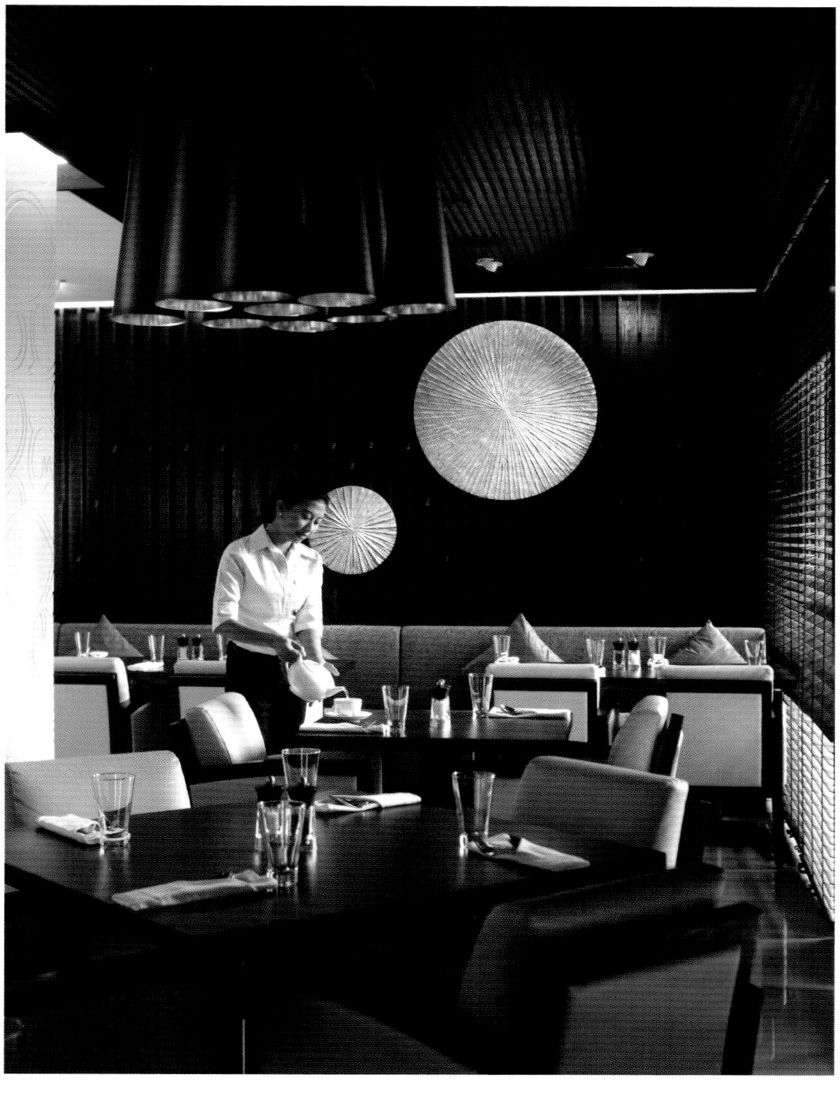

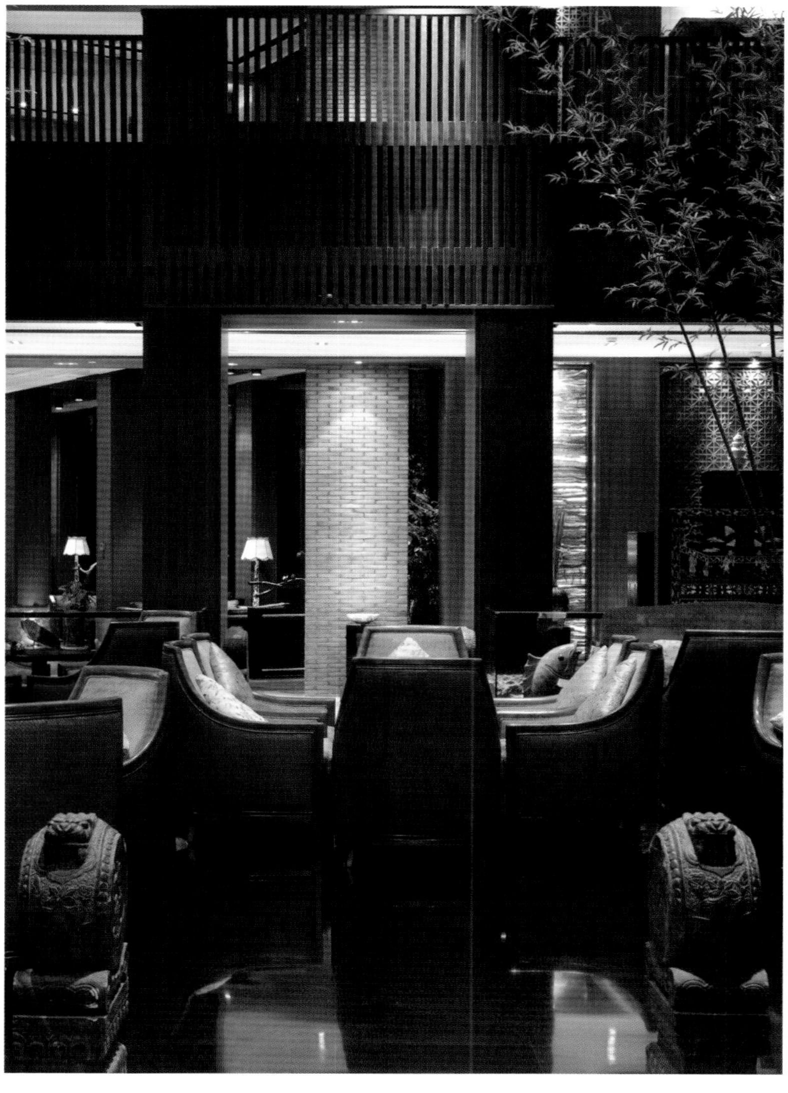

饰品摆件

关键词：界定空间　表现细节 营造气氛

餐饮空间的艺术品摆放、灯饰配置等饰品对空间整体设计感也会起到重要作用，一个杯盘、一副刀叉或者一束绿植绝不仅仅提供给客人就餐或欣赏的基本功能，它们在体现设计风格、界定空间性质、表现品质与细节、甚至设计师会赋予它们一定的心理学功能，巧妙地分割空间，营造气氛。

酒店

平面元素　大堂

宴会厅、会议厅

材料　餐饮区

色彩　客房

卫生间

空间　休闲健身

照明　走道

其他

软装　室内景观

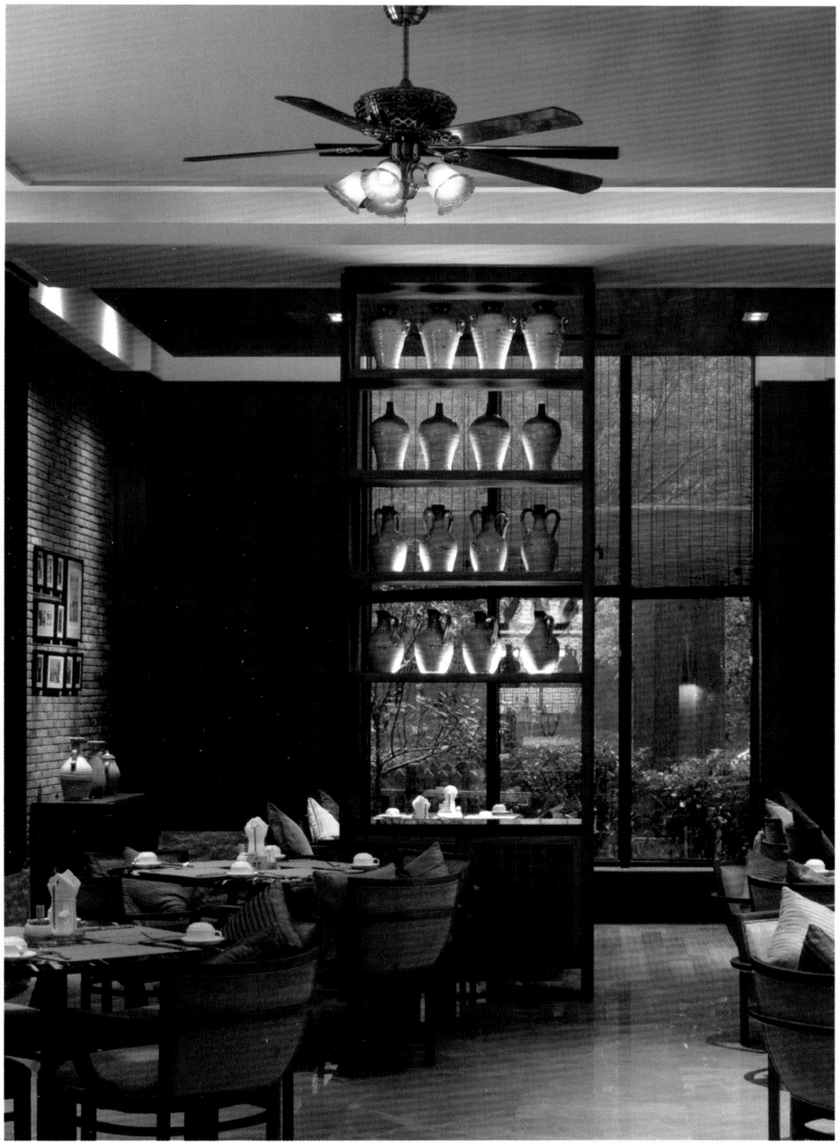

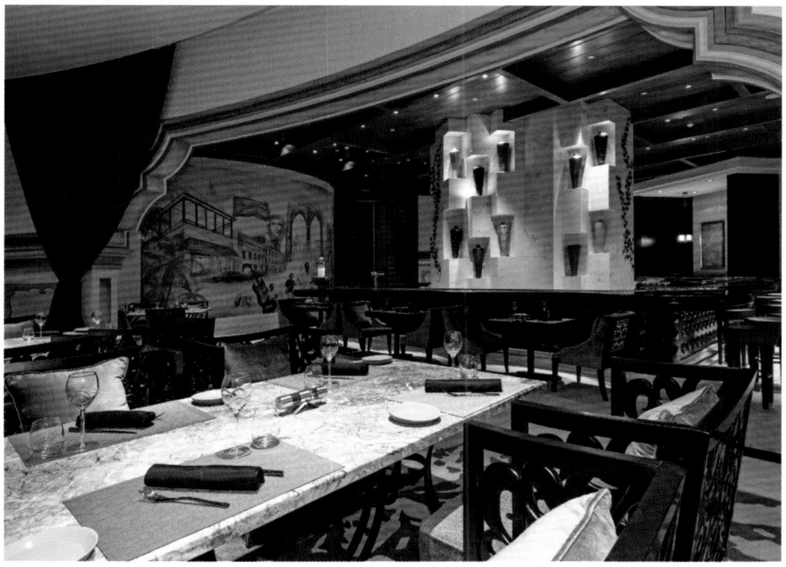

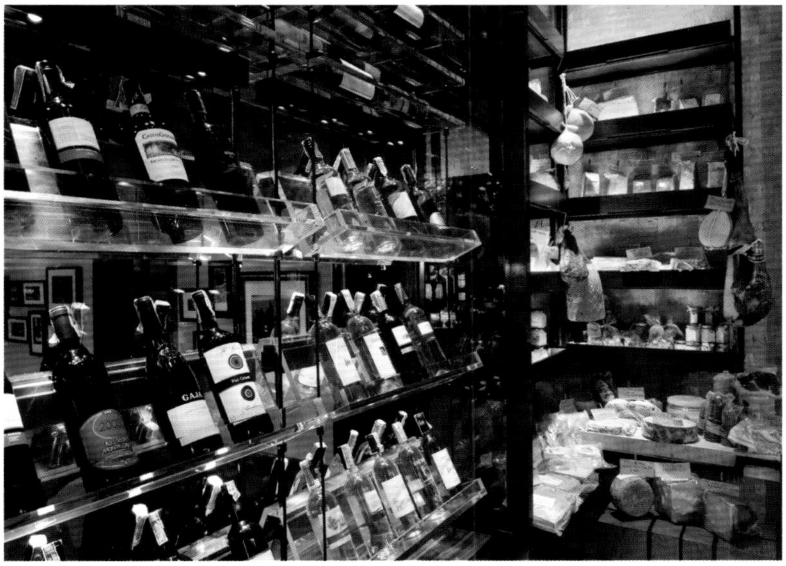

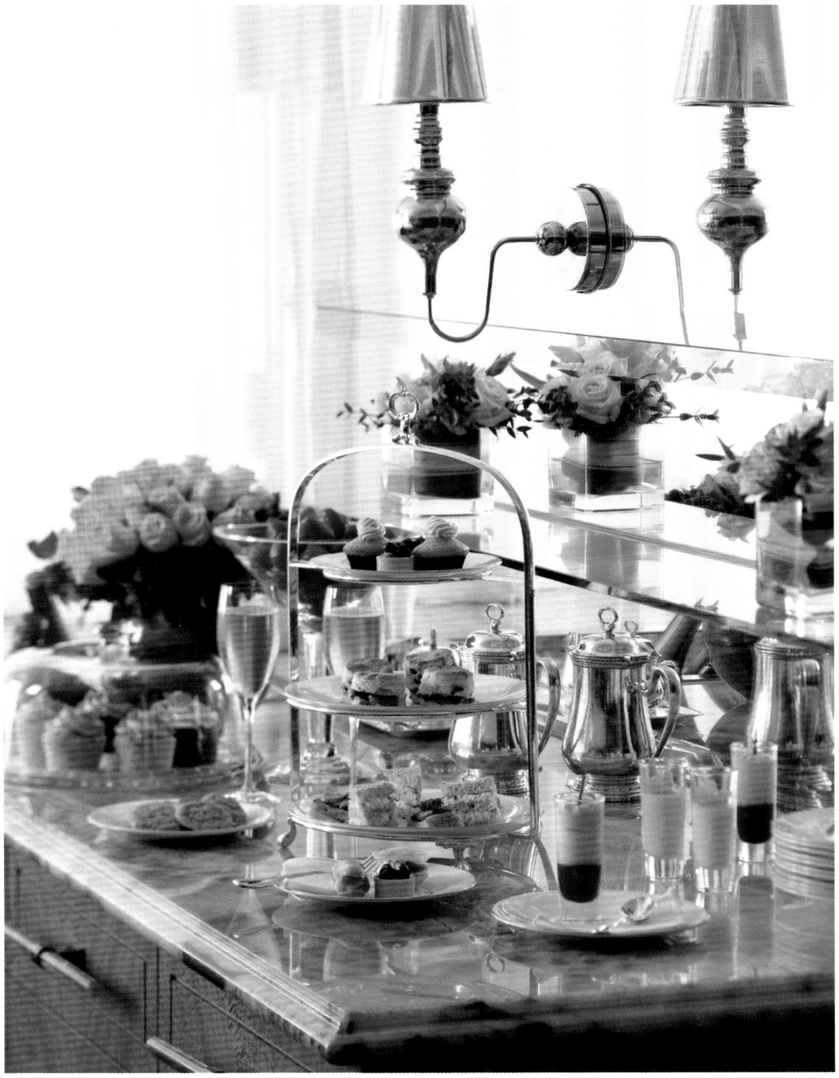

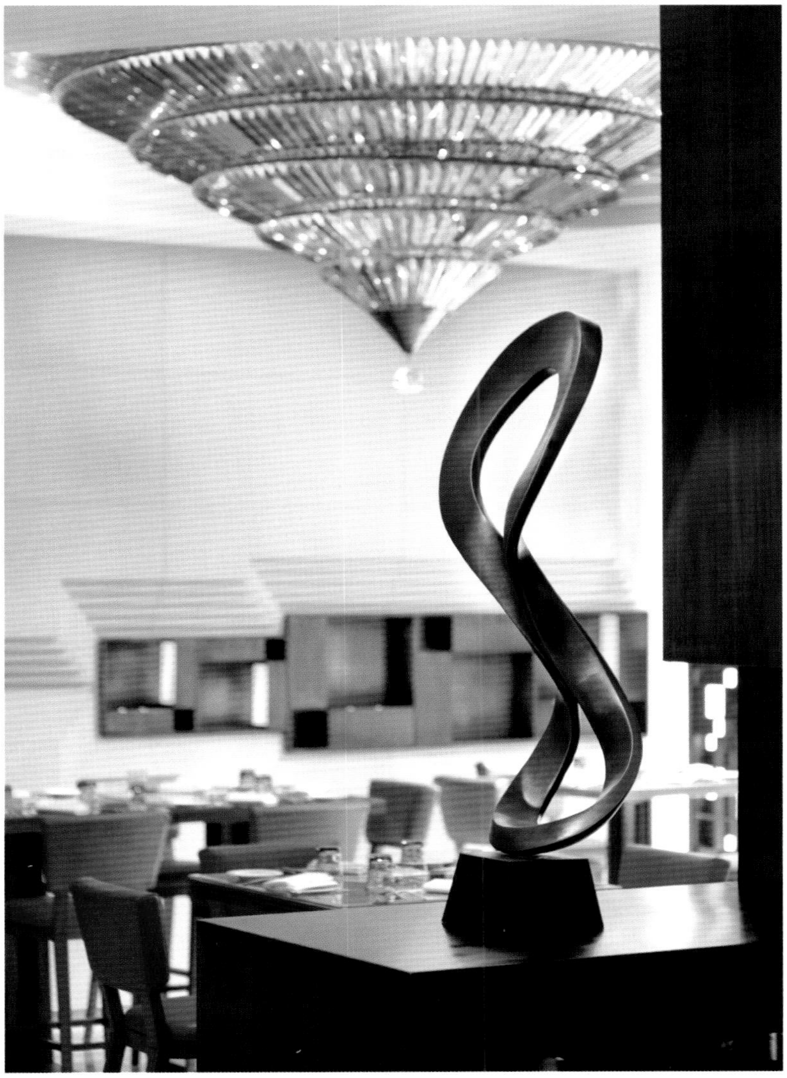

客房

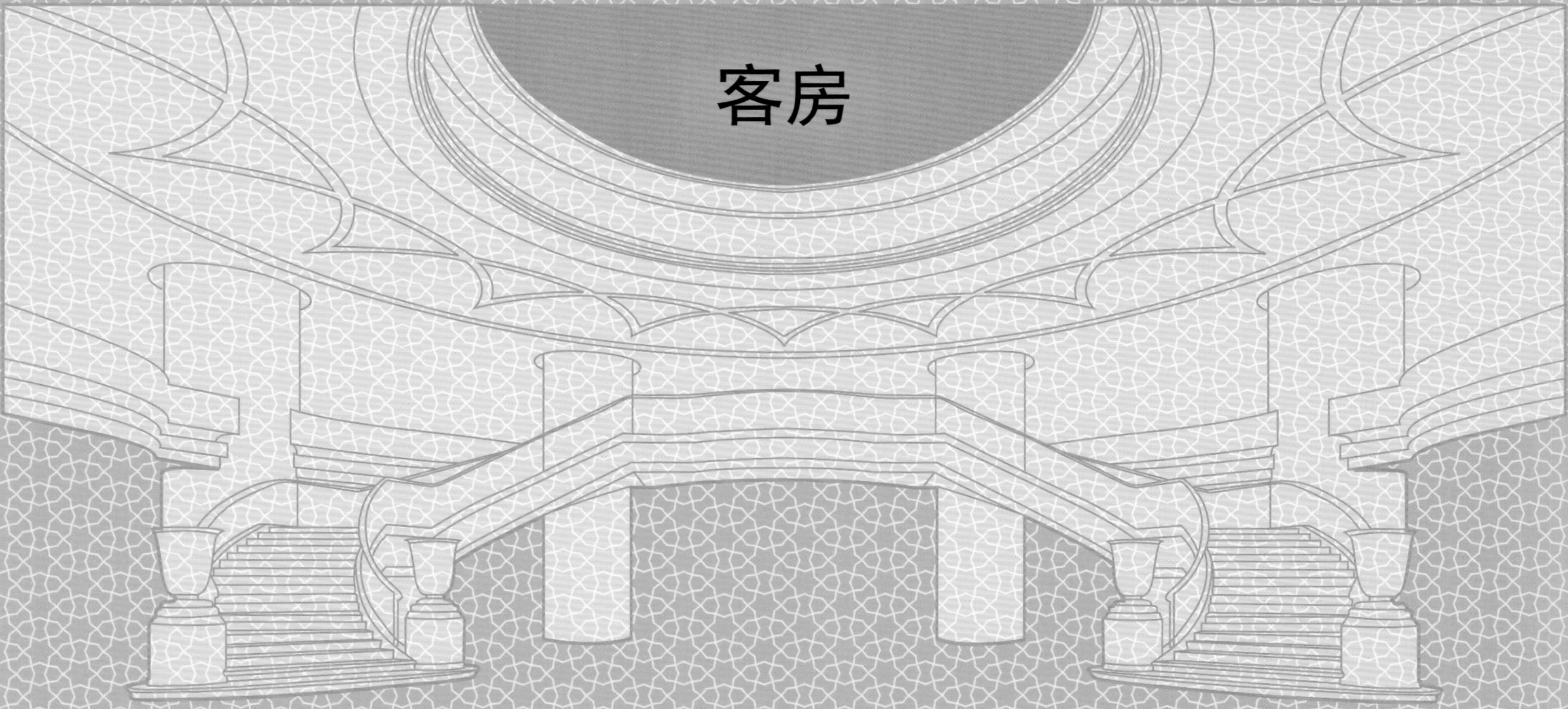

关键词：安静 私密 放松 舒适

客房作为酒店的基本要素，是酒店设计中最重要的一环，客房室内环境的好坏也直接关系着客人对酒店的整体印象以及酒店的盈利效果。客房应该有一个私密的、放松的、舒适的环境，浓缩了休息、私人办公、娱乐、商务会谈等诸多使用要求的多功能空间，在设计过程中，应该注意空间布局、整体色调、家具配置、灯光选择等，满足客户的个性要求。

平面元素

关键词：图形 色彩 墙绘 设计感

设计师通过对图形、文字、色彩这三大平面设计要素的设计运用，使平面设计可以很好地介入室内设计中，创造出新的视觉效果。运用色彩、墙绘等手法使极其简单的客房变得艺术化，通过一些细节弥补预算不足带来的设计上缺失，打造了极富设计感的空间，并通过细节提升空间的品质感。

地面

关键词：耐用 干净 舒适

客房的地面一般用地毯或嵌木地板。在选择地毯的时候，一定要选择耐用防污甚至防火，尽可能不要用浅色或纯色的地毯，一方面可以显得装修设计大气，另一方面显得干净舒适；而木地板由于具有基材的特殊性，具有木质感，因此脚感更加舒适。

酒店

平面元素　　大堂

　　　　　宴会厅、会议厅

材料　　　餐饮区

色彩　　　客房

空间　　　卫生间

照明　　　休闲健身

　　　　　走道

软装　　　其他

　　　　　室内景观

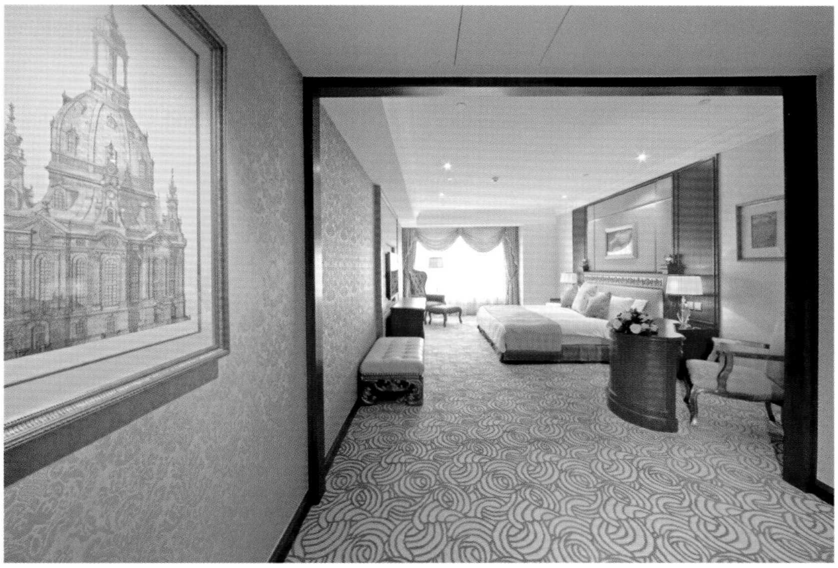

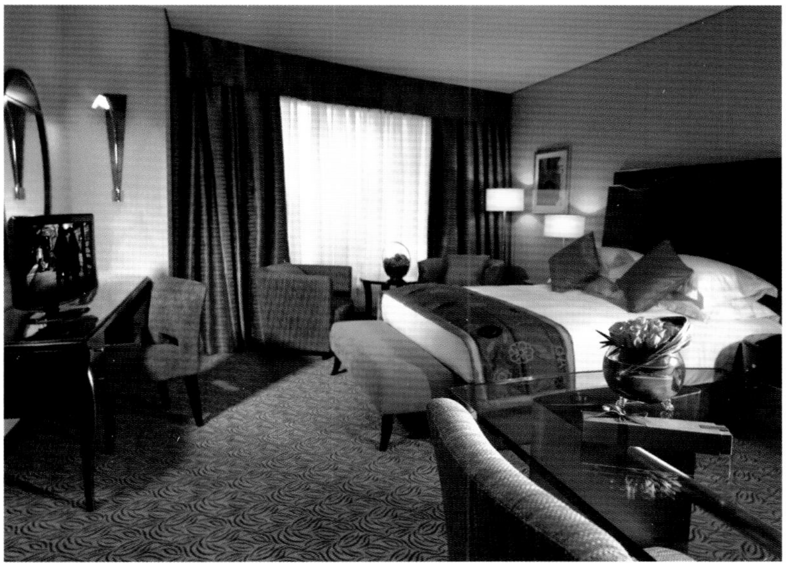

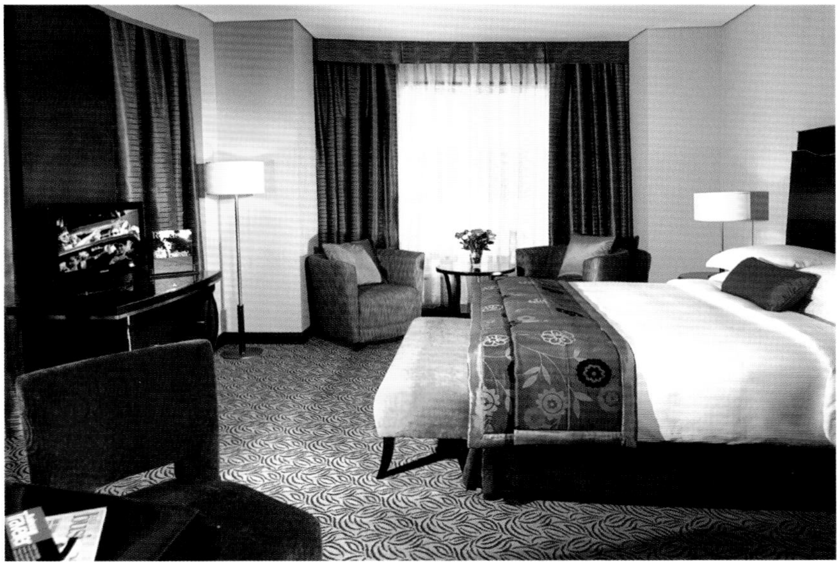

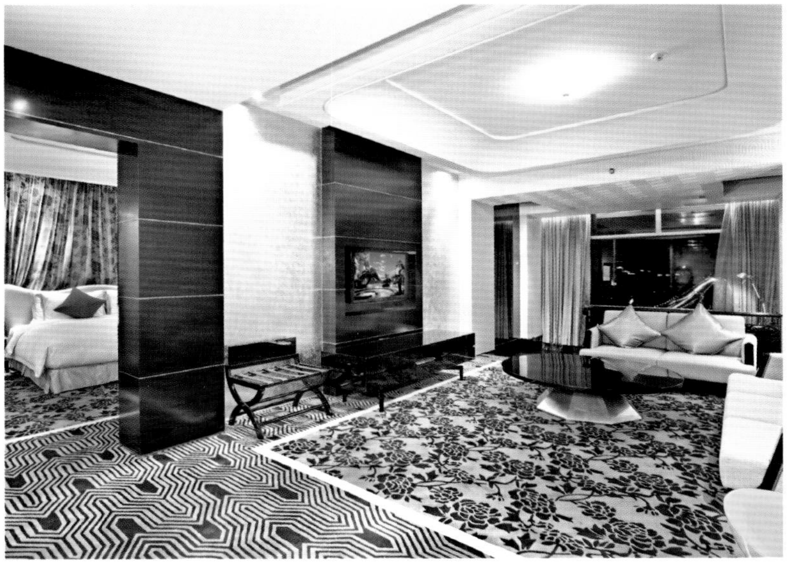

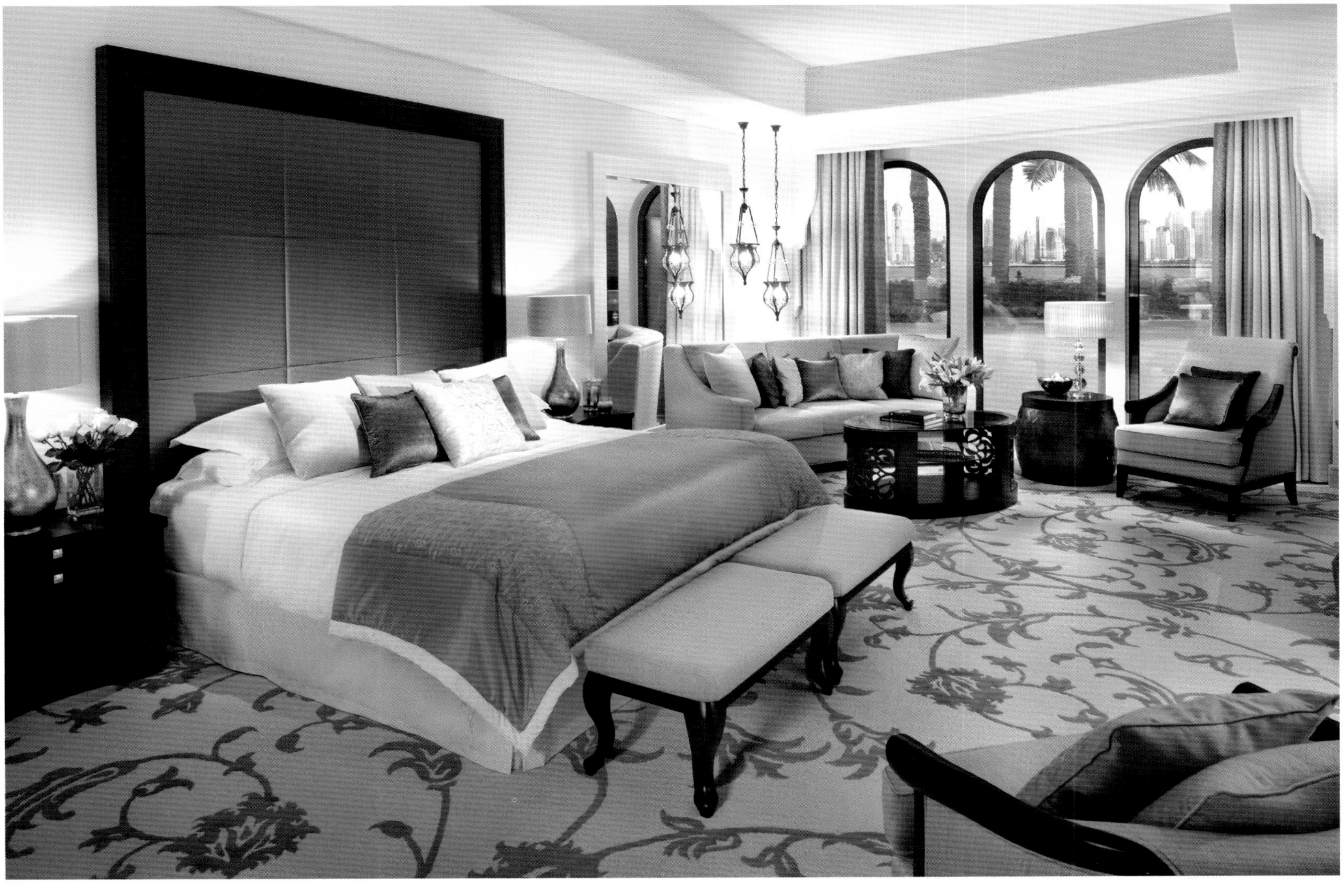

墙体

关键词：独特性 围合 视觉效果

墙体是客房空间中占比重最大的区域，因此最容易引起视觉关注。墙体有其空间独特性，它可以是一面也可以是多面的围合，并且在围合过程中形成很多转折面。有的客房，墙体采用泡沫墙面砖进行装饰，通过五彩缤纷的色彩变化构成不同的图案，创造出充满戏剧性的视觉效果。

酒店

平面元素

大堂

宴会厅、会议厅

餐饮区

客房

卫生间

休闲健身

走道

其他

室内景观

材料

色彩

空间

照明

软装

126～127

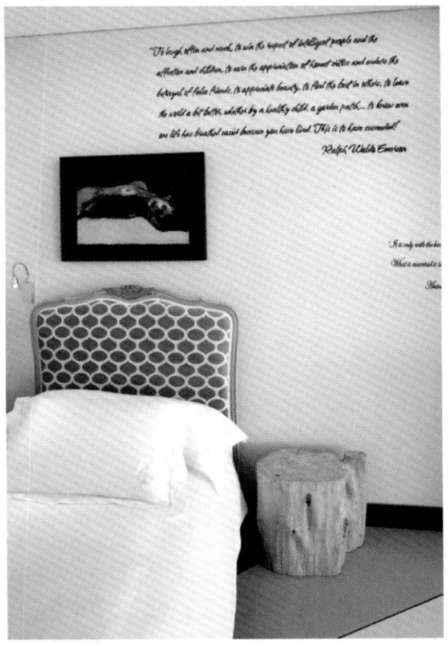

隔断

关键词：分隔空间 私密 实用

客房隔断通常会在豪华套房中使用，用来分割咖啡吧、多功能厅、洗浴空间、会客空间等。隔断可以是滑动的，也可以是固定的。隔断的材质多种多样，包括玻璃、帘子、透明塑胶、布、石膏、板材、木材等，私密与实用兼得。

天花

关键词：隔热 隔音 美化 简约

天花是室内空间的天空，一方面肩负着遮掩梁柱、管线、隔热、隔音等任务，另一方面起着美化房间的作用。天花设计得精彩多变会让房间生动灵活，个性十足。酒店客房天花最常见的是平板吊顶，照明灯一般置于顶内或吸于顶上，效果简约时尚。

酒店

大堂

宴会厅、会议厅

餐饮区

客房

卫生间

休闲健身

走道

其他

室内景观

平面元素

材料

色彩

空间

照明

软装

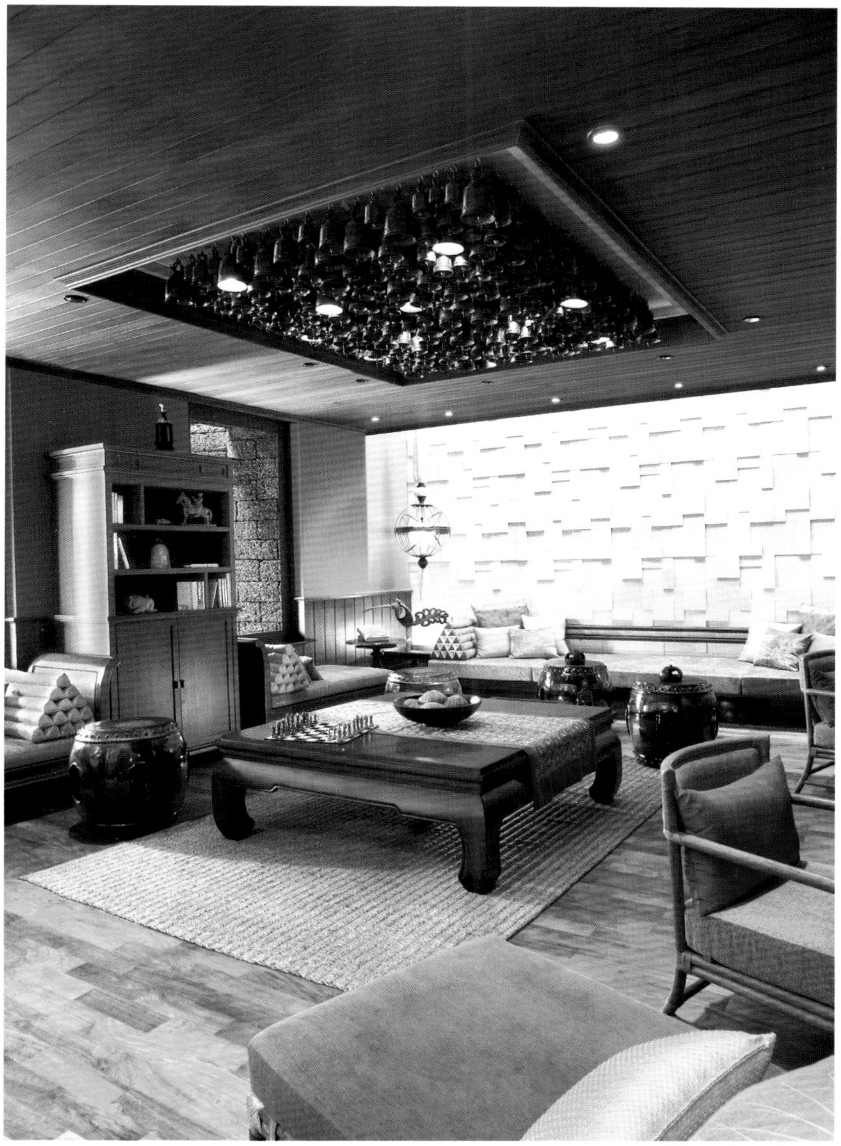

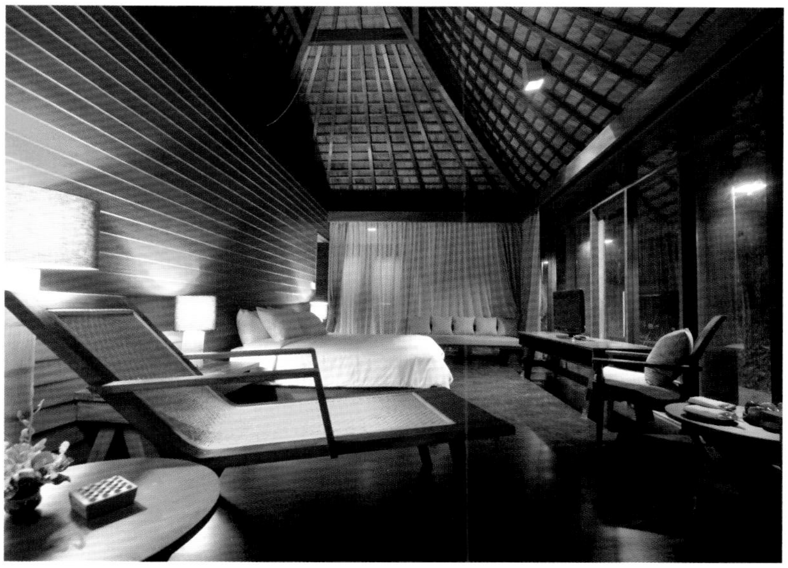

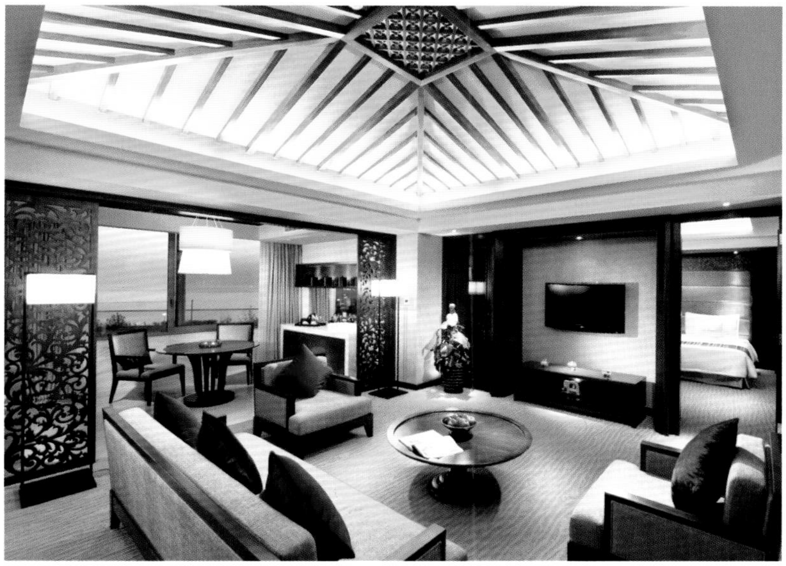

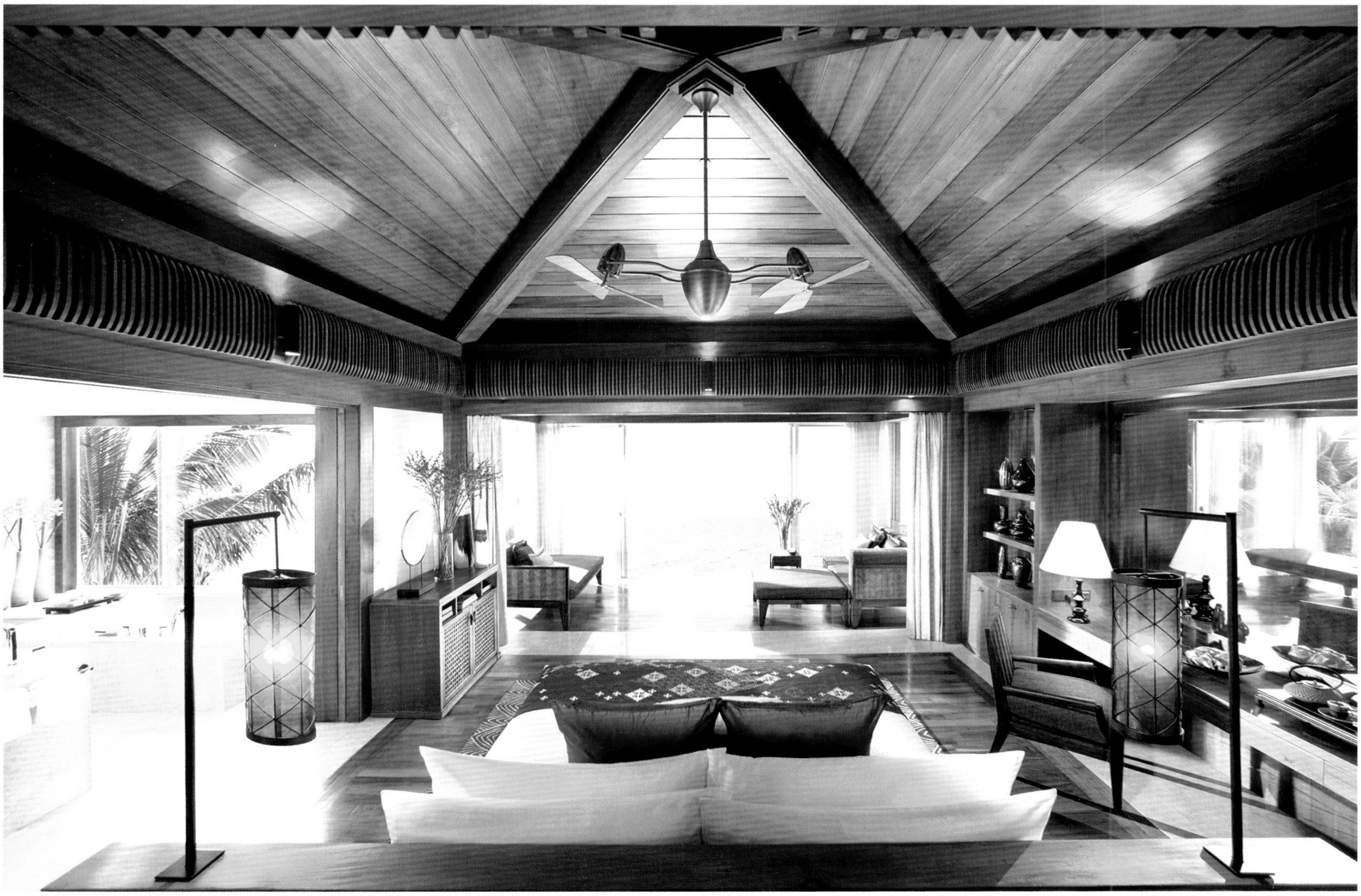

材料

关键词：肌理 光泽 新颖 美观

酒店客房设计中，材料的选择尤为重要，需要考虑适应室内使用空间的功能性质。石材在客房装修中一般用于入口小走道及客厅；卧室等区域可选用木地板；洗手间、阳台等区域可选用地砖、墙砖、通体砖等材料，其优点是便于清理。

木质

关键词：天然 温暖 柔和 经典

木质材料是一种天然的多孔材料，具有非常强烈的自然活性，会给人们一种温暖、柔和的感觉，让人们能更舒适地在空间中放松。在客房空间里，木质材料不仅用做地板的装饰，更在天花吊顶、墙壁等空间上得到尽情的发挥。此外，原木制作的桌椅，看是简单随意，却是整个空间最经典的家具之一。

酒店

大堂

宴会厅、会议厅

餐饮区

客房

卫生间

休闲健身

走道

其他

室内景观

平面元素

材料

色彩

空间

照明

软装

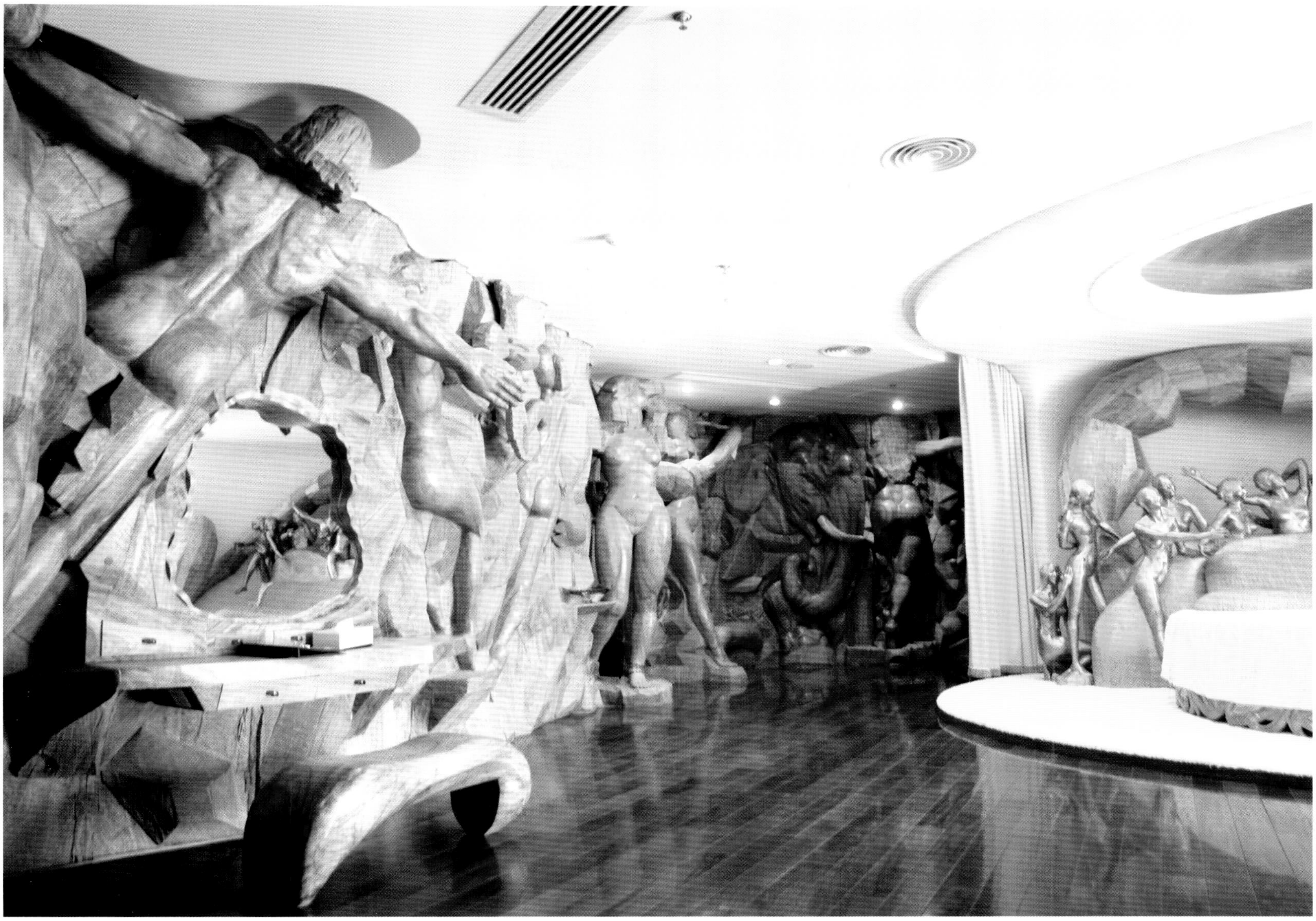

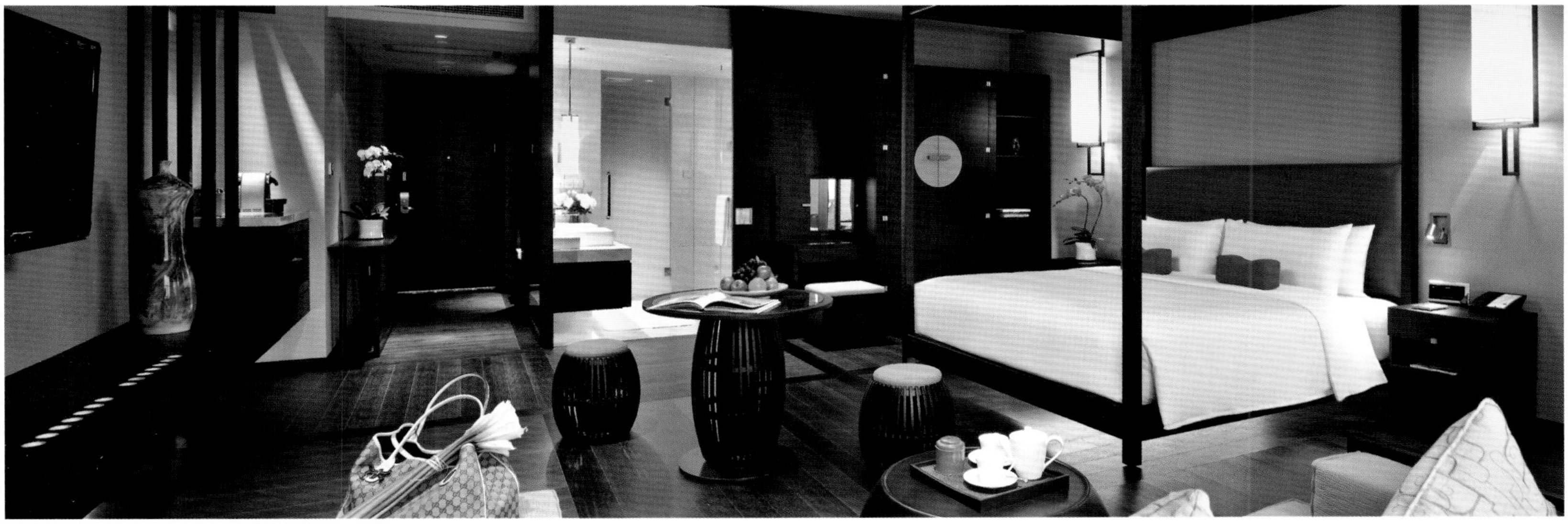

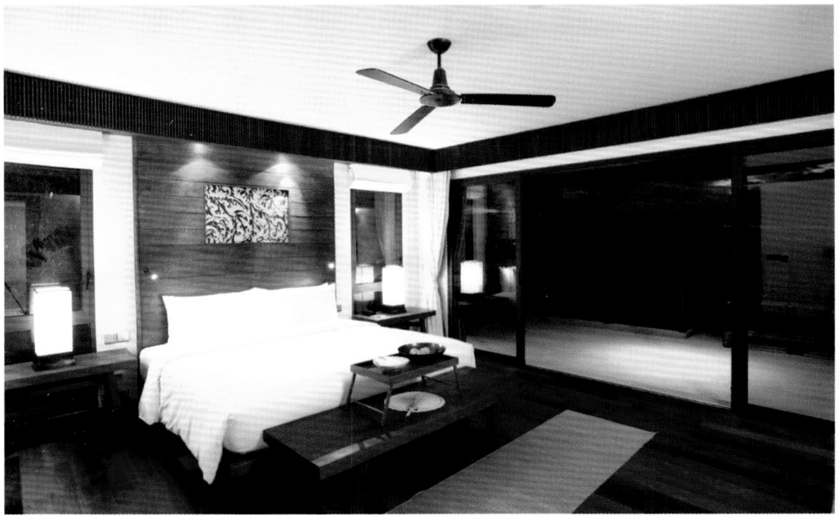

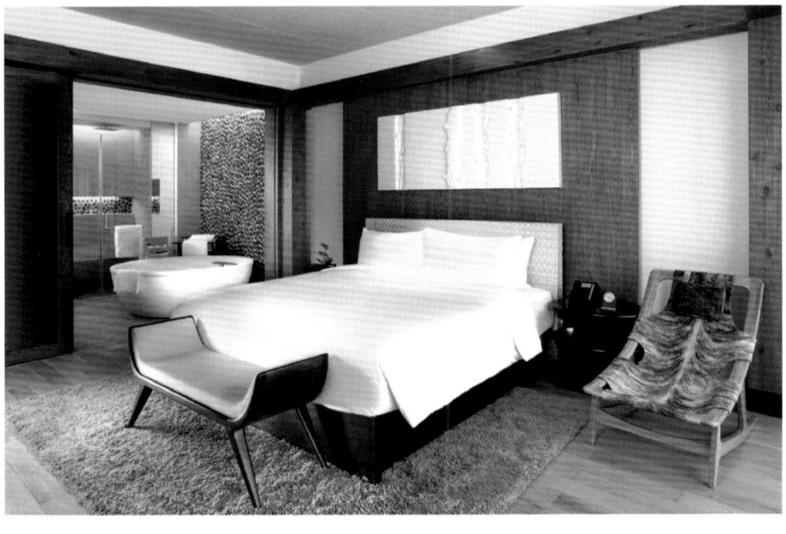

材料展示

直纹酸枝： 酸枝木是清代红木家具主要的原料。用酸枝制作的家具，即使几百年后，只要稍加揩漆润泽，就可焕然若新。酸枝木大体分为黑酸枝、红酸枝和白酸枝，还有少量花酸枝。在这几种酸枝木中，以黑酸枝木最好。其木质坚硬，抛光效果好。有的与紫檀木接近，大多纹理较粗。

巴西酸枝： 巴西酸枝原木为散孔材。心材材色变异较大，褐色、红褐到紫黑色，与边材区别明显，边材近白色。表面光洁的巴西酸枝更是装饰材料中的极品。

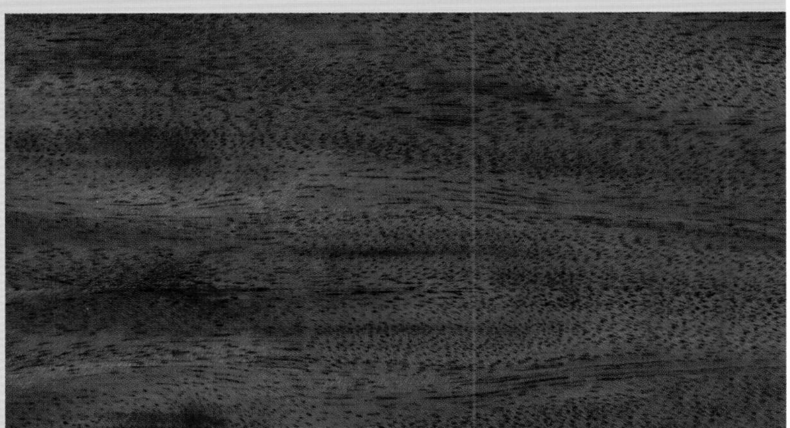

有影桃花木： 桃花木是世界上最名贵的木材之一。该类木材的心材通常为浅红褐色，径切面具有美丽的特征性条状花纹，由此而得名。在美洲及欧洲中，它被视为制造家具、橱柜的进口高级原料。

金属

关键词：耐腐 轻盈 质地 时尚

金属材料具有耐腐、轻盈、高雅等特点，能凸显酒店客房装修设计的时尚气息。在客房中经常看到的金属置物架，简单、灵活、容量大，给生活带来很多方便。金属质感的座椅，将金属的冰冷感和钢管的简单线条相结合，无论质感还是视觉效果都体现了设计师的独特创新。特别是在浴室这类特殊的空间，金属材料无处不在。

材料展示

细条纹镀红铜色

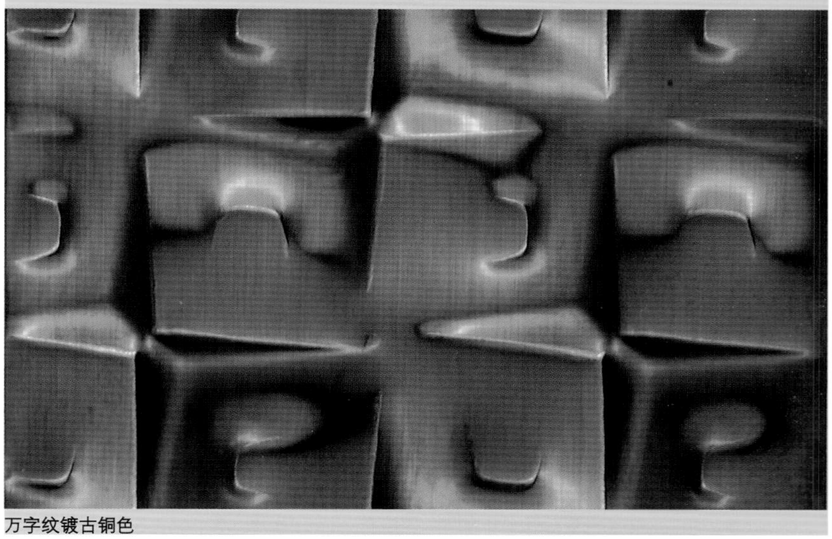

万字纹镀古铜色

石材

关键词：坚硬 厚实 耐用 质感

石材具有坚硬厚实、坚固耐用、不怕潮湿、耐酸碱、易于清洁等特点。在客房空间里，经常采用一些线条律动的、不规则的、肌理和质感都很强、色彩丰富或对比较大的石材来装饰墙面或地面，以增加空间的动态效果，加强气氛。

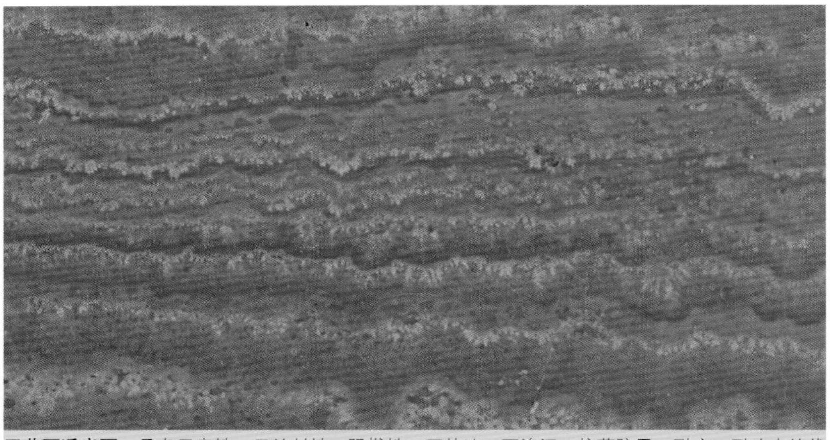

田黄石透光石：具有无毒性、无放射性、阻燃性、不粘油、不渗污、抗菌防霉、耐磨、耐冲击等优点，适用于公共建筑与家庭装饰透光工程，如：透光吊顶、透光背景墙、异型灯饰、灯柱、地面透光立柱、透光吧台、透光艺术品摆放及各种造型别致的台面、摆件等。

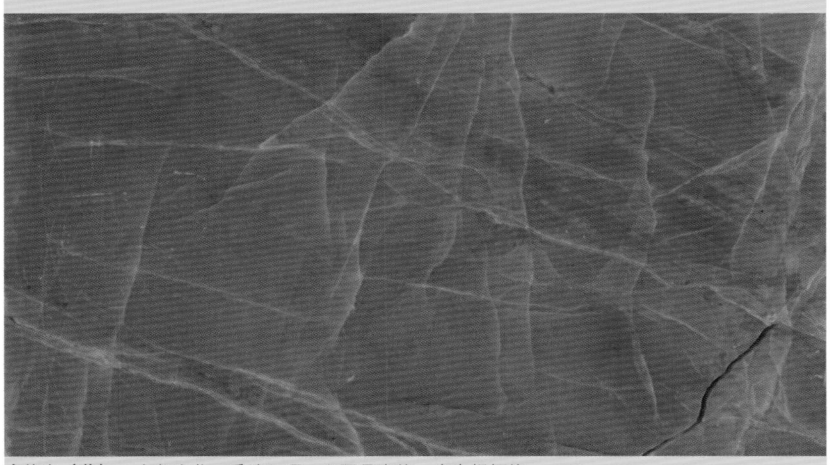

木纹皇（黄）：底色浅黄，质地坚硬，主要是直纹，也有梧桐纹。

材料展示

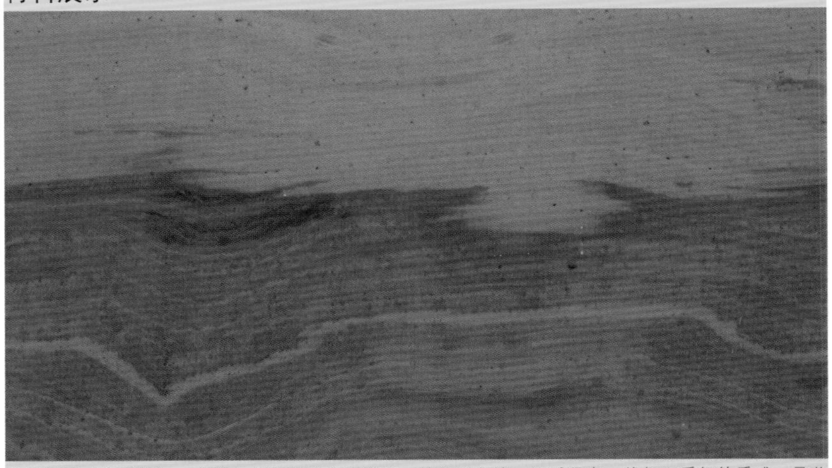

木纹枫情（纹理面）：有着天然独特的木石纹理，其肌理自然、细腻逼真，犹如玉质般的质感，晶莹剔透，色彩温馨柔和，倍受众多顶级建筑的青睐，为很多高档建筑赋予了尊贵华丽的色彩。

黄金洞石：纹理清晰、高档典雅，适用于酒店、别墅、建筑工程的地面、墙面、台面、柱面等室内外装饰。

纤维

关键词：色彩丰富 质地细腻 渲染气氛

纤维材料作为当代室内设计的重要组成部分，是室内环境的一种重要艺术形式。装饰纤维织品一般分为地面装饰、墙面贴饰、挂帷遮饰、家具覆饰、床上用品、盥洗用品与纤维工艺美术等。纤维织物在酒店客房运用较多，因为这种织物色彩丰富、质地细腻，在室内有一定的渲染作用，增加相关的气氛。

材料展示

羊毛地毯: 优质的羊毛地毯有很好的吸音能力，可以降低各种噪音。毛纤维热传导性很低，热量不易散失。另外，好的羊毛地毯还能调节室内的干湿度，具有一定的阻燃性能。

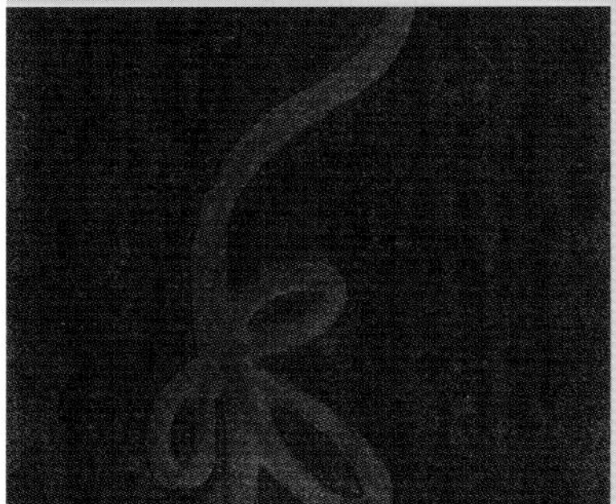

尼龙地毯: 尼龙印花地毯无论在审美价值、装饰效果、耐磨性能、踩压后回弹性好等方面都傲然出众。但是需要注意的是，在经常受外力作用的区域，像走廊区域，不要铺太厚的胶垫，避免地毯伸长起包。

除甲醛壁纸

色彩

关键词：惬意 变化 统一 和谐

客房的色彩设计应使大多数旅客感到惬意，在色彩的使用中，如要达到柔和圆润的空间色彩效果，就要多运用相似色或邻近色。在进行客房空间设计时通常选定一个主色调，其它色调依据色彩关系精心搭配调试，在变化中寻统一，在统一中追求变化，达到和谐统一的效果。

暖色系

关键词：平和 温馨 柔软 亲切

暖色系传达出平和、温馨、柔软等感受。因为酒店是行路者们暂时的家，所以，在色彩的整体配搭上，客房多为暖色系，基本倾向以浅橘、深棕等大地色为主调，让顾客有宾至如归的亲切感。

酒店

大堂

宴会厅、会议厅

餐饮区

客房

卫生间

休闲健身

走道

其他

室内景观

平面元素

材料

色彩

空间

照明

软装

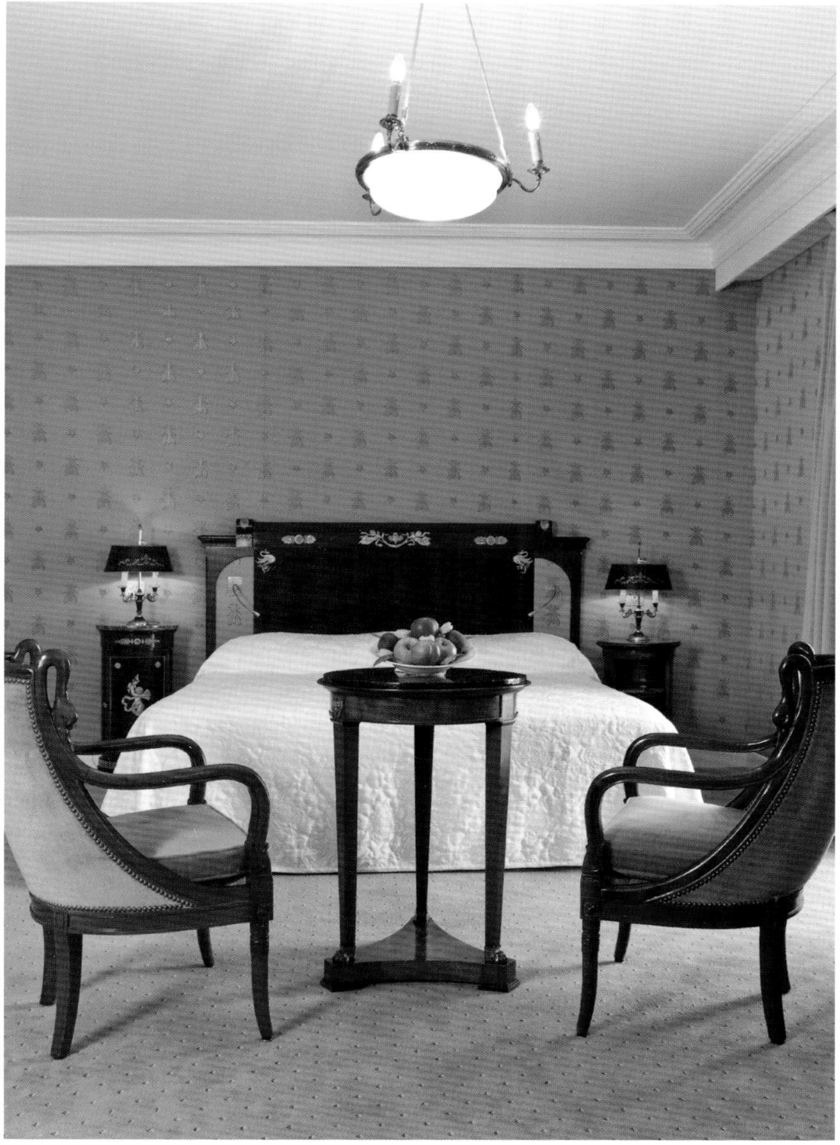

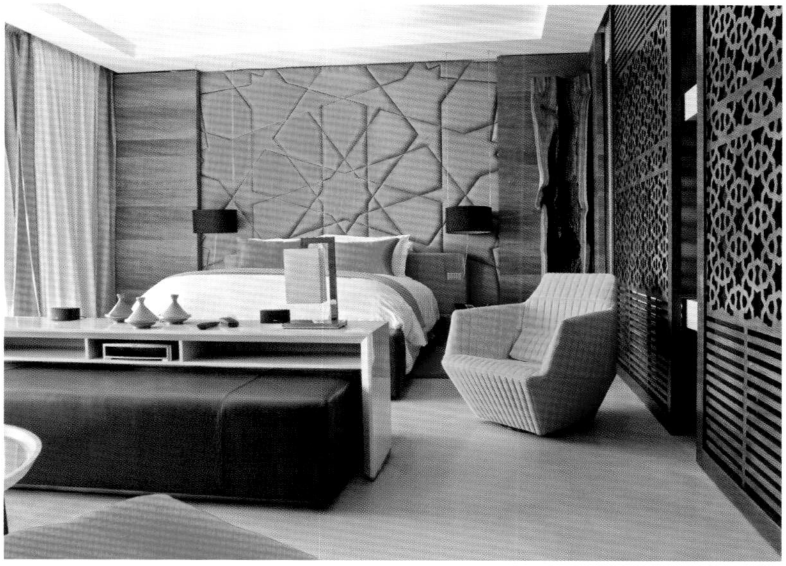

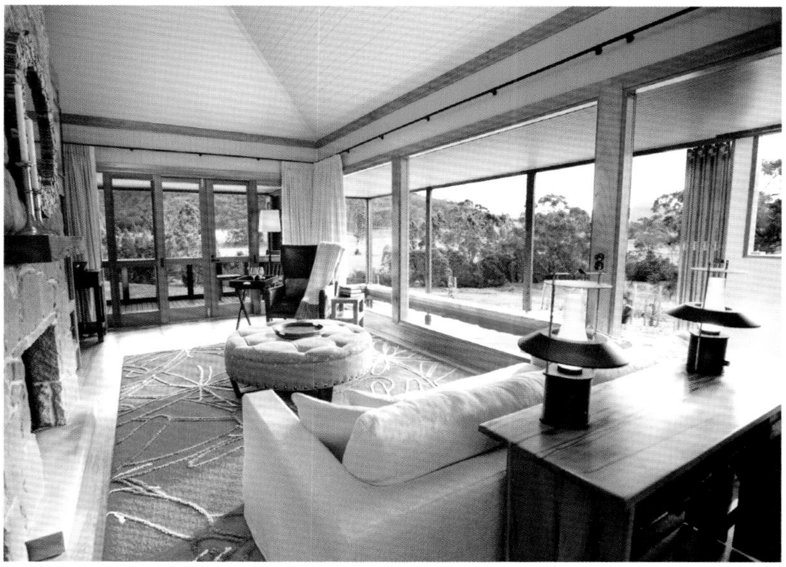

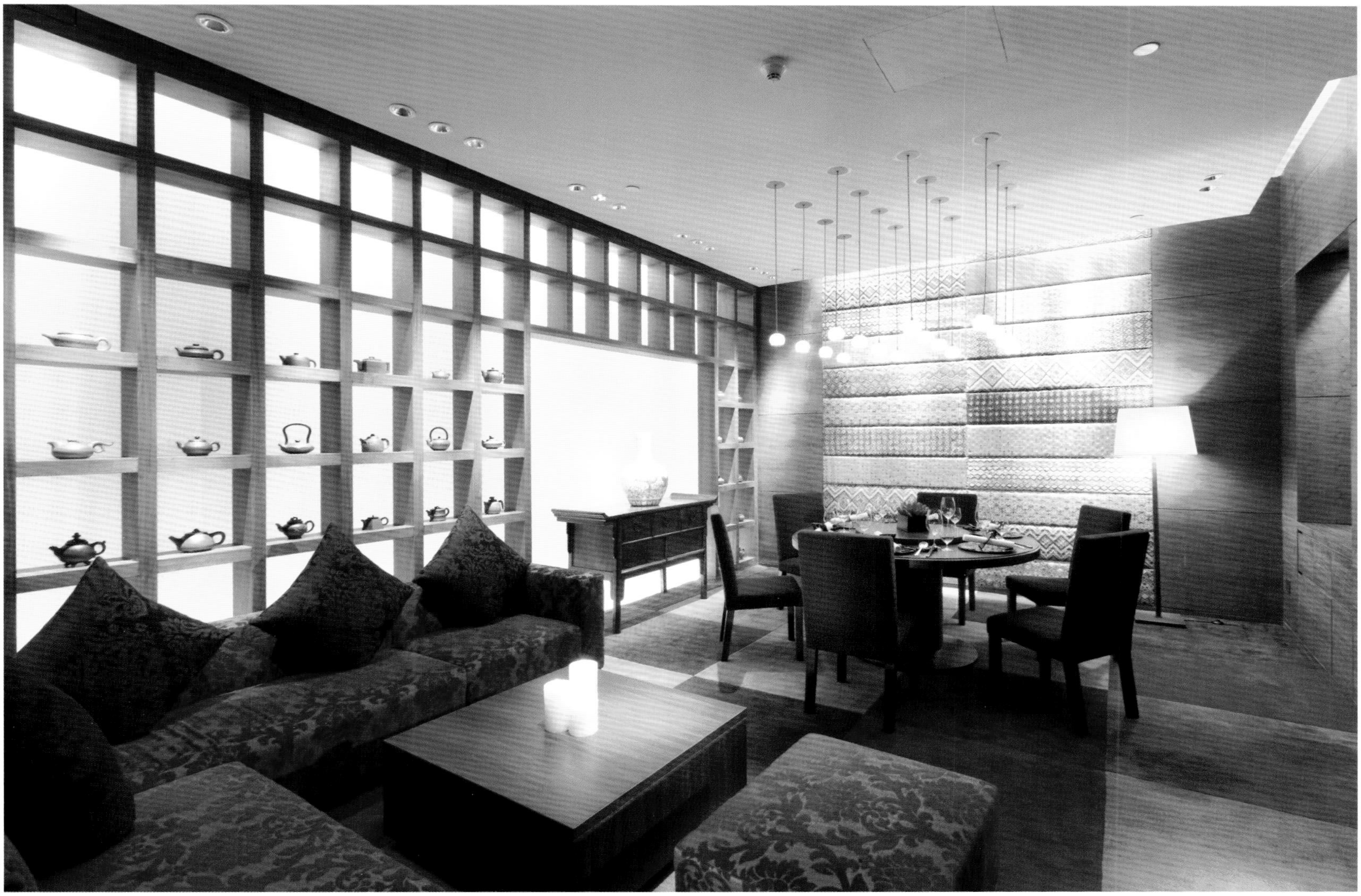

冷色系

关键词：平静 安逸 凉快

冷色系包括蓝色、绿色和紫色。绿色和蓝色具有视觉收缩的效果，不会给空间带来压迫感。当客房的色彩定位为冷色调，会显得平静、安逸、凉快。尤其是酒店在炎热地区，当人们躲开酷热的天气来到客房，看到客房的冷色调，在心里很容易产生舒适、凉爽的感觉。

空间

关键词：多功能 采光充足 照明合理

酒店客房一般分为标准间、单人间、双人间、套间、总统套房五类，其中标准间常设2个单人床或1个大的双人床，供1～2人休息。客房通常分为五个功能区域：睡眠空间、盥洗空间、起居空间、书写空间、贮存空间，应该具备充足的采光、合理的立体照明、良好的隔音条件以及适度的室温，更重要的是充分发挥活动空间的划分和支配优势，提升客房的品位和价值。

标准间

关键词：通风 采光 隔音 多种户型

酒店中一般以布置两个单人床位的标准客房居多，大型酒店的标准间往往有多种形式的户型，里面的家具布置形式也随空间的变化而不同。一般来说，客房应该有良好的通风、采光和隔声措施，以及良好的景观，或者面向庭院，从而提升酒店的品质，给人留下美好的印象。

MGM

16

大堂　平面元素

宴会厅、会议厅

餐饮区　材料　色彩

客房

卫生间

休闲健身　空间

走道　照明

其他

室内景观　软装

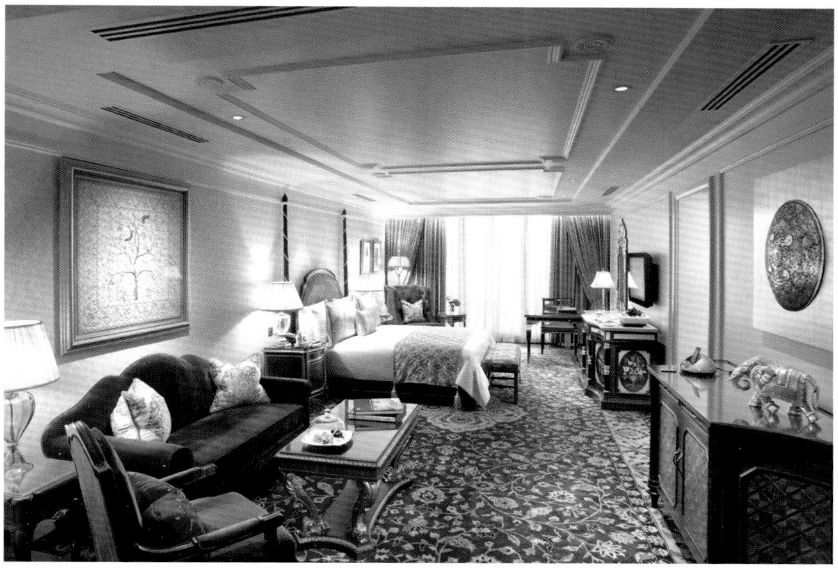

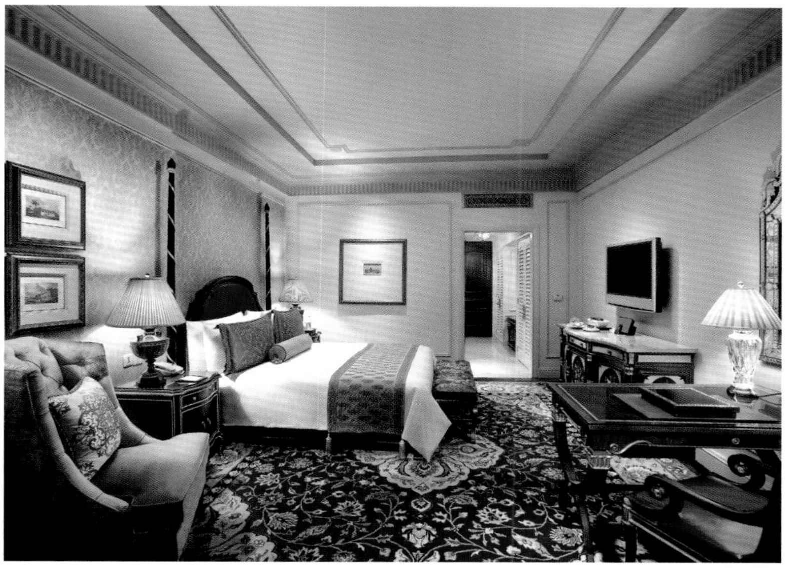

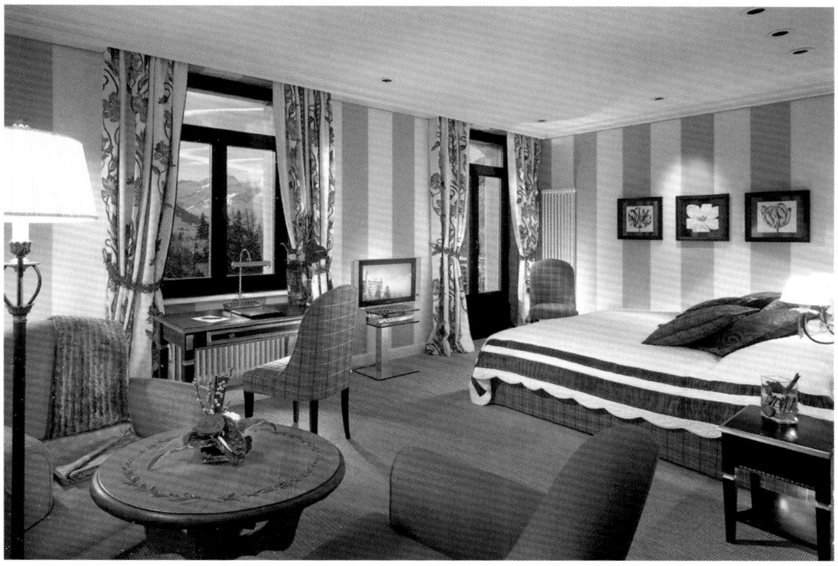

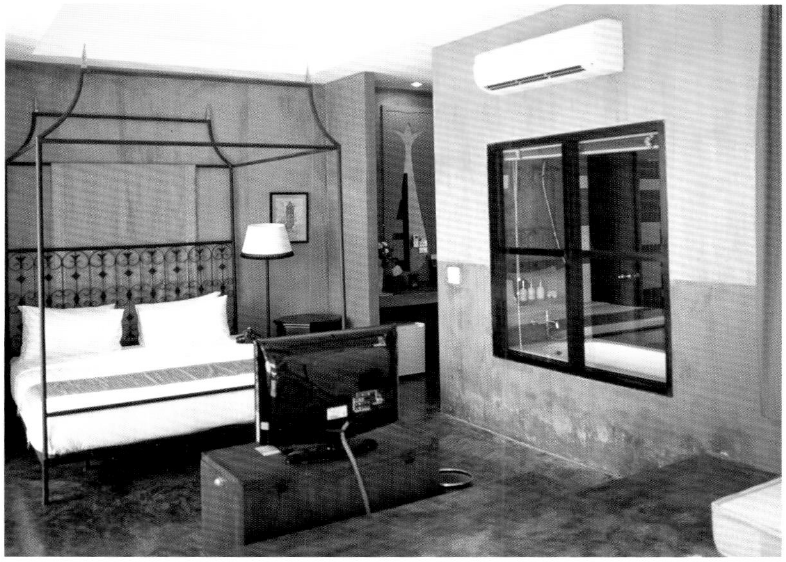

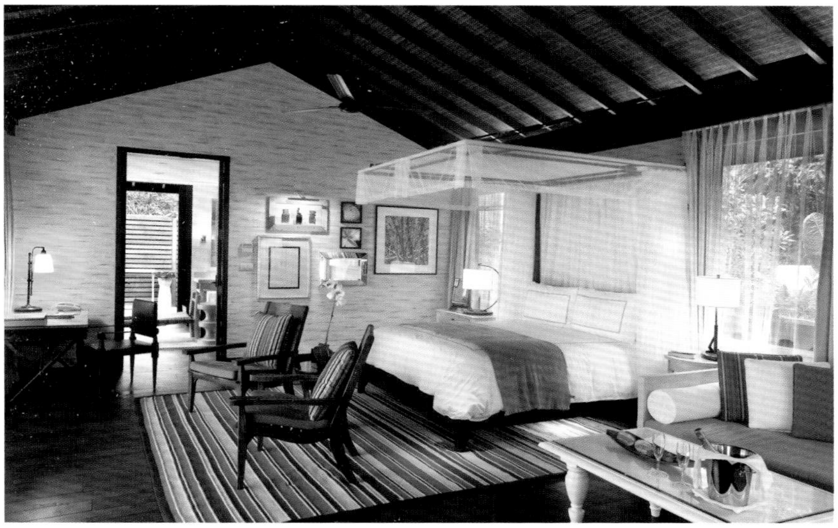

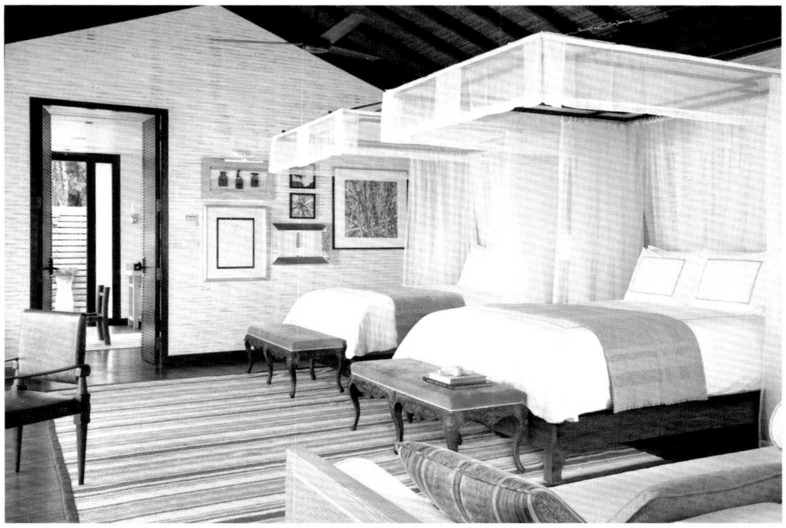

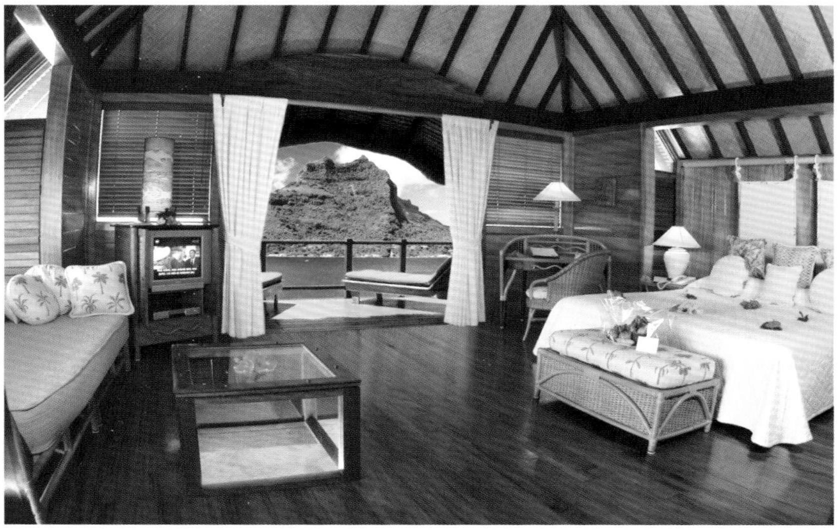

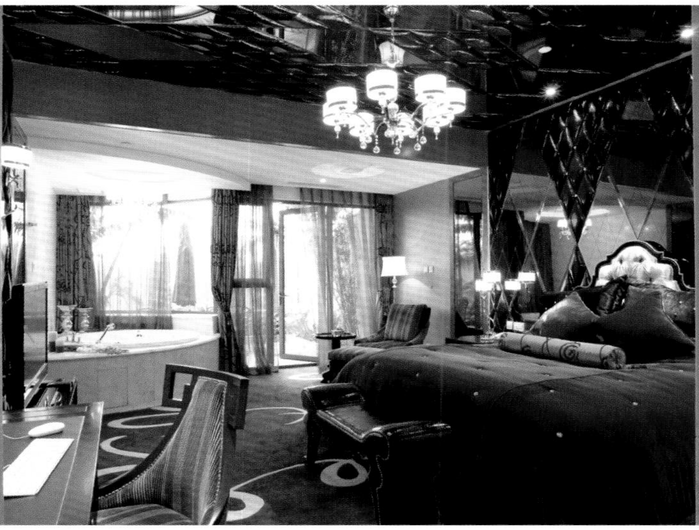

套房

关键词：配备齐全 功能完善 豪华气派

套房一般由两套间组成，外间为客厅。但是按照不同等级和规模，也可以有相互连通的三套间、四套间不等，其中除了卧室外，一般考虑餐厅、酒吧、客厅、办公或者娱乐等房间，也有带厨房的公寓式套间。主要家具为沙发和电视柜，也可以增加早餐用的小餐桌。客厅是提供客人休息、接待客人和洽谈生意的地方，可以适当摆放花草类陈设。套房的里间是客人休息的地方，配置与双人间相同。

酒店
大堂
宴会厅、会议厅
餐饮区
客房
卫生间
休闲健身
走道
其他
室内景观
平面元素
材料
色彩
空间
照明
软装

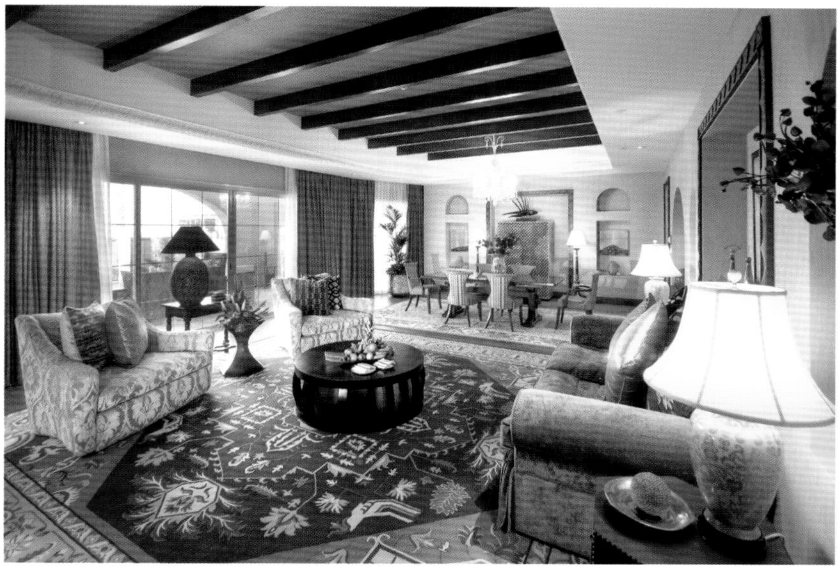
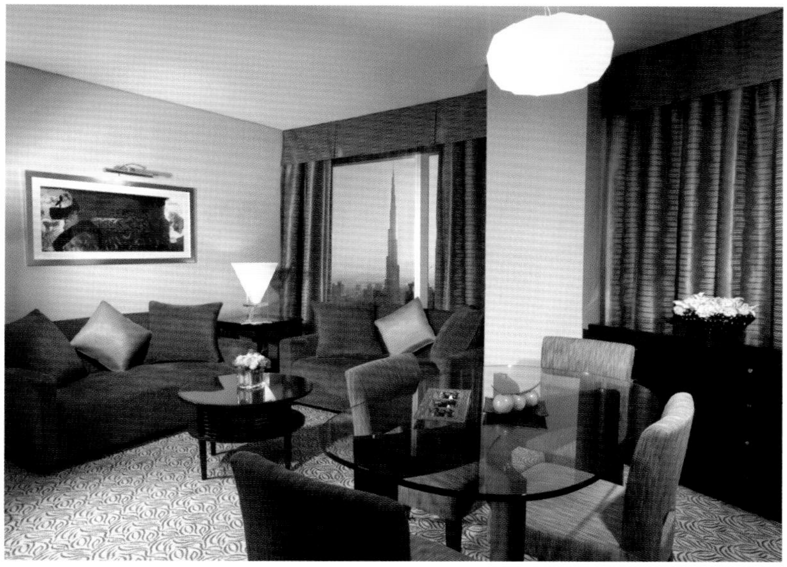
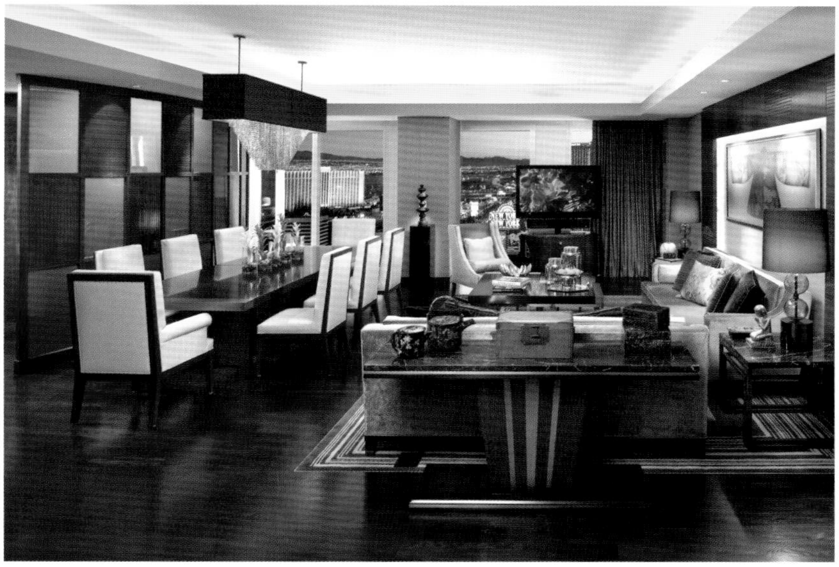
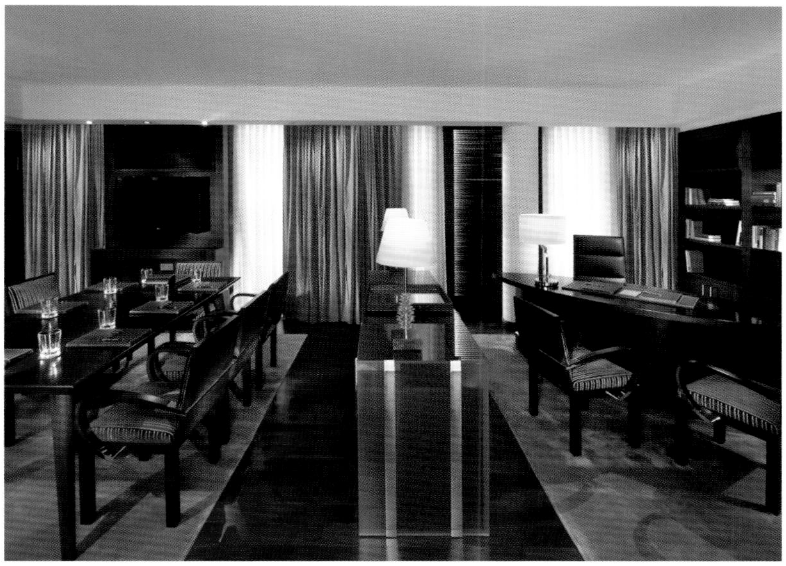
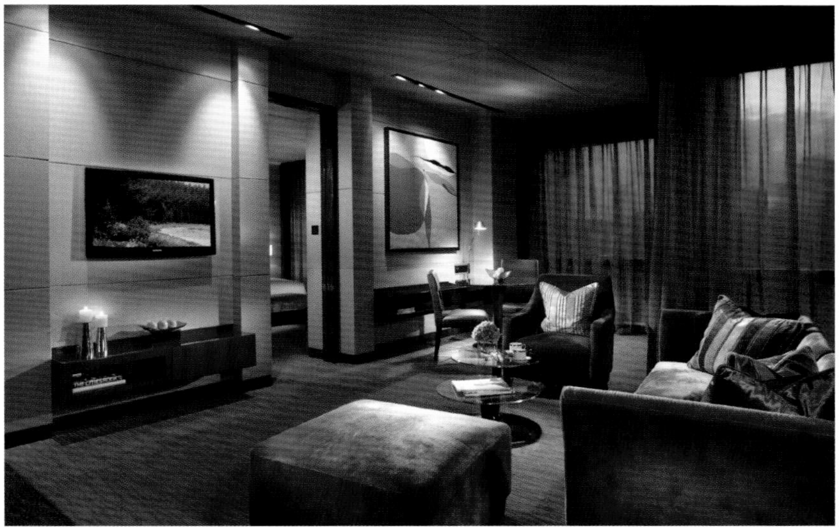
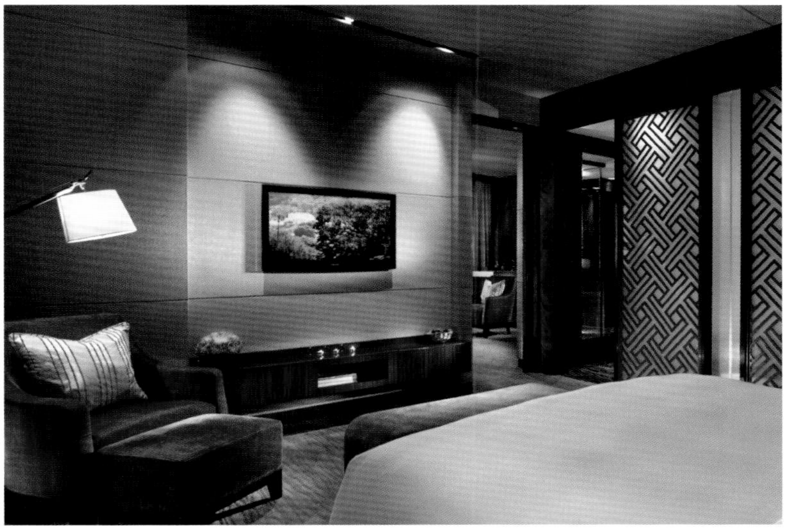
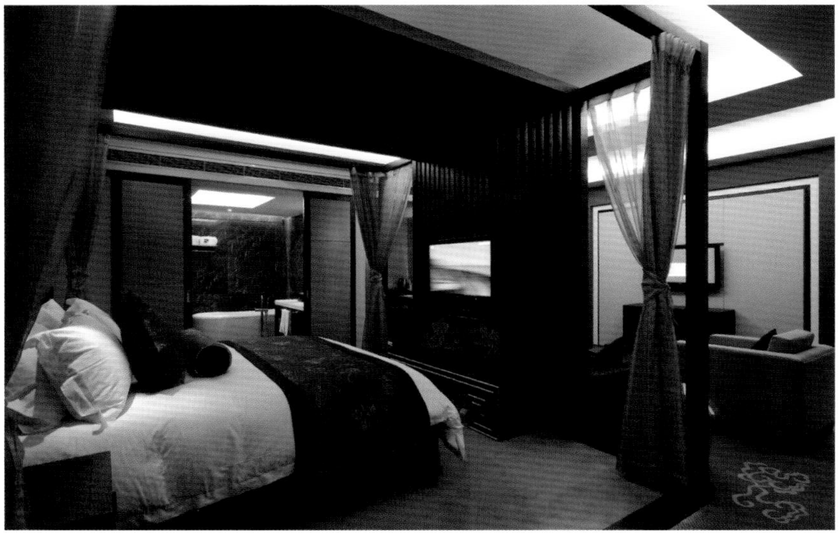
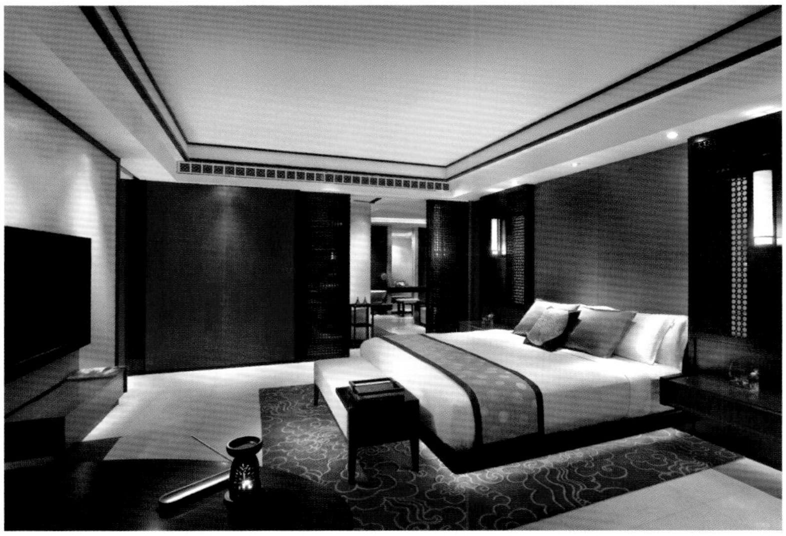

照明

关键词：温暖 静谧 柔和

酒店客房照明设计以温暖为基调，为了保证客人书写，写字台上布置台灯，床头照明一般采用可调试角度，带有灯罩的壁灯或者床头射灯，并可分别控制，这样既不影响他人休息，又可以照顾到客人的阅读。客房高度偏低，不宜使用过大的吊灯，房间的整体照明可以使用吸顶灯，立灯或者窗帘盒内的日光灯，达到空间整洁和光线柔和的目的。此外，客房所有灯具的形式应该是与酒店室内设计、色彩、文化氛围保持一致。

暖色调

关键词：温馨 安逸 舒适

暖色光的色温在3 000K以下，暖色光与白炽灯相近，红光成分较多，能给人温暖、健康、舒适的感觉。客房卧室照明主要以暖色射灯、筒灯为主，以营造温馨、安逸的环境，易于客人休息。

冷色调

关键词：安静 平静 清凉

客房的冷色调灯光可以通过换上冷色调的灯泡，或在灯泡上加装冷色的滤色片或罩上冷色的灯罩，把灯光的温暖度降下来，就仿佛感觉是在清冷的月光下休息，让心情平静而安详。

中性色调

关键词：柔和 高雅 自然

中性色系意向柔和、高雅。客房的环境照明选择中性色，能给周围物体以一个真实的色彩反映，而且在中性白光LED光源下的皮肤色调比较自然。适宜的床头灯应以暖色或中性色最好，适合朦胧欲睡、温暖舒适的床上空间。

软装

关键词：淡雅 宁静 华丽

客房的室内装饰应以淡雅宁静而不乏华丽的装饰为原则，给予客户一个温馨、安静又更为华丽的舒适环境。装饰材料和艺术表现形式可有所不同，但应避免同质化和过于传统。另外，装饰不宜繁琐，陈设也不宜过多，主要应着力于家具款式和织物的选择。

家具陈设

关键词：功能合理 尺度适宜 风格统一

客房家具款式包括床、组合柜、桌椅，它们的造型、尺度、材质、色彩、风格对客房空间质量起决定性的作用。由于客房面积有限，家具尺度应小型化，体重轻便。酒店客房家具总的设计要求是功能合理、尺度适宜、结构单纯、清洁方便、风格明确，能达到较高的舒适度。与家具相配合的灯具也应适合多样组合，与家具风格相协调。客房家具应注意配套使用，风格统一，并注意与客房门、窗套、踢脚板在材质色彩方面的协调。

酒店

平面元素　大堂　宴会厅、会议厅

材料　餐饮区

色彩　客房

空间　卫生间　休闲健身

照明　走道

软装　其他　室内景观

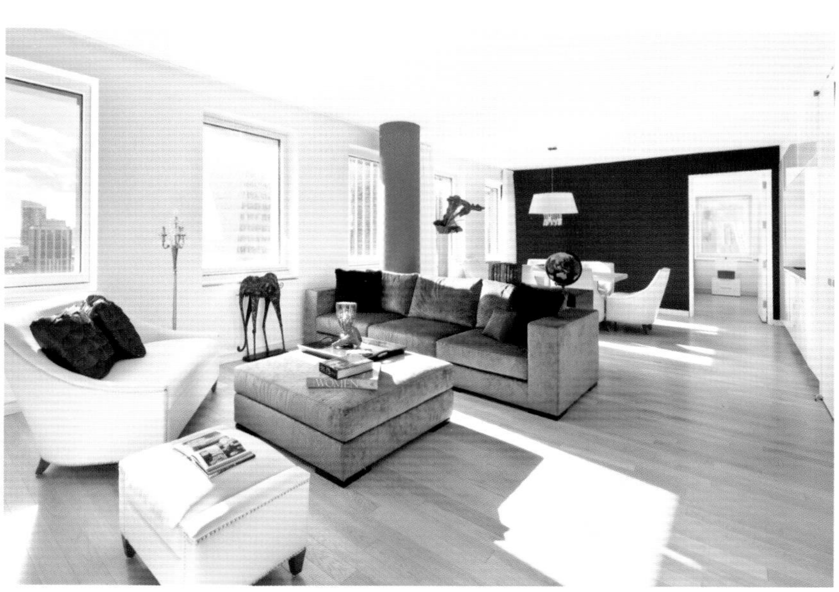

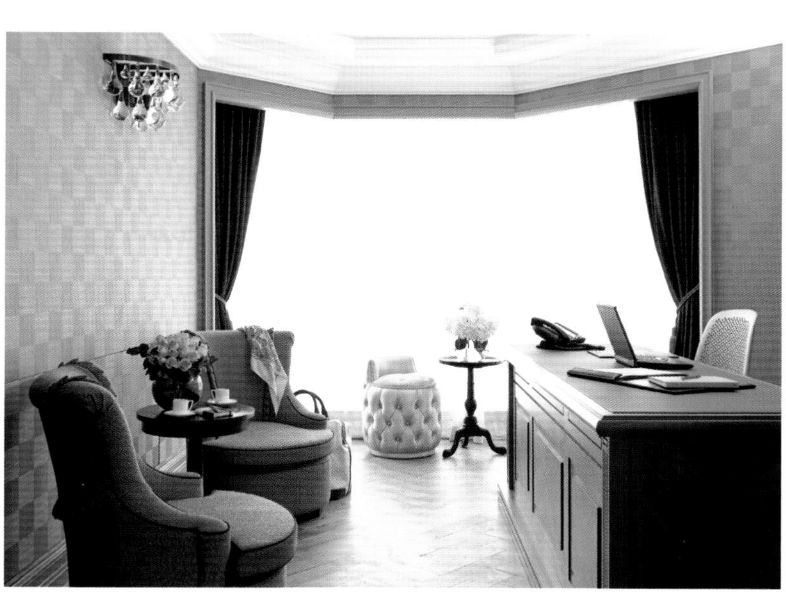

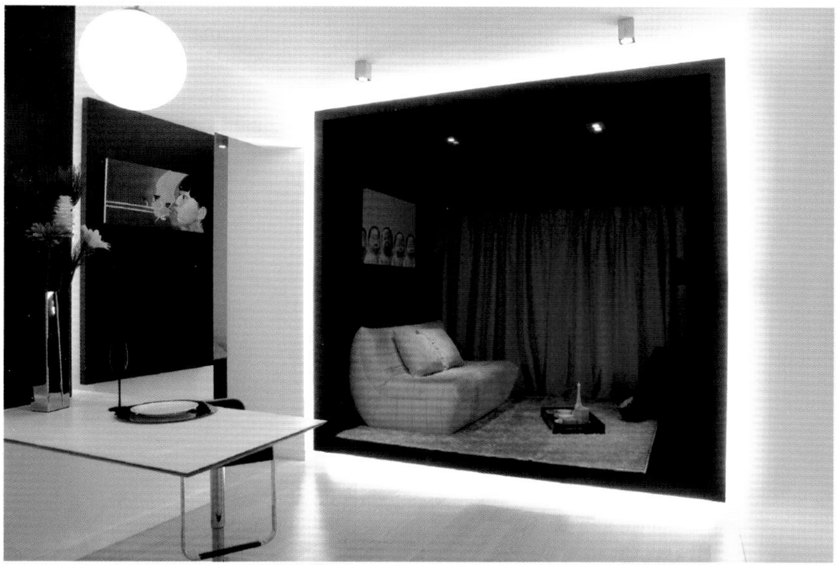

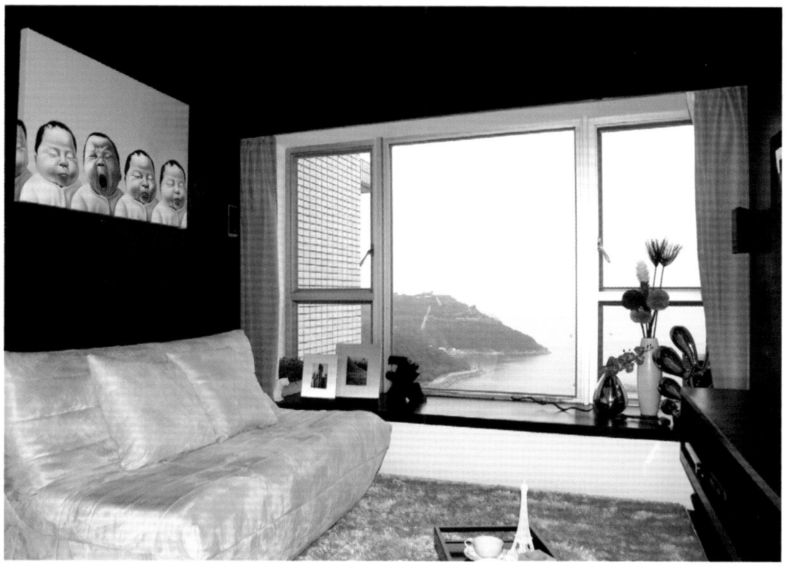

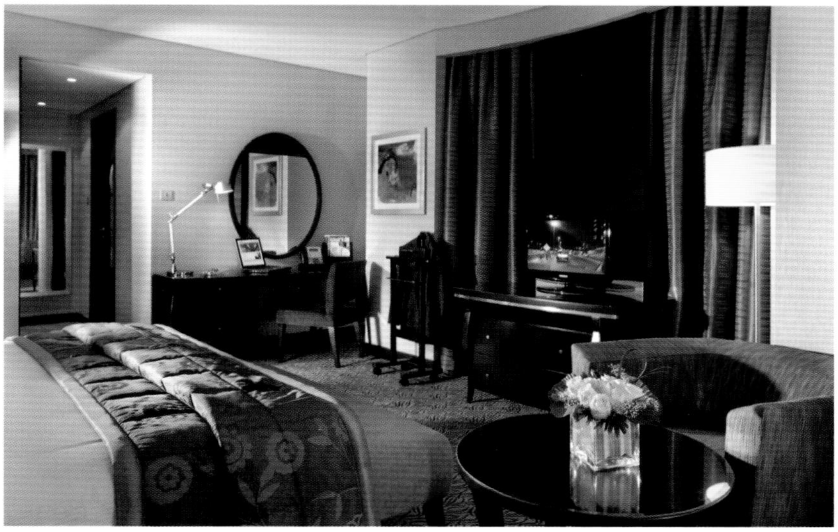

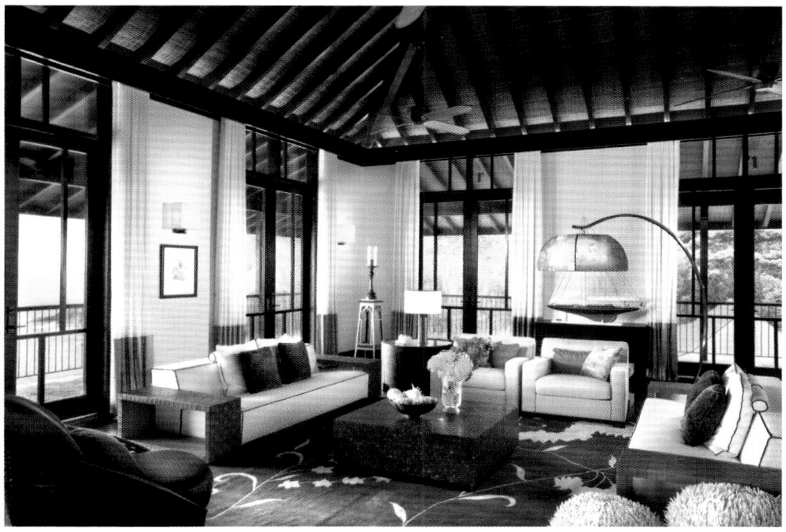

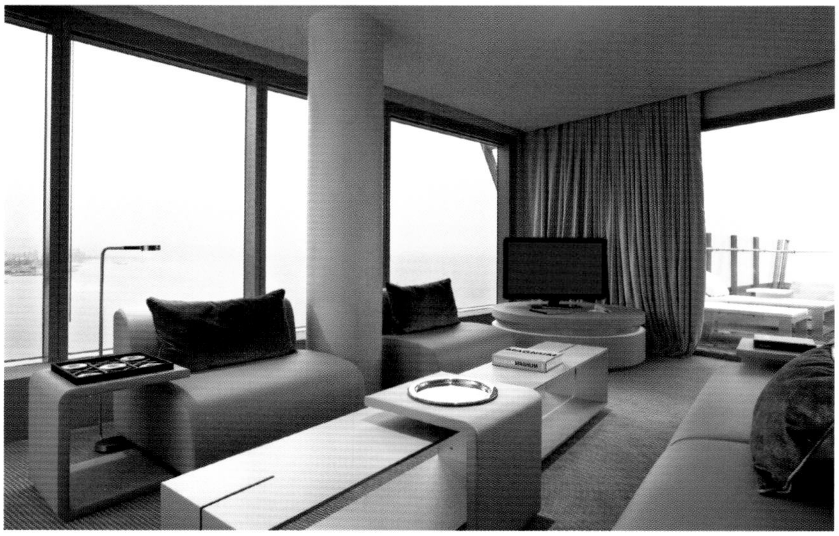

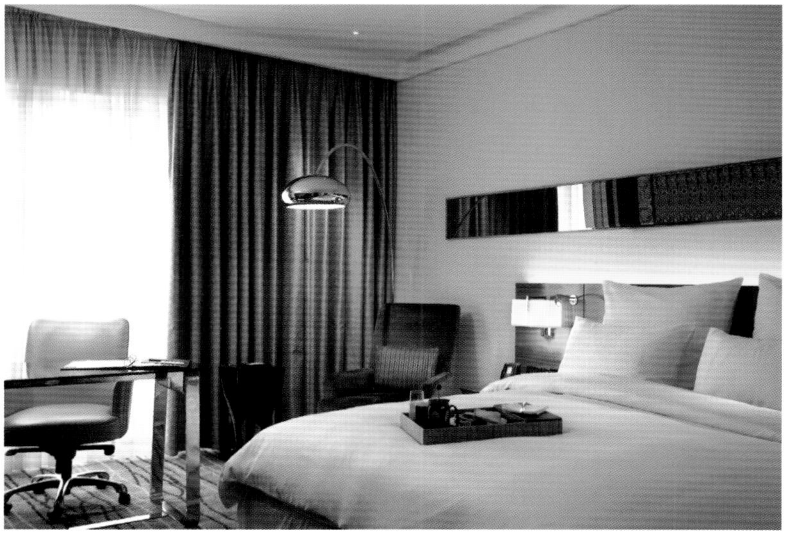

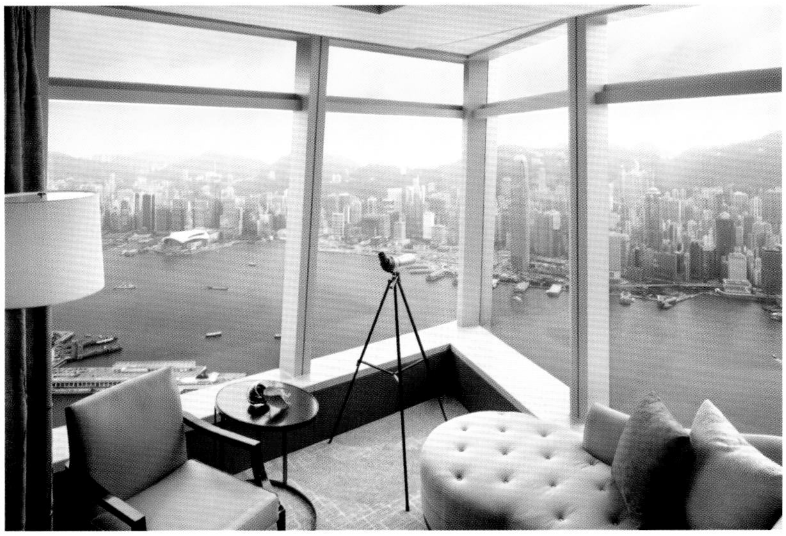

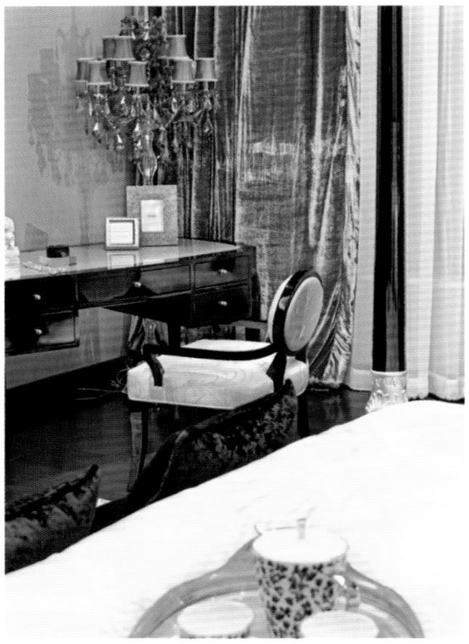

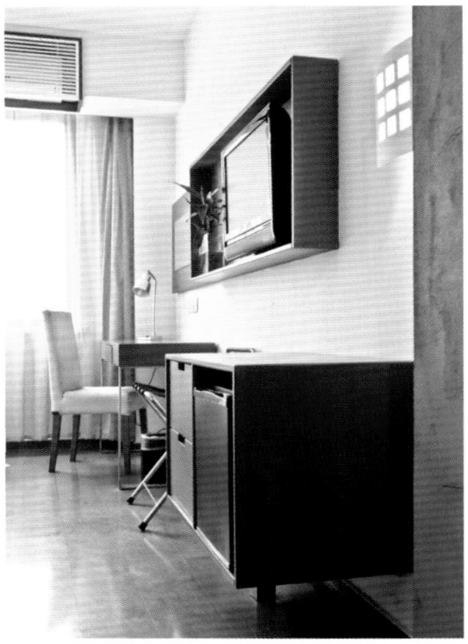

饰品摆件

关键词：感染力 完整性 审美价值

客房的饰品摆件是最具表达性和感染力的，主要是指墙壁上悬挂的书画、图片、壁挂等，或者家具上陈设和摆设的瓷器、陶罐、青铜、玻璃器皿、木雕等。这类饰品摆件从视觉形象上具有完整性，既可表达一定的民族性、地域性、历史性，又有极好的审美价值。

GRAHAM SWIFT

DIANA

布艺织物

关键词：质地 花纹图案 协调

织物在客房中运用很广，除地毯外，还涉及窗帘、床罩、沙发面料、椅套、台布，甚至包括以织物装饰的墙面。应注意的是，同一房间织物的品种、花色不宜过多。用途不同，质地也不同，例如沙发的面料应较粗、耐磨，而窗帘宜较柔软，或有多层布置，因此，可以选择在视觉上对色彩花纹图案较为统一协调的布料。此外，对不同客房可采取色彩互换的办法，达到客房在统一中有变化的丰富效果。

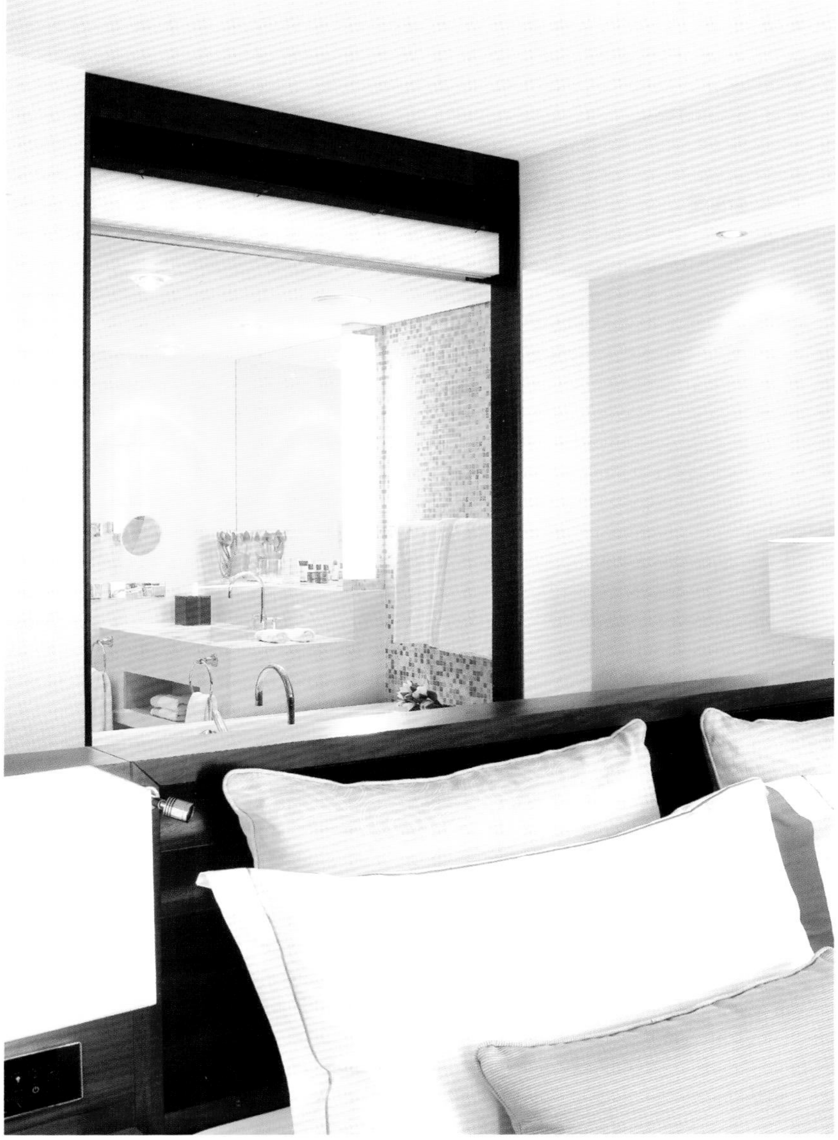

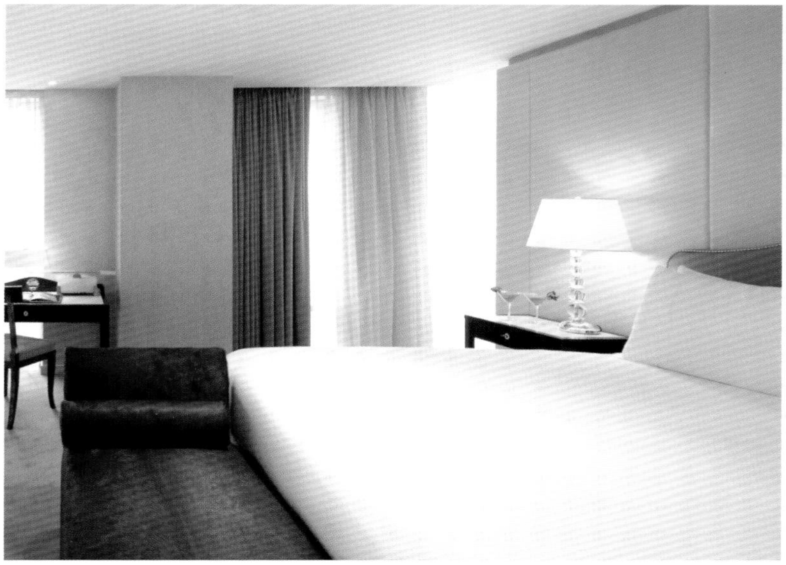

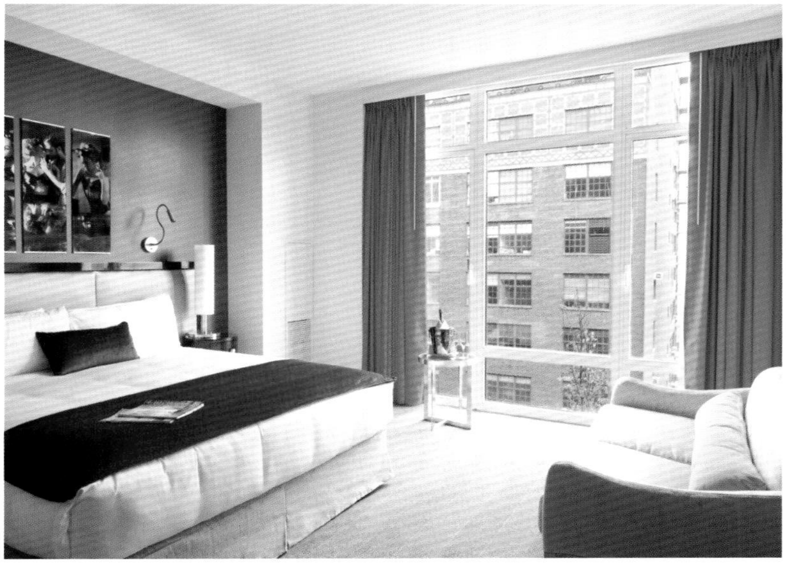

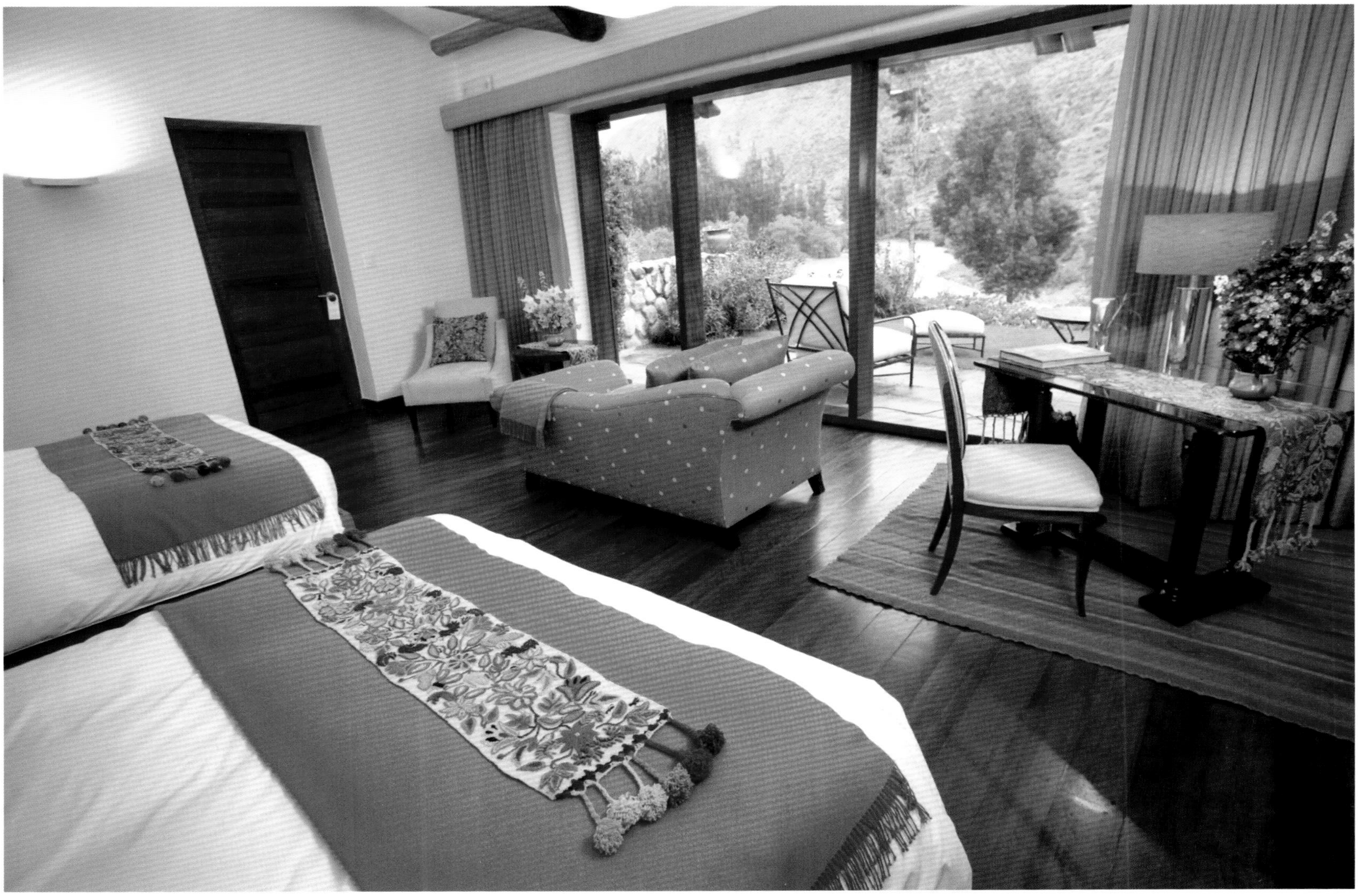

酒店
大堂
宴会厅、会议厅
餐饮区
客房
卫生间
休闲健身
走道
其他
室内景观
平面元素
材料
色彩
空间
照明
软装

卫生间

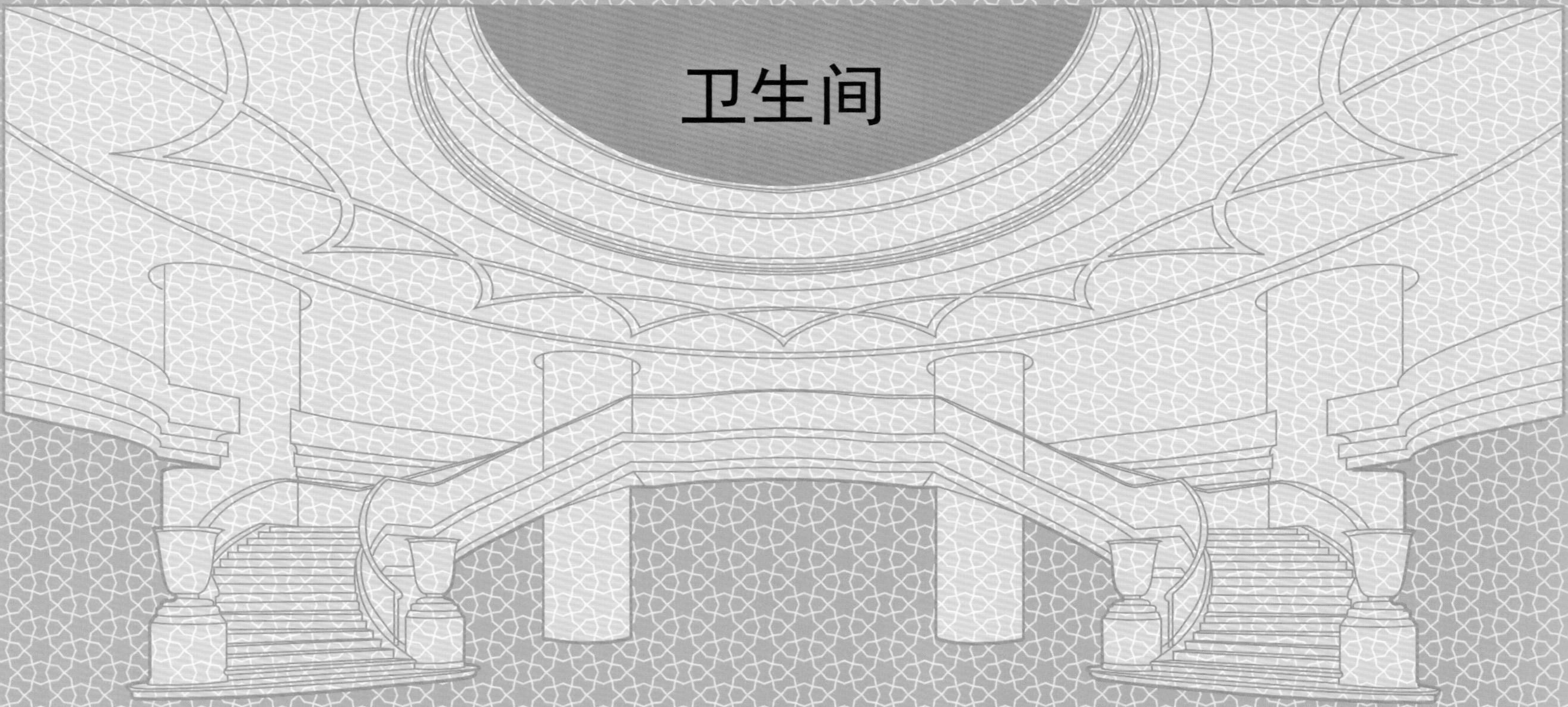

关键词：方便 卫生 美观 舒适

酒店卫生间是体现酒店整体硬件标准的最重要特征之一，其设计原则除了完整的功能和方便、卫生、安全的因素之外，还要考虑格局的创新、空间的变化、视觉的丰富和照明光效的专业化标准等。另外，由于卫生间是与人近距离接触的场所，合适的细节设计传达了酒店对客人体贴入微的关怀，从防水防滑的地面设计到齐全巧妙的置物搁架，以及洗面台等细节设置，整体凸显酒店卫生间的高档质感。

平面元素

关键词：调节 界定 美化空间

室内空间一共有六个面，而室内界面把这六个面又分为：天棚界面、地面界面、墙面界面，都具有各自的功能和特点。平面设计元素在这些界面上都可以运用，不仅起到美化室内空间，而且能与功能性相结合，会起到更好的效果。它可以调节空间感，还具有界定和规划空间的作用。

墙体

关键词：防水 防潮 墙砖

卫生间的墙体要求防水、防潮，所以一般选择墙砖，主要有釉面墙砖、彩色釉面陶瓷墙砖、瓷质墙砖和马赛克，应注意挑选与地砖配套的墙砖，使卫生间的装修风格统一。另外，有特色的墙面常常使浴室增色不少，墙面的装修风格也体现出卫生间的整体空间的情感基调和设计理念。

材料

关键词：色彩 纹理 质感

就材质而言，虽然石材仍是接受度最高的材料，但各种各样的玻璃也开始在卫生间的装修中频繁应用，搪瓷玻璃、镀银玻璃、彩色玻璃等都有不同效果。玻璃的通透为空间增加了灵动的特质，而视线的穿透性也扩大了空间感觉。色彩、纹理和质感的巧妙搭配营造出各种可能性，石子、木材等具有天然质感的朴素材质，将自然的感觉信手拈来般引入到都市酒店中。此外，白色的洁具因其具有的清洁感，以及轻盈、光明的视觉感受，成为越来越多设计师的选择。

木质

关键词：天然 纹理 亲和力

在卫生间里选用木、藤、竹等天然建筑材料装饰，那些天然的色彩和斑驳的纹路，可以让人嗅到森林的气息。如天花板和墙面都饰以原木，木质以涂清油为主，透出原木特有的木结构和纹理，给人充满亲和力的印象。

材料展示

月桂

紫奥克揽

黑杏

石材

关键词：防水 防污 防滑

石材一直以来都是卫生间设计的最佳装饰材料，因为石材具有防水性、防污性、防滑性等特性。选购石材时，颜色方面可以根据卫生间里面的用具选择，以做到整体协调，规格大小也要根据空间的大小来选择。光面而且反光性强的石材不适合用于卫生间，因为刺眼的光线会让人不舒服，可以选择不同颜色的石材交错运用，营造梦幻般的感觉。

材料展示

彩虹木纹大理石

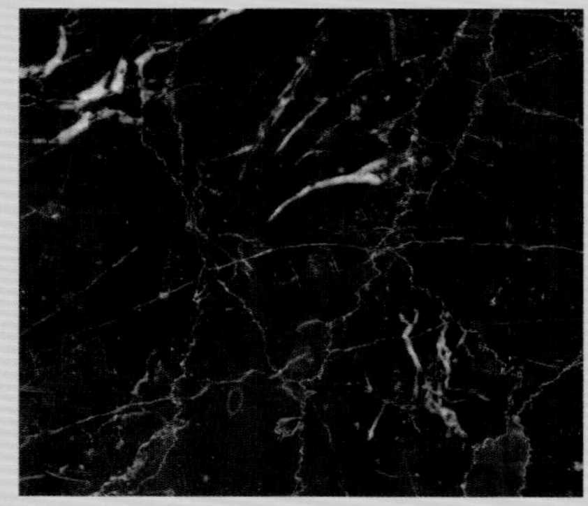

进口浅咖网： 适用于地板、洗手台、卫生间、窗台、墙面、电视墙、屏风等。

银白龙： 因其黑白分明，形态优美，高雅华贵，有极高的欣赏价值，所以被专业权威及业内人士认定为各种现代化建筑物及豪华住宅装修理想用材。银白龙也会常被加工成各种工艺品，如餐桌的台面、厨房台面、洗手台面、洗手盘等。

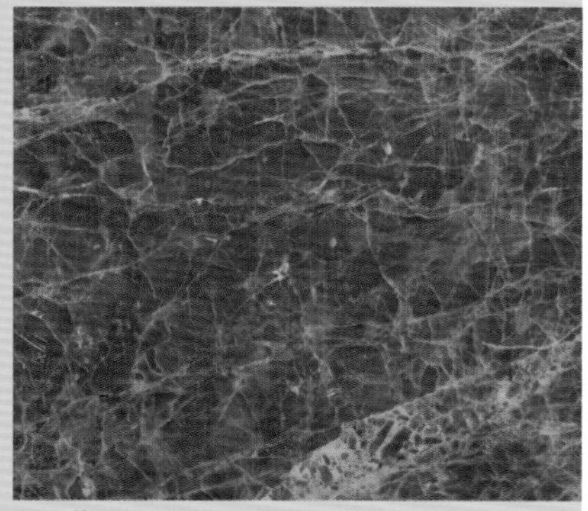

黑金花： 大量用于制造精美的用具，如家具、灯具、烟具及艺术雕刻等。装潢效果高贵、雅典，是所有大理石中的王者。

国产宋艺石材

直啡木纹

古生岩（凹凸面）： 古生岩是一种墙面砖，后刻面、抛光面、平面表面纹理效果使古生岩再现天然，且更胜天然石材，雅致而古。一般使用于商业空间的铺贴。

仿文化石： 人造文化石质地轻、经久耐用，具有防尘自洁功能，且安装简单，无需将其铆在墙体上，直接粘贴即可，安装费用仅为天然石材的1/3。而且风格颜色多样，组合搭配使墙面极富立体效果。

瓷砖

关键词：拼贴 整洁 美观

瓷砖依然是卫生间的主流装修装饰材料，包括马赛克、正方形瓷砖、圆形瓷砖、花纹瓷砖……各种各样的瓷砖从整体拼贴到局部拼贴，呈现出不一样的空间。卫生间湿气较大，瓷砖的选择与使用有特别的讲究。墙面瓷砖要贴满，瓷砖可以抵御潮湿的侵蚀，保护墙壁的防水层，同时还容易长久保持整洁与美观。

材料展示

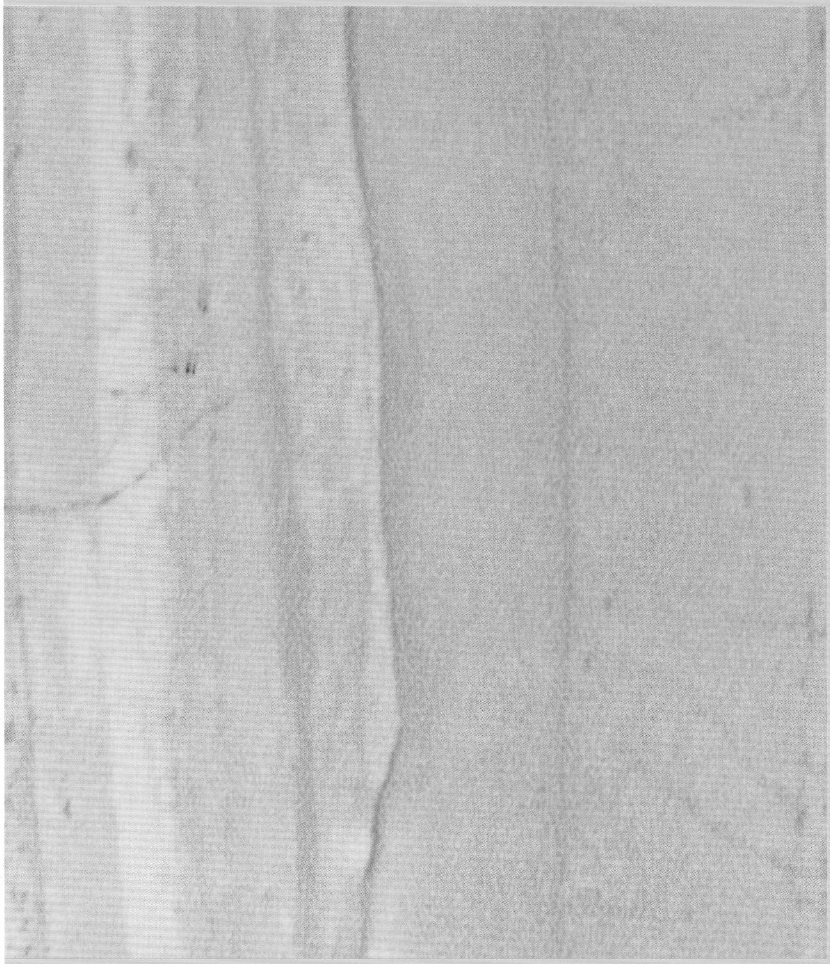

抛釉砖： 目前一般为透明面釉或透明凸状花釉，釉面如抛光砖般光滑亮洁，同时其釉面花色如仿古砖般图案丰富，色彩厚重或绚丽。

仿古砖

色彩

关键词：高明度 低彩度 淡雅 美感

在色彩搭配上，卫生间的色彩效果由墙面、地面材料、灯光等组成。酒店卫生间的色彩大多采用高明度、低彩度的淡雅组合来衬托清新明净的气氛，以大面积的墙壁和地板色调为基础，配合卫生洁具的色调，点缀适当的对比色彩来达到统一中求变化的美感。

暖色系

关键词：暖意 清雅 洁净

卫生间选择清晰单纯的暖色调，如乳白、象牙黄或玫瑰红墙体，辅助以颜色相近的、图案简单的地板，在柔和、弥漫的灯光映衬下，不仅使空间视野开阔，暖意倍增，而且愈加清雅洁净，怡心爽神。

空间

关键词：方便 紧凑 开阔

卫生间的主要功能包括盥洗、梳洗、入厕、沐浴等个人卫生要求，卫生间的人体尺度要方便、紧凑、高效。近年来，酒店卫生间的布置更加灵活、更加开敞，强调每个独立的单元。卫生间不一定是规矩的长方形，开放的布局空间相互渗透，同时可以使空间显得更开阔。此外，开敞独立布置的洗面台，可以直接面对客房，再用玻璃做隔断并附以镜子作为装饰部件，从而增加了空间的交流和联系。

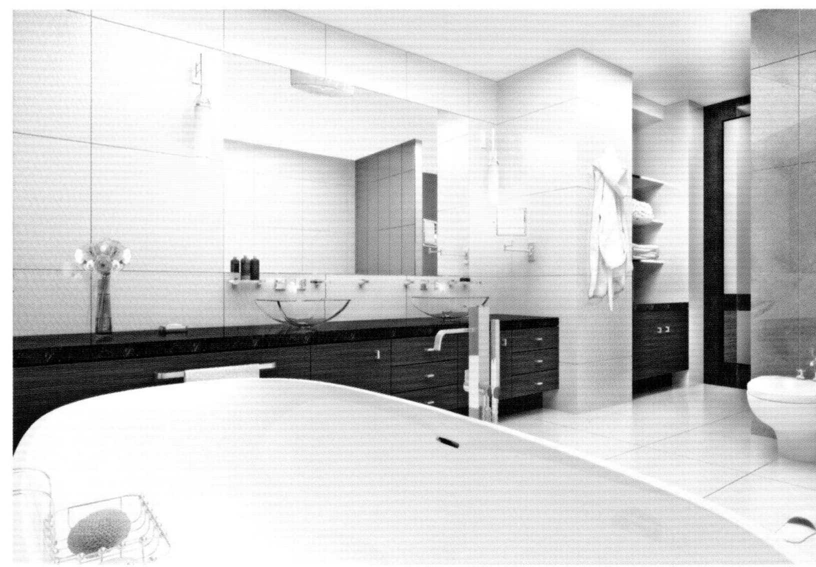

照明

关键词：筒灯 防水 防潮

卫生间的照明，整体一般采用筒灯，嵌入式安装，但化妆镜照明可采用直管荧光灯，也可采用射灯，邻近化妆镜的墙面反射系数不宜低于50%。在对卫生间灯具的选择上，应选择具有可靠的防水性与安全性的玻璃或塑料密封灯具。在安装时不宜过多，也不可太低，以免累赘或发生溅水、碰撞等意外。

暖色调

关键词：温暖 柔和 光润

卫生间的五行属水，宜用暖色调灯，如黄光灯、红光灯。另外，镜前灯光线不要太亮，宜采用桔黄暖色灯，使人的脸色非常好看、皮肤光润。

软装

关键词：配饰 精致 实用

虽然只是一个小小的装饰品，但是起到的作用却不小。原本单调的卫生间配上一些软装配饰，一束鲜花、一幅挂画、一盏别致吊灯都能增添优雅格调。这些精致且实用的小饰品不仅仅满足了实用性，还可搭配出不同的浴室风格。

饰品摆件

关键词：情趣 装点 美化

毛巾、浴巾、烛台、小型绿植以及艺术摆件等是装点卫生间最常用到的小配件。建议大家选择喜阴、喜潮、体量适中的绿色植物摆放在卫浴窗台、墙角等位置，这样就可以很轻松地达到良好的绿化卫浴空间的效果了。

休闲健身

关键词：空间独立 安全性设施

酒店休闲健身场所的设计通常分为康体和休闲两种类型，无论是哪种类型的休闲健身空间，在装修时都需要划分出独立的空间环境，并配备相应的辅助设施。无论什么设施，都应充分考虑顾客使用的便利性和安全性。

平面元素

关键词：组合排列 强调视觉 塑造空间

平面元素在空间中能够强调视觉的效果，也能影响空间的造型。酒店休闲健身空间利用不同材质进行组合排列，形成各种平面设计形式，加之运用独特的视觉效果，感染环境，营造出室内的运动气氛。

地面

关键词：地板地毯为宜　隔音处理

健身房的地面可使用运动橡胶地板，或者高质量的地毯。健身房与休闲娱乐场所都会产生较大的噪音，于是可在这些场所的地面加上隔音减震垫，其主要用途在于地面隔声处理，有效地保证场所之间的互不干扰。

墙体

关键词：壁饰 个性化 舒适感

墙体设计中，壁饰的种类有壁画、 壁毯、壁镜等。不同墙体的视觉效果还必须考虑它们与整体背景在材质质感与色彩上互相衬托。在设计中，通过使用更加自然、朴素的材料，与活泼变化的色彩、线条对比，去突出其个性化，强调其舒适感，同时充分利用各种照明手段，对墙面暨墙面艺术品有针对性地加以强调，进而增加其艺术感染力。

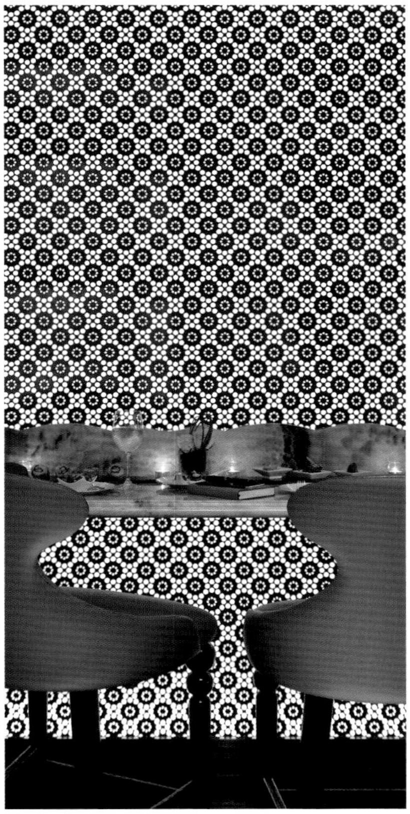

天花

关键词：平整 明快 大方

室内天花相当于头上的天空，要平整明亮，色彩要与墙体、家具的色彩相互协调，宜采用有生气的色彩，如白色、天蓝色、淡黄色。色彩不宜多样化，最好统一，墙角和墙体天花交界处做一些线条处理，既明快，又大方得体，使人有一种宽敞、平整、欢快的感觉。

材料

关键词：高档 环保 时尚

休闲健身空间均采用高档、环保、时尚的装修材料，包括木质、高级石材及新型材料等。其中，游泳池一般以金属、塑料、玻璃纤维或混凝土等材料建造，而健身房的地面材料应采用脚感和色彩都很好的复合地板或软木地板，从而住客在健身运动时才能更好地调节身体，放松心情。

木质

关键词：柔和 亲切 温润

休闲健身空间装修常常会用到木材，各式木材皆拥有其特殊而独特的纹理与色泽，其纹路所构成的面可以轻松营造视觉焦点，甚至制造宽阔开放的假象。此外，木质材料的温润质感，也往往能为空间注入自然的气息，打造出无压、休闲的品位。

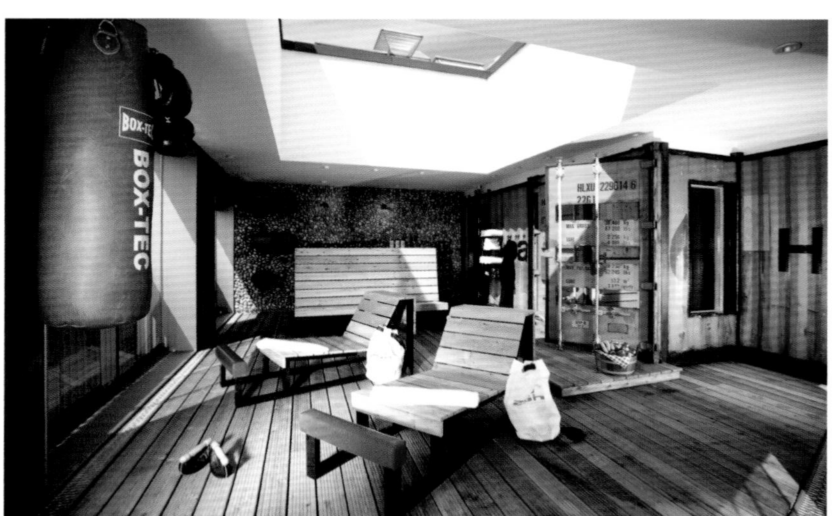

材料展示

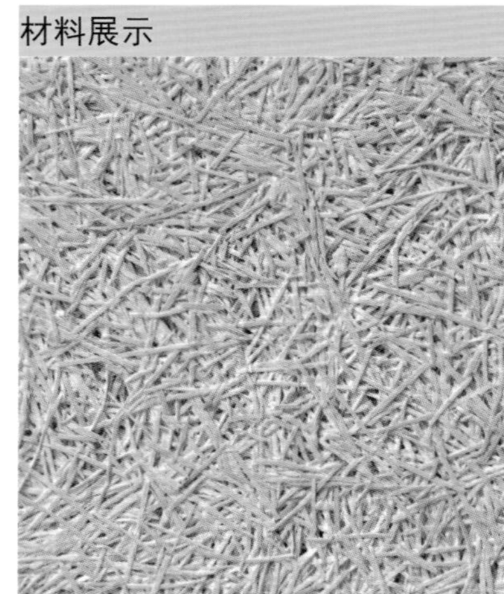

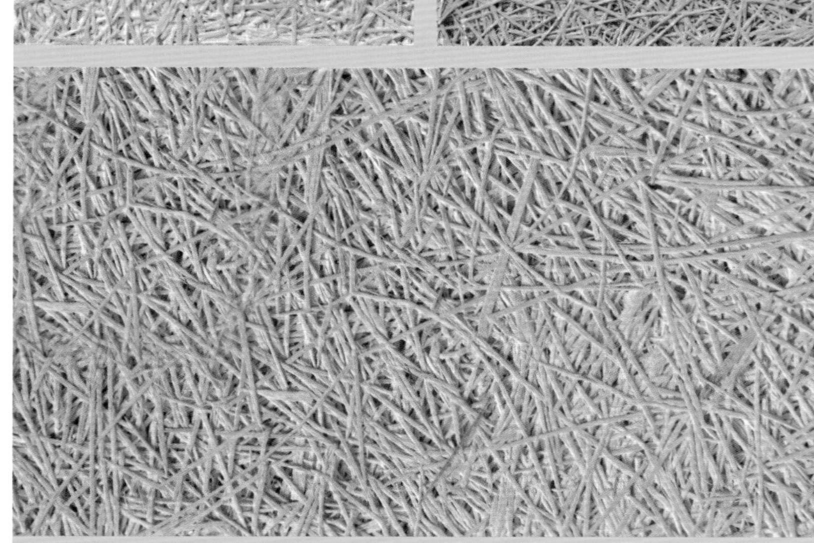

木丝吸音板：可用于办公室、医院、厂房、KTV、歌剧院、电影院以及部分家居的墙面装饰。也可做造型墙或天花板。

金属

关键词：刚硬 光泽 时尚

金属是一种具有光泽（即对可见光强烈反射）、富有延展性的材料。它作为健身、娱乐场所的装饰材料，似乎代表着音乐中的摇滚元素，表现了强烈的时尚美感与特立独行的精神。

材料展示

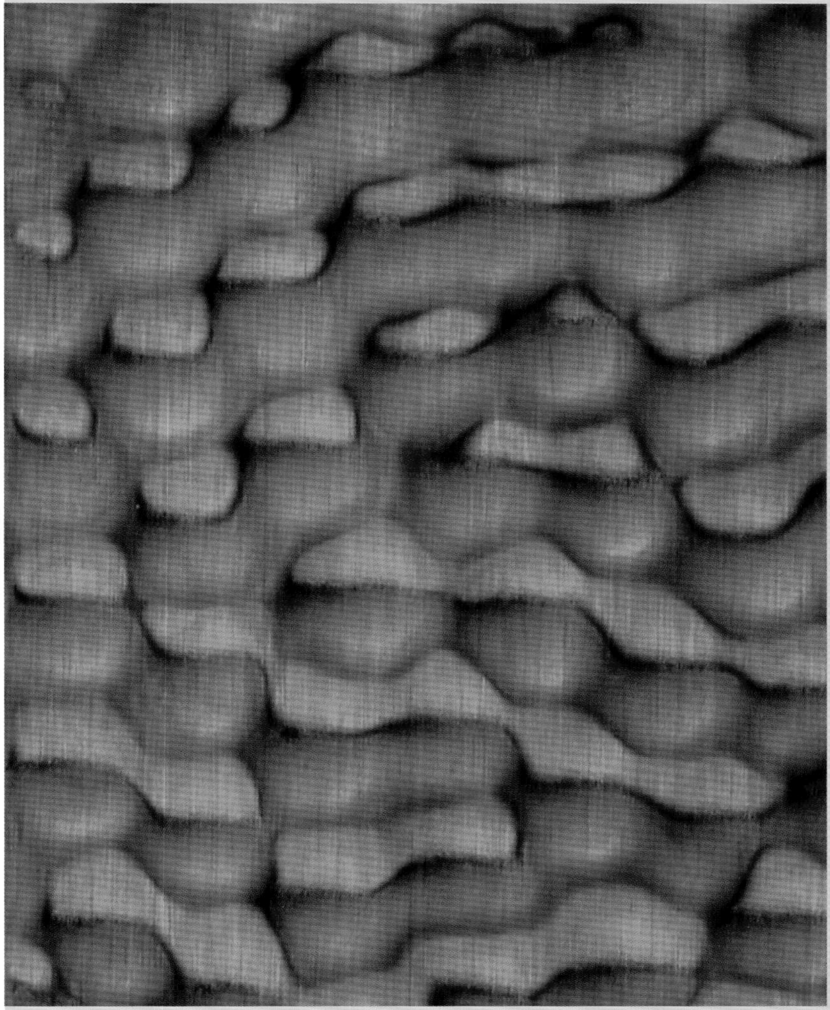

珍珠纹镀红铜色

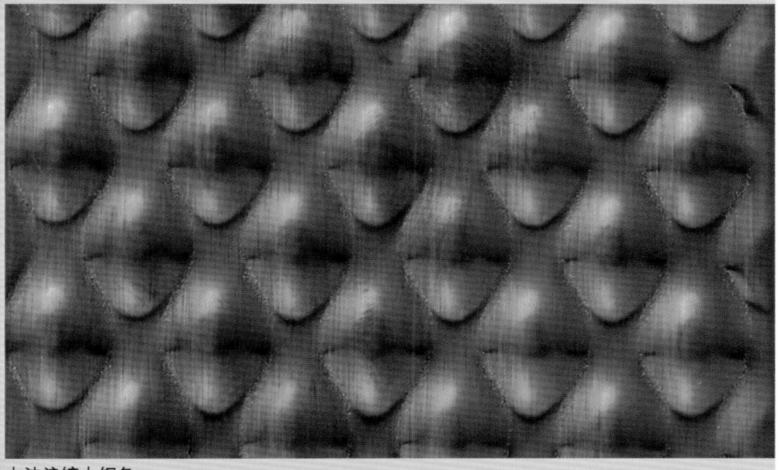

大波浪镀古铜色

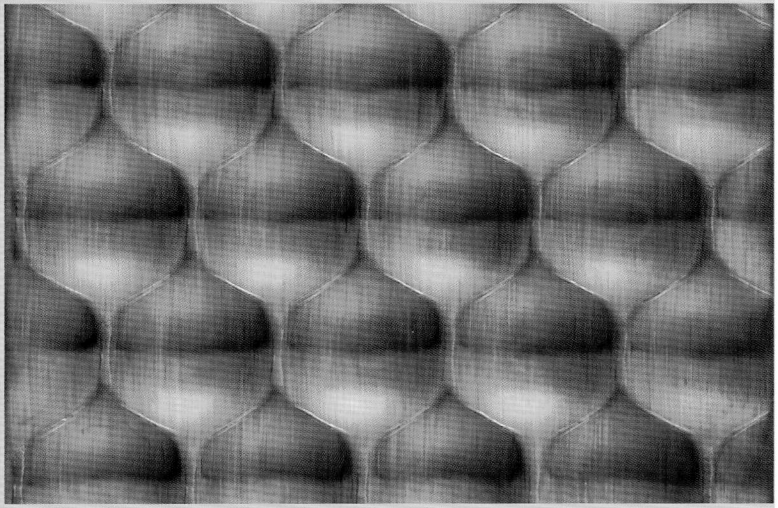

蜂巢纹镀红铜色

色彩

关键词：简单 明快 轻松

色彩在室内装饰中不仅是创造视觉美的主要媒介，而且还兼有个性的表现、光线的调节、空间的调整、气氛的造就等方面的作用。在休闲健身空间设计中，色彩不宜过于平淡、沉闷与单调，要尽可能简单、明快，符合现代人的心理需求。

暖色系

关键词：兴奋 开朗 娱乐性

暖色系的色彩具有膨胀、逼近等视觉的心里感。常给人以兴奋、开朗或娱乐性感觉。其中，健身房空间一般选择红、黄、橙等暖色系，创造出让健身者缓解压力的运动环境。

冷色系

关键词：严寒 冷静 宽敞

紫色和蓝色一样都是属于冷色系，令人感觉严寒、冷静，使空间感觉较宽敞。在游泳池的设计中，采用大面积的蓝色、白色，将游泳池底涂成深蓝色，会使游泳者犹如置于碧天白云下的大海中，产生开阔、遐意的联想。

空间

关键词：设计现代 设备齐全 环境轻松

酒店设置的休闲健身空间已是衡量酒店等级标准的主要依据之一。休闲健身空间在使用功能上要有一定的连续性，各个部分应该相对集中规划，以求方便联系，更加有利于管理，较为集中地布置更衣间、淋浴室、卫生间等辅助空间。对外开放的休闲健身空间，应该单独设置出入口，要求客人不需要穿过主门厅而直达休闲健身空间，以方便会员使用并不干扰酒店内的其他部门。

游泳池

关键词：形状各异 大理石墙面 防滑地砖

五星级酒店必须有游泳池，而游泳池是酒店档次的象征。游泳池形状各异，多为矩形或者不规则形状。由于游泳池室内湿度较大，各种饰面材料应慎重选用，墙面宜用浅色大理石或釉面砖，而不宜用油漆或涂料；地面宜用防滑地砖，切忌用花岗岩；天花板宜用铝板或铝塑板，避免使用木质材料。

健身房

关键词：多功能 简洁 明亮

酒店健身房的功能区域分为必要功能区域和扩展功能区域，其中，必要功能区域有器械健身区域、独立操课房等。在装修方面，应充分考虑顾客使用的便利性、功能性和环保安全性。其中，健身房内的灯光应简洁明亮，吊顶不应过低，以免给人感觉压抑。地面建议使用运动橡胶地板，或者高质量的地毯。除健身操房外，不宜使用木地板。

EXCITE

走道

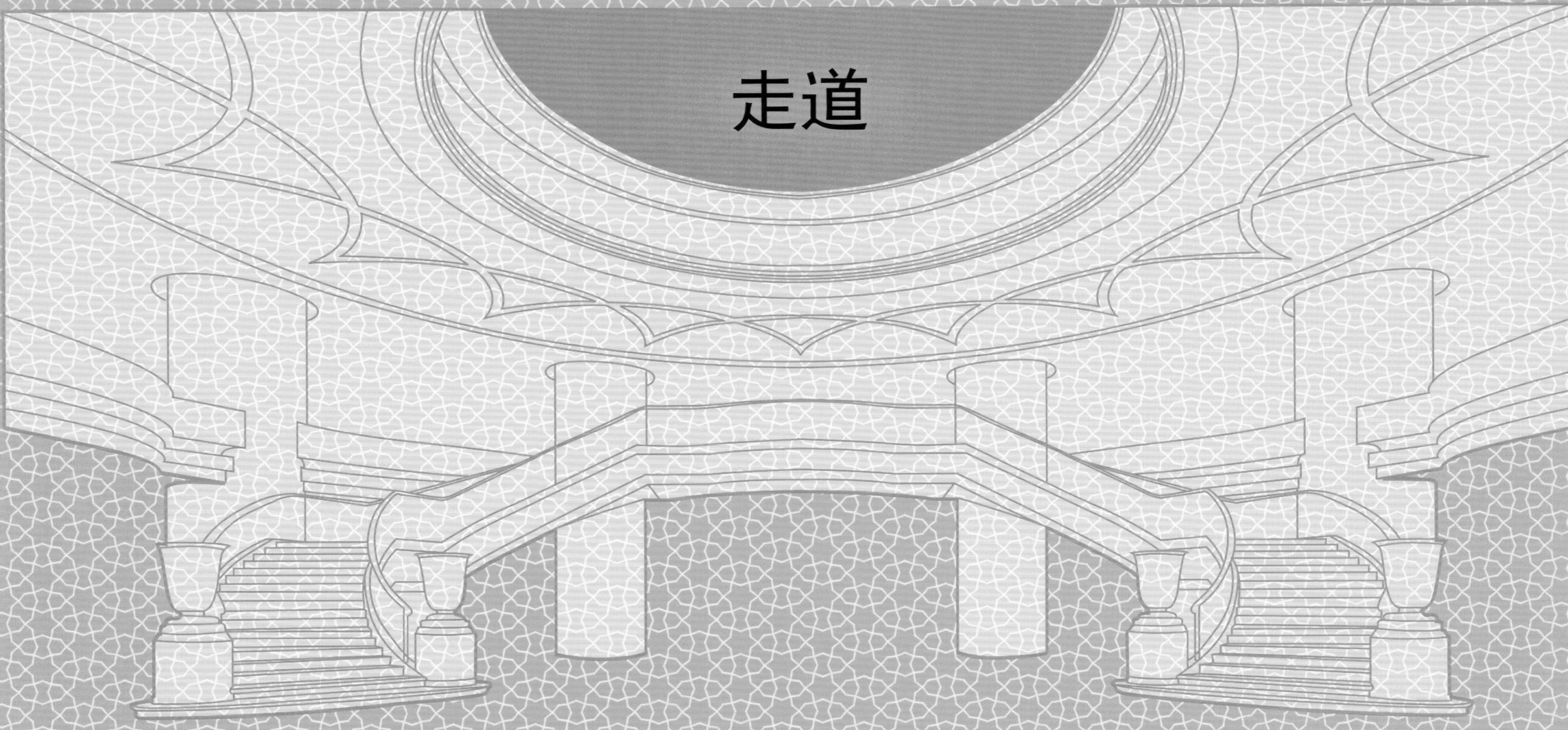

关键词：分层明确 减少干扰 安全疏散

酒店的走道也是酒店不可忽视的设计之一，包括电梯间、廊道、楼梯，这些区域是连接酒店各个功能区域的重要纽带，对于整个酒店形象及品质来说非常重要。廊道和楼梯是交通组织必不可少的因素，各层之间以走道相连，可以使得分层明确，减少相互的干扰。所有的交通走道，还必须满足安全疏散和保卫控制的要求。

平面元素

关键词：衔接自然 丰富 生动

图形、文字、色彩是平面设计的主要构成元素。在酒店走道空间中，天花和墙体是设计的重点，通过平面设计元素装饰天花，并将天花的平面设计元素过渡到墙体上，可以使两个界面自然衔接的同时得到意想不到的视觉效果。

地面

关键词：防滑 耐磨 耐脏

由于走道的地面是室内中使用频率最高的（需要经常走动的），所以最好选用防滑、耐磨的大理石、人造石等材质作为地面材料。另外，也可考虑耐脏耐用的大图案红色地毯。这样，不但可以将走道与其他空间的地面进行有效的区分，而且更加容易清洁与打理。

701
707
708
719

墙体

关键词：造型各异 元素丰满 艺术感

酒店走道墙体造型各异，运用釉面砖、花砖、大理石、人造石、文化石等特殊墙面材料，通过用平面化、纹理丰富的手法来装饰，比如墙绘、画艺等，既让空间元素丰满，也可以打断狭长的感觉。

天花

关键词：简洁 明亮 局部吊顶

过道的天花装饰要把握简洁、明亮、与其他空间颜色一致的基本要求。在条件许可的情况下，可以使用一些比较简单的局部吊顶来改变走道的空间比例，以便使走道显得更加宽敞一些。不过在选装吊顶需要注意走道的吊顶风格要与大堂的吊顶风格一致或相近。

材料

关键词：坚固 吸音 耐火

走道是整个酒店的高度磨损区域，走道地面、墙面的材料要考虑易于维护和使用寿命，并且应该选择一些比较坚固、吸音以及耐火材料。现在的走道就材质而言，大多采用木质或者金属、石材制作。

木质

关键词：纹理优美 可变性强 保温性能好

木质材料走道有着鲜明的特点。一是自身重量小，因而结构的可变性与可靠性较强。二是木材纹理优美、可塑性极强，与周围环境的装饰装修形式容易配合。三是木质材料保温性能好，人体与之接触时感觉舒适。

材料展示

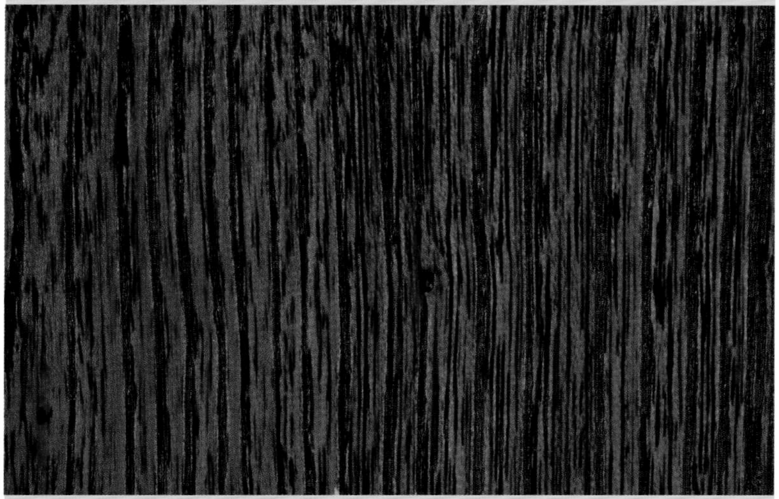

橡木拉丝仿古

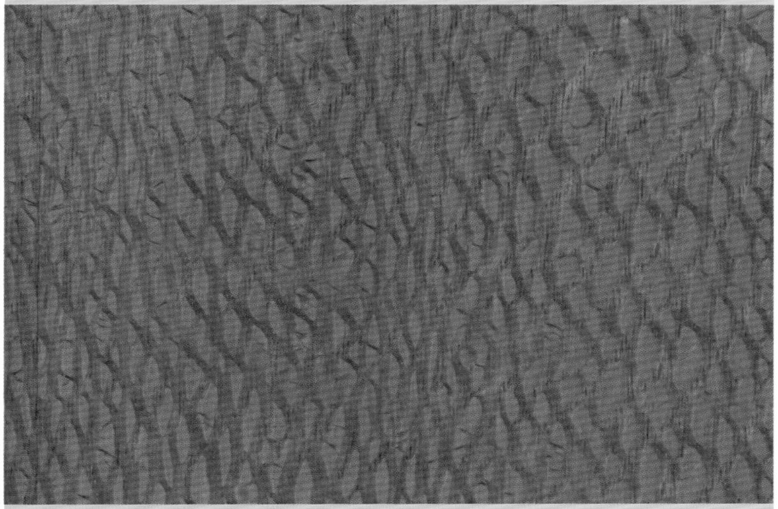

灰珍珠

塑料

关键词：质量小 耐高温 用途多

塑料是重要的有机合成高分子材料，质量轻且坚固，容易粘贴在走道的墙壁上，呈现立体效果。其用途广泛、效用多、容易着色、部分耐高温耐化学侵蚀，还可以自由改变形体样式。多种高性能使塑料成为普遍采用的装饰材料之一。

金属

关键词：现代 坚固 富丽 豪华

金属材料会给人一种现代感、坚固感、精确感，走道的栏杆及扶手多为金属材质，能使整个走道给人以富丽豪华的印象。

材料展示

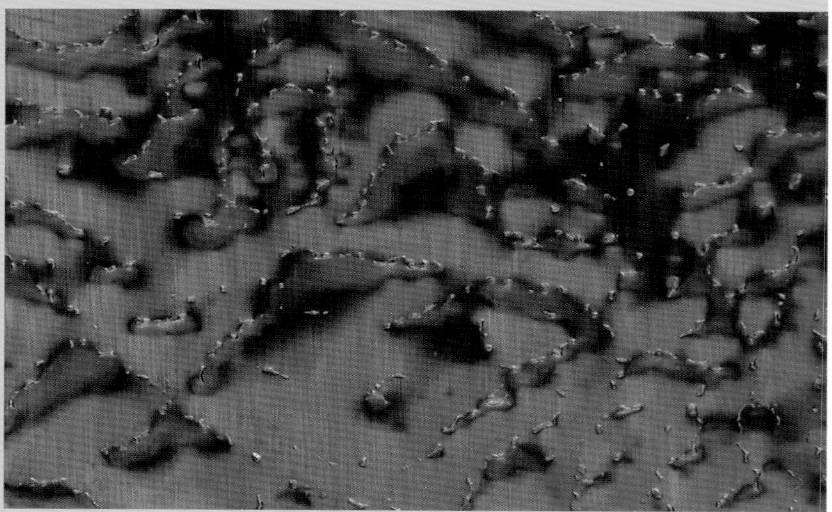

皮革纹镀古铜色

石材

关键词：强度高 耐腐蚀 华丽 高贵

石材作为室内装饰材料，具有华丽高贵的装饰效果。作为人流交通的主要楼梯也常采用石材铺砌，一般楼梯饰面多采用花岗岩石板材，其规格与楼地面所采用的花岗岩石材板相同，厚度为20毫米，楼梯扶手多采用大理石和人造石。

材料展示

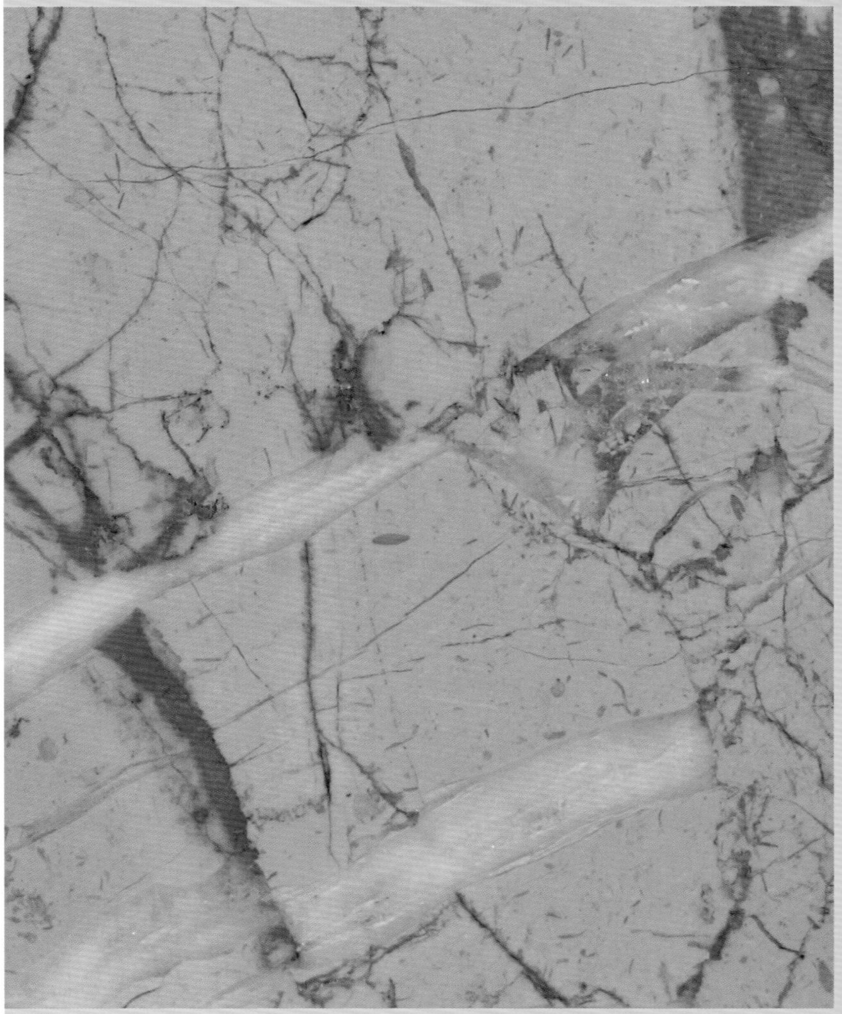

金丝网

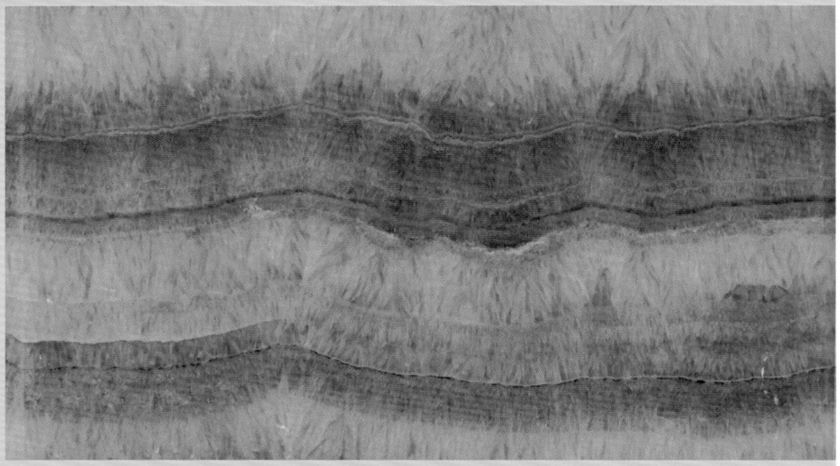

英伦玉

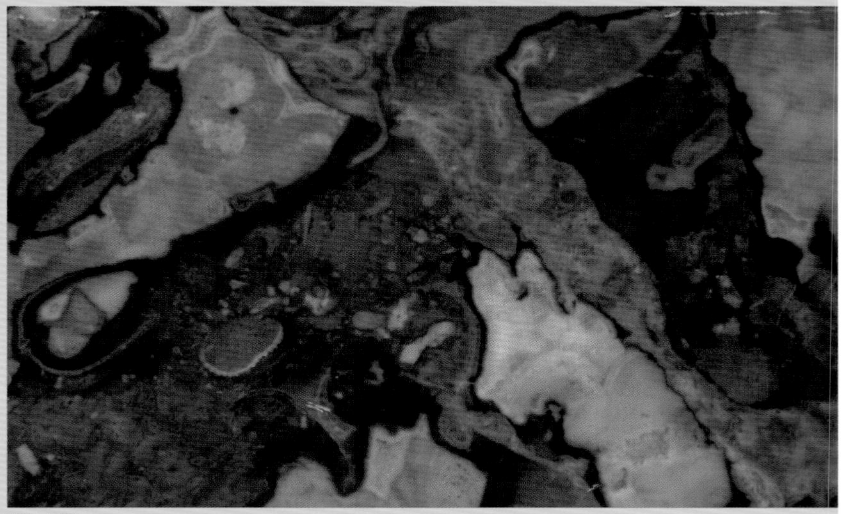

维尔纽斯

瓷砖

关键词：脆质 款式丰富

瓷砖是一种耐酸碱的瓷质炼制而成。瓷砖属脆性材料，要防止硬物磕碰，以免损坏表面。它式样丰富，可按不同的构想制造具有鲜明个性色彩的装饰纹理和颜色。

材料展示

贝壳马赛克：被广泛应用于娱乐场所、酒店、公司大堂、咖啡厅、别墅、酒吧、高级会所及家庭装饰等（例如：墙面、天花、圆柱、穹顶、背景墙、园林景观、家具类、工艺品类等方面）。防滑性能优良，也常用于家庭卫生间、浴池、阳台、餐厅、客厅的地面装修。

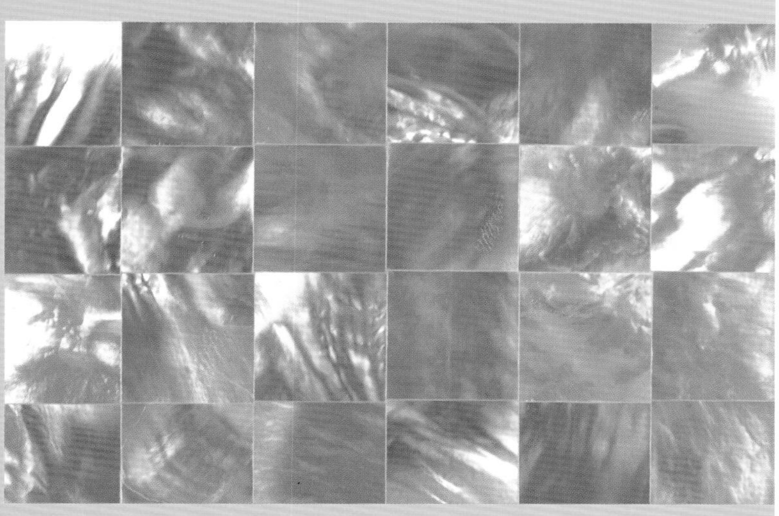

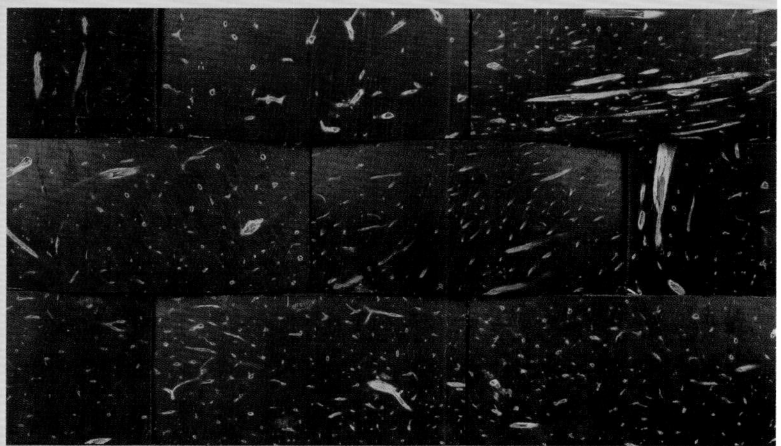

椰壳马赛克（巧克力色）

色彩

关键词：高明亮度 轻松 愉快

酒店走道的色彩要与整个酒店的风格匹配，这里的色彩运用一般和大堂都是贯通相连的，具有延续性。往往会用高明亮度的基调色彩配合高彩度的点缀色，体现出酒店的轻松和愉快。

暖色系

关键词：突出 向前 舒适

酒店走道的色彩常用偏黄、红或棕色的暖色系列为主调，一般暖色给人感觉突出、向前，渲染出高贵舒适的酒店氛围。

3

MANDARA
SPA

冷色系

关键词：沉静 轻松 视觉放大

青蓝绿具有寒冷、沉静的感觉，被称为冷色系。酒店走道上运用冷色系涂刷墙面，可以使小空间在视觉上放大，使人容易保持轻松愉快的心情。

空间

关键词：通行 引导 舒心

走道属于过渡空间，是整个酒店的通行脉络，起到连接酒店各功能空间的作用。虽然是辅助空间，但其具有引导人们进入各自所需的功能空间的重要作用。合理的酒店走道设计，可以让顾客走得放心，走得舒心，并且能给客人营造安静安全的气氛。

楼梯

关键词：形式多样 坡度适宜

酒店楼梯的形式主要有单跑梯、双跑梯（平行双跑、直双跑、L型、双分式、双合式、剪刀式）、三跑梯、弧形梯、螺旋楼梯等形式。在设计楼梯造型的时候需要根据整个酒店的空间来加以确定。楼梯的坡度要适宜，楼梯的踏板要注意做圆角处理，避免对脚造成伤害。楼梯扶手的设计是整个楼梯设计的核心，评价一个楼梯的装修设计的好坏往往是根据其扶手来加以判断的，设计中需要注意的一点是最忌讳用镜面不锈钢或其他银亮面金属。

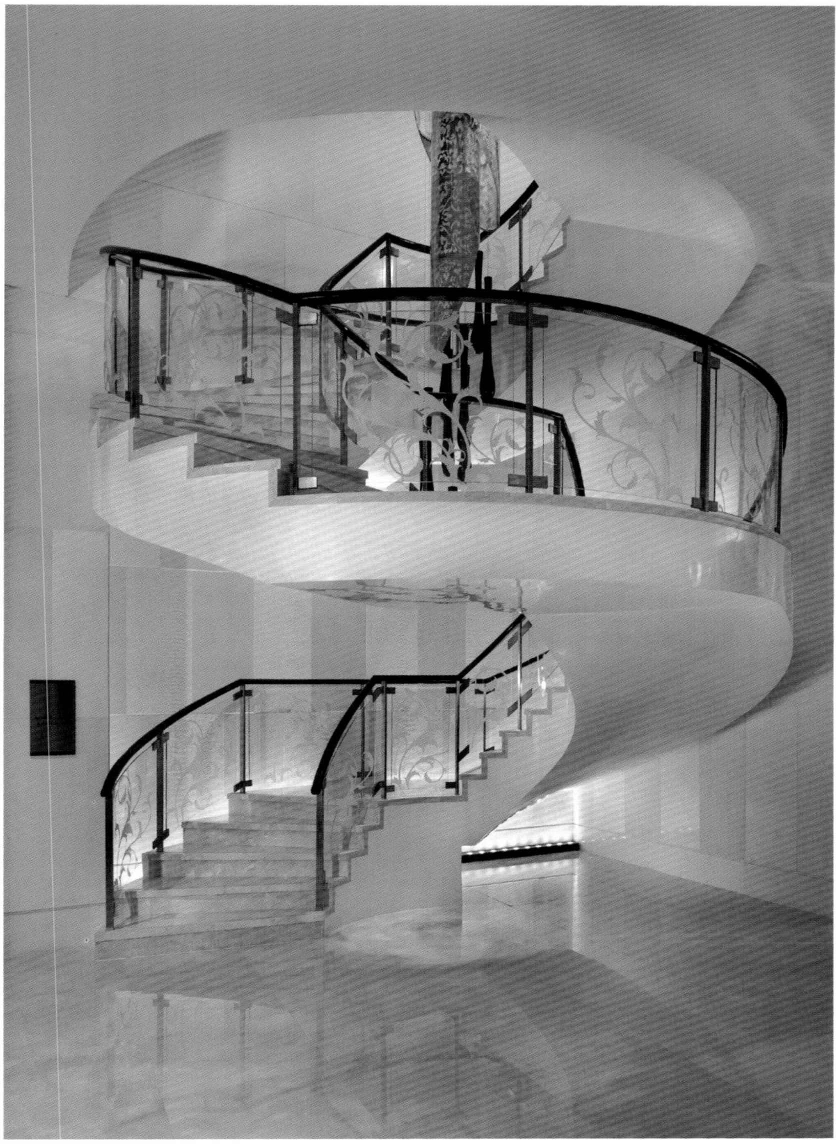
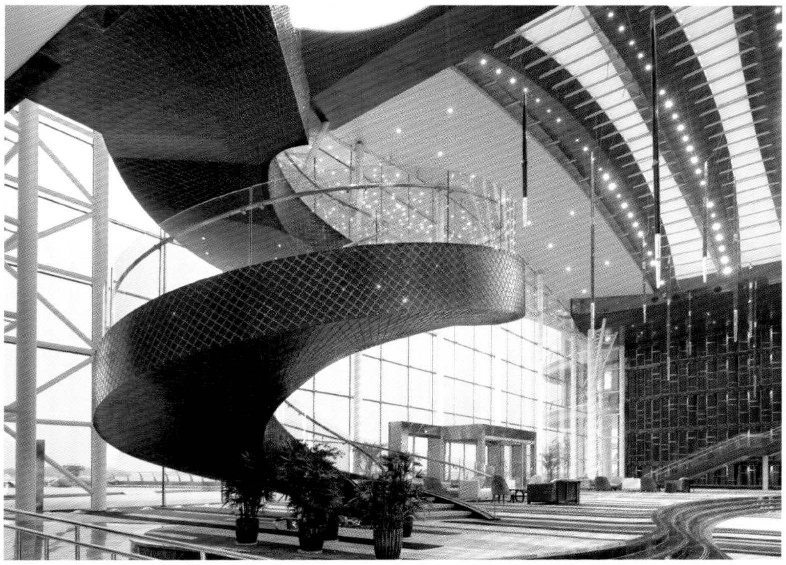
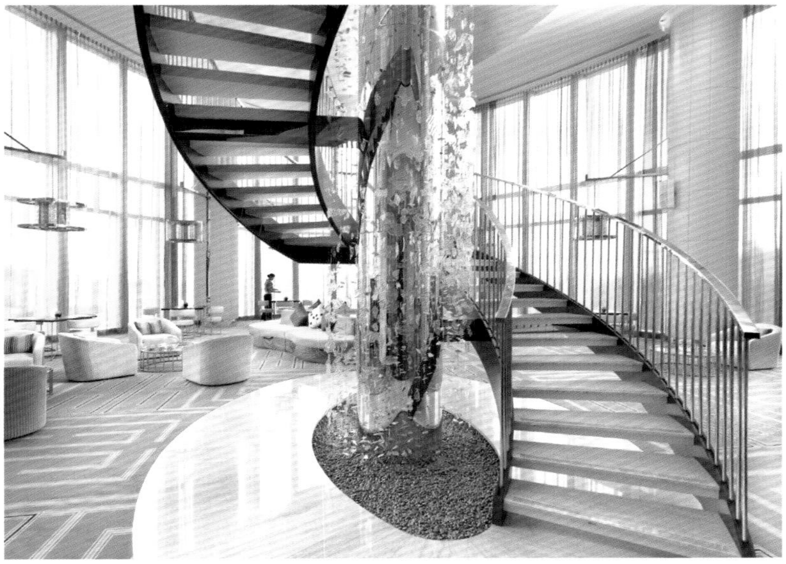
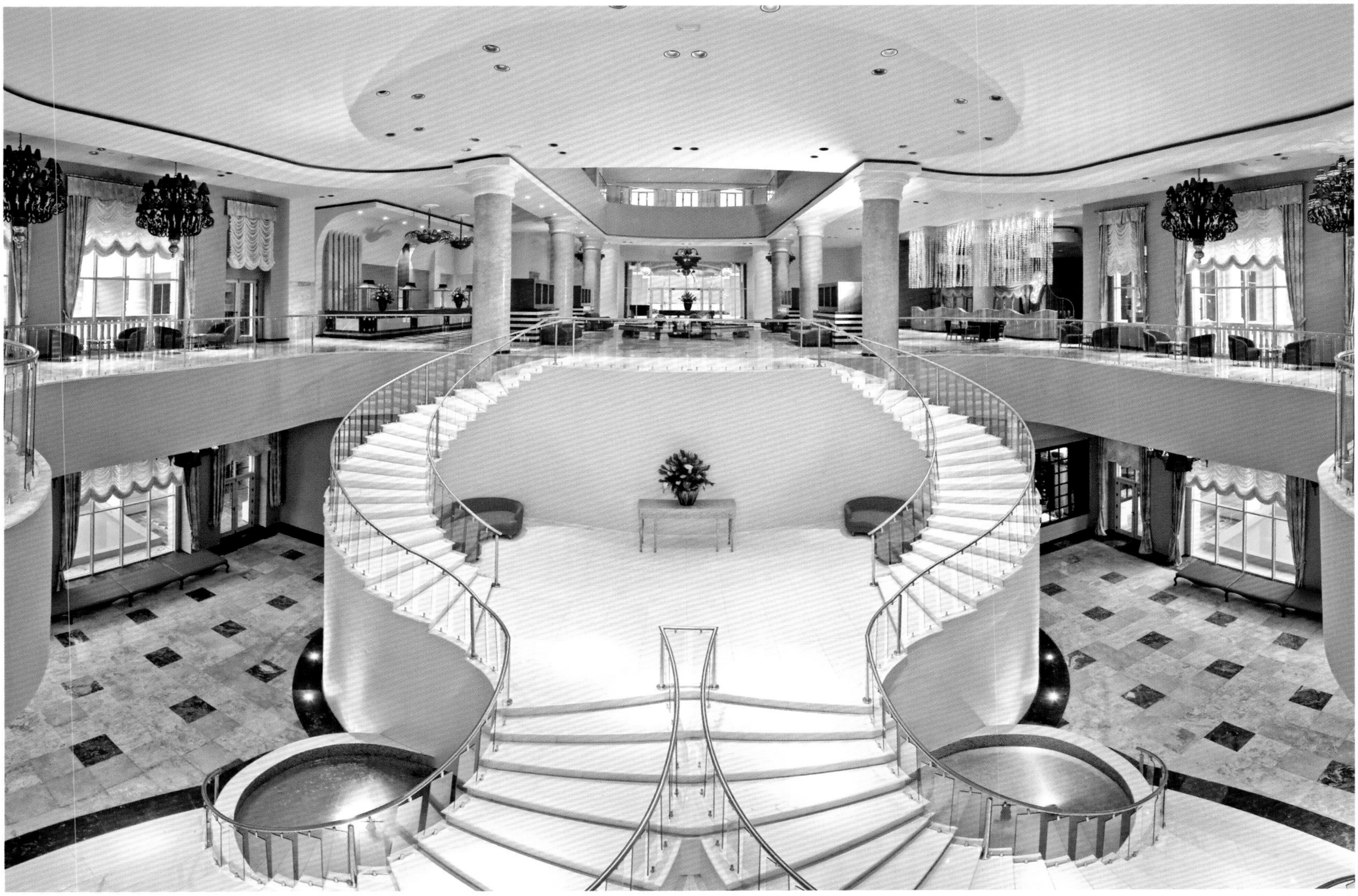

酒店
大堂
宴会厅、会议厅
餐饮区
客房
卫生间
休闲健身
走道
其他
室内景观
平面元素
材料
色彩
空间
照明
软装

酒店

平面元素　材料　色彩　空间　照明　软装

大堂
宴会厅／会议厅
餐饮区
客房
卫生间
休闲健身
走道
其他
室内景观

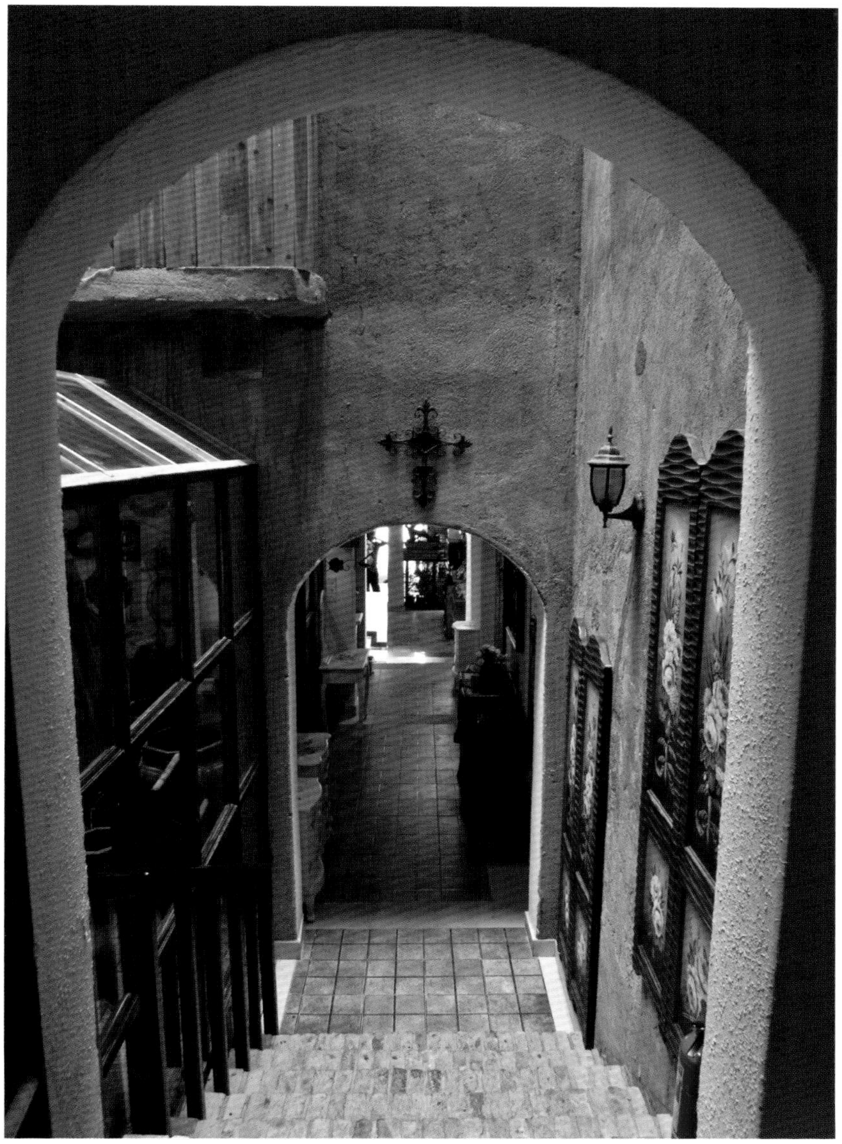

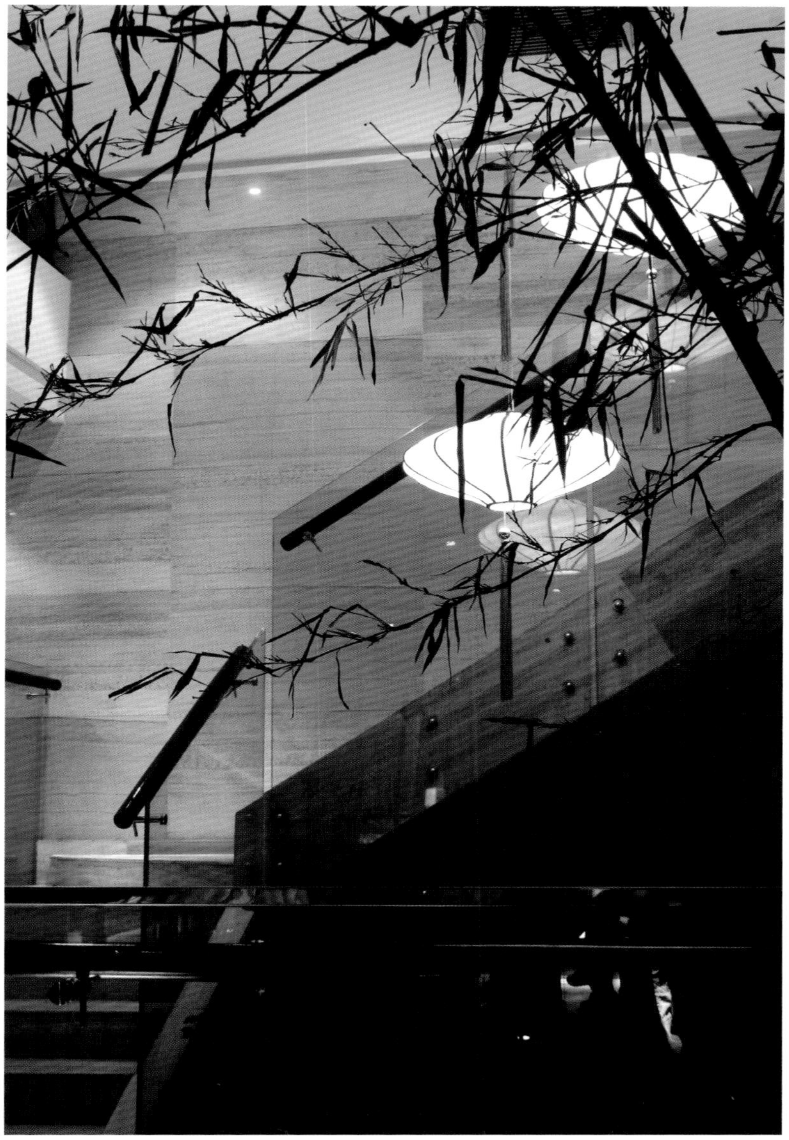

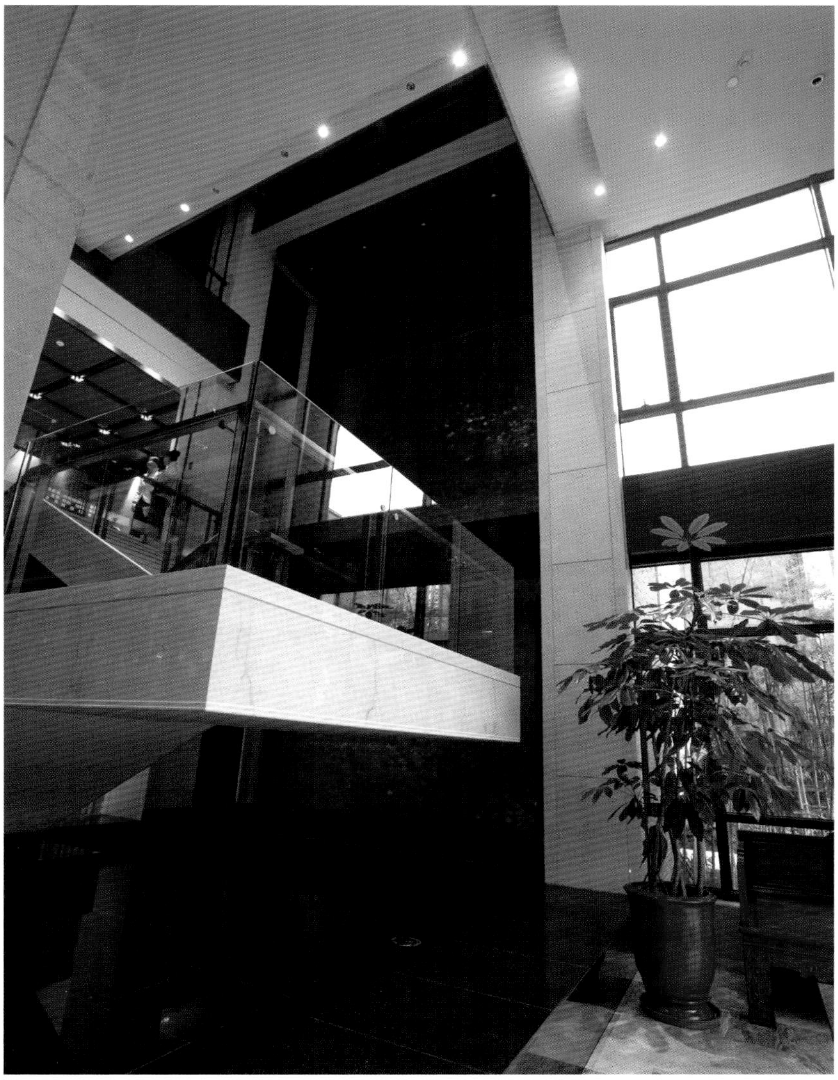

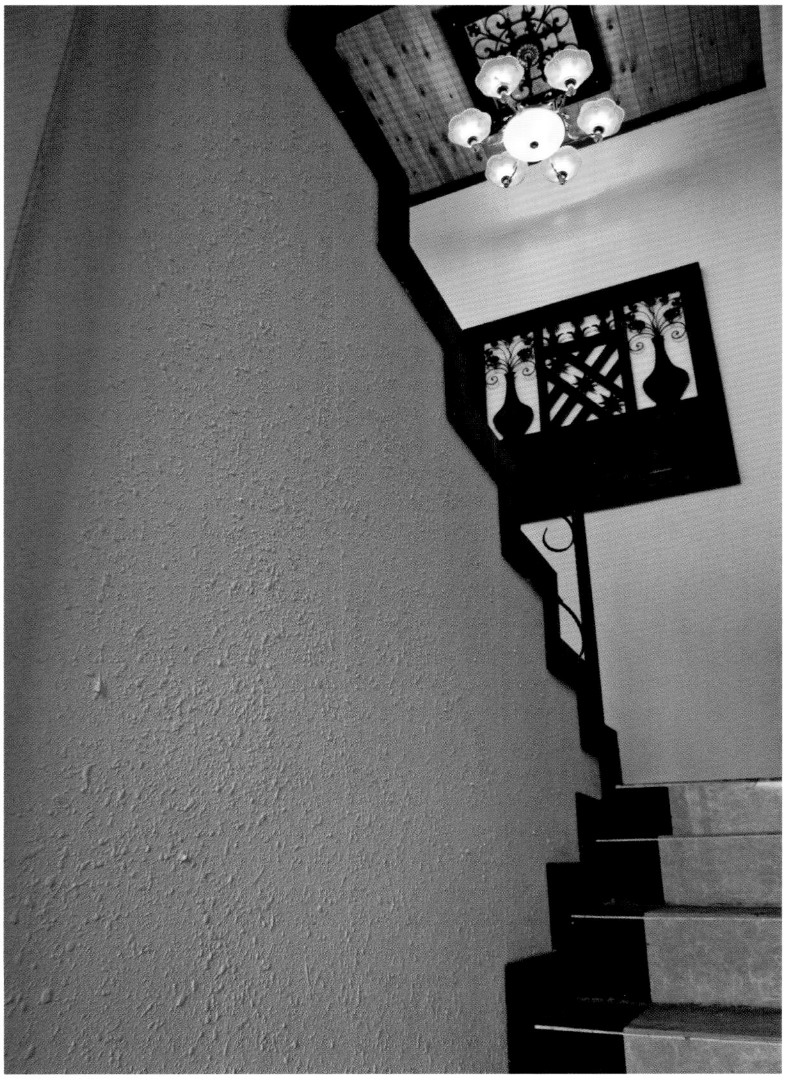

廊道

关键词：过渡空间 宽敞

廊道是连接酒店各个空间的过渡空间，廊道的宽度和长度主要根据通行人流、家具、安全疏散、防火规范、走道性质、空间感受来综合考虑。此外，宽敞的廊道中部或两端，有时可以设置部分空间的休息厅。

酒店

大堂

宴会厅、会议厅

餐饮区

客房

卫生间

休闲健身

走道

其他

室内景观

平面元素

材料　色彩

空间

照明

软装

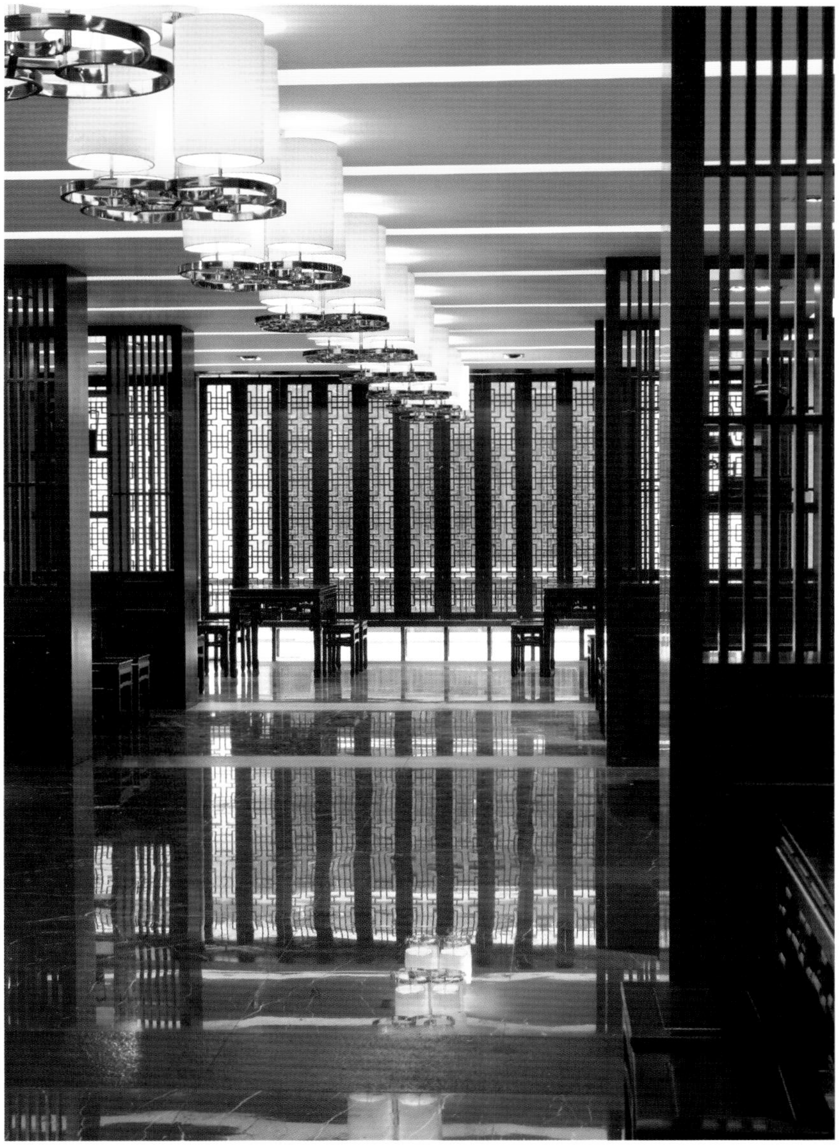

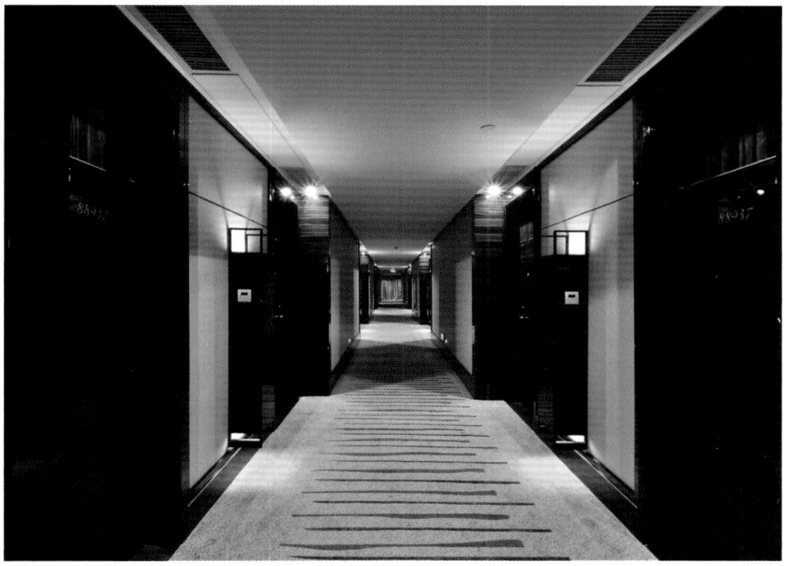

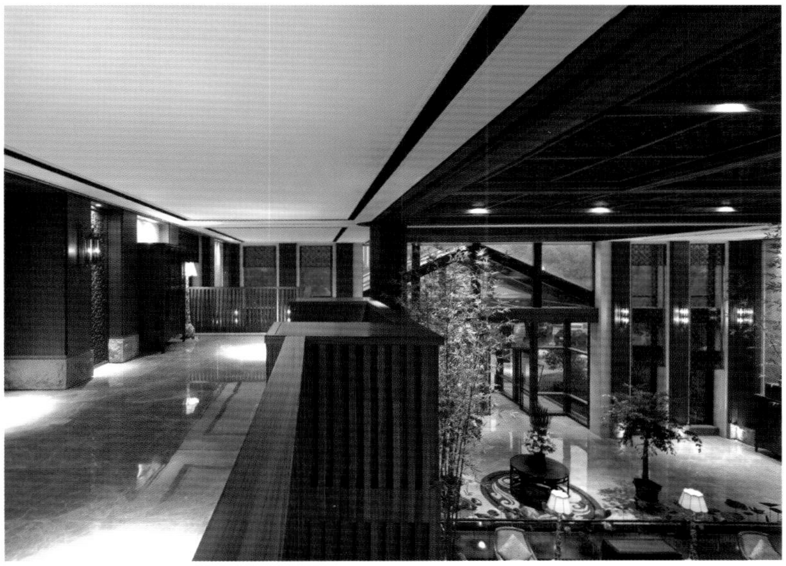

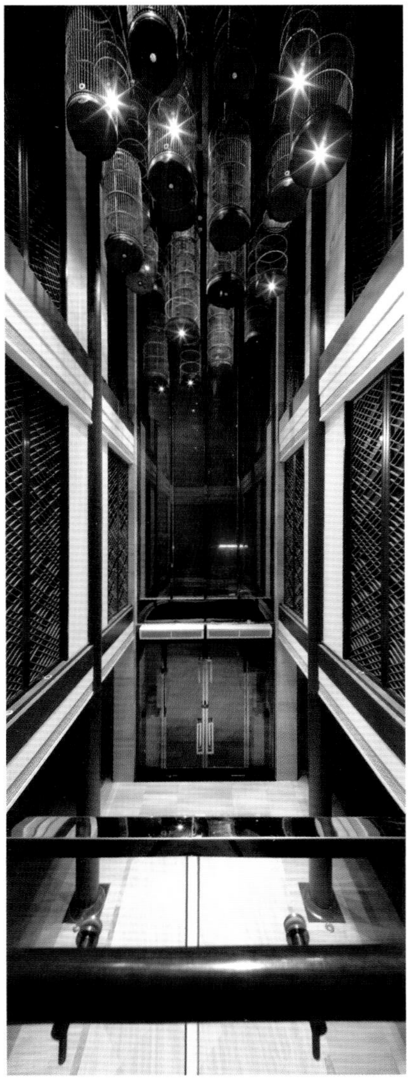

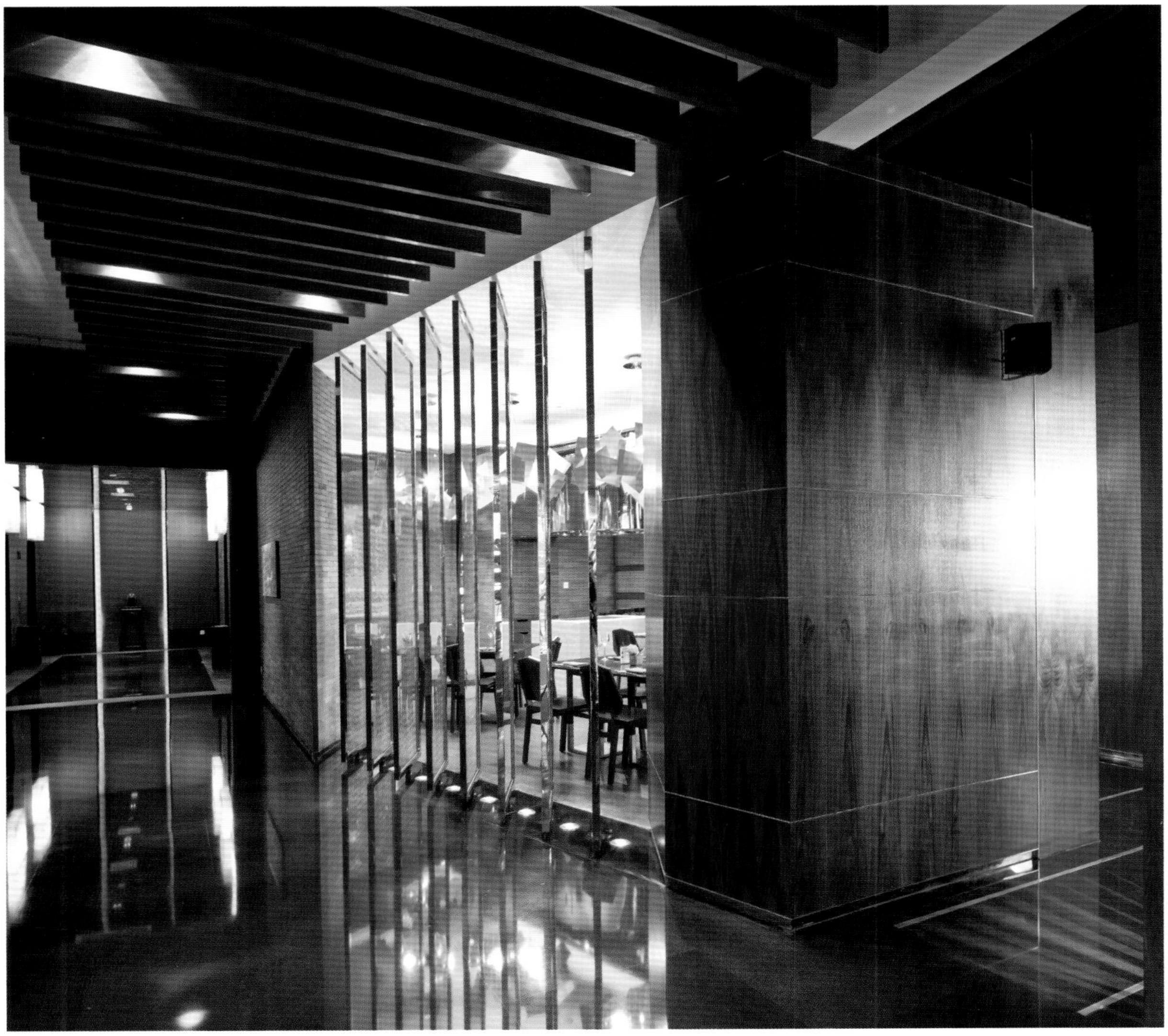

电梯间

关键词：宽敞 明亮 简洁

电梯间应布置在人流集中的地方，如门厅、出入口等，位置要明显，电梯前面应有足够的等候面积，以免造成拥挤和堵塞。由于电梯间是客人分流的集散地，设计上应该宽敞、明亮、简洁和便于交通。

照明

关键词：照度 光源 有罩荧光灯具

走道照明设计是建筑物照明设计一个不可或缺的组成部分。在酒店空间，走道是人员走动频繁的地方，一般设计照度在75~150LX左右，采用吸顶有罩荧光灯具为主，也可以采用筒灯、壁灯、荧光灯槽、装饰性较强的组合灯等。至于楼梯平台灯的光源，以采用能瞬时启动的白炽灯为宜，灯具形式以乳白灯罩较好。楼梯平台照度为10~15LX。

暖色调

关键词：温馨 安详 浪漫 好客

酒店走道一般采用嵌入式筒灯，嵌入式筒灯的光源一般采用暖色调小功率节能灯管，用于营造温馨、安详、浪漫的气氛，同时有助于让人产生非常好客的氛围，并且展示了酒店的特点。

冷色系

关键词：炫目 时尚 酷感

炫目的冷色调照明光源以暗藏式、嵌入式的方式安装在走廊，保证了足够的照度同时避免了炫光，但仍不乏时尚酷感。

中性色调

关键词：照度光亮 造型美观

在走道的装修设计中，光源的主体装饰照明应以白炽灯为主（装饰灯具、与装修结合的建筑照明），与一般功能照明结合设计，满足功能需求的同时体现装饰性。走道的照明要亮些，照度应在75～150LX之间。如果层高较大，可采用壁灯进行照明。

软装

关键词：点缀 温馨 怡人

酒店走道装修的好坏，直接影响着客人的心情，而新颖特色的走道装饰最能体现酒店别具一格的特色，例如墙上的挂饰、摆设的雕塑小品或者植物，可以让走道显得更加温馨怡人。

饰品摆件

关键词：独特 亲近 视觉乐趣

走道空间中，饰品摆件是个不可忽略的设计元素，包括工艺品摆件、陶瓷装饰摆件、雕塑摆件等，饰品摆件独特的风格表现，都能引起顾客的注意，不仅给人们增添不同的视觉乐趣，而且可以拉近人与酒店的亲近关系。

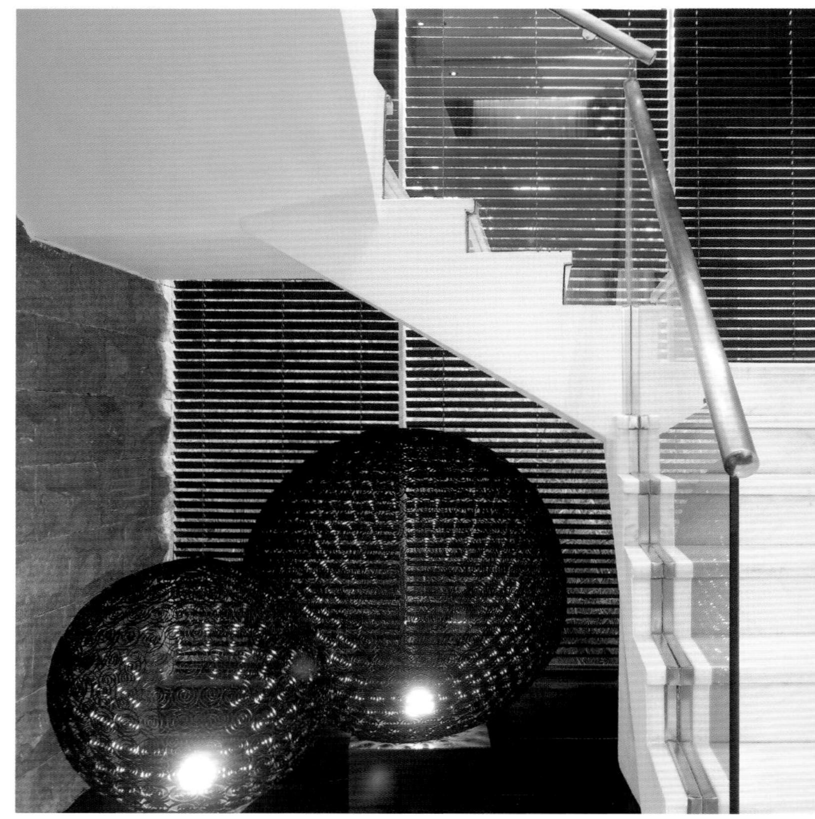

大堂

宴会厅、会议厅

餐饮区

客房

卫生间

休闲健身

走道

其他

室内景观

平面元素

材料

色彩

空间

照明

软装

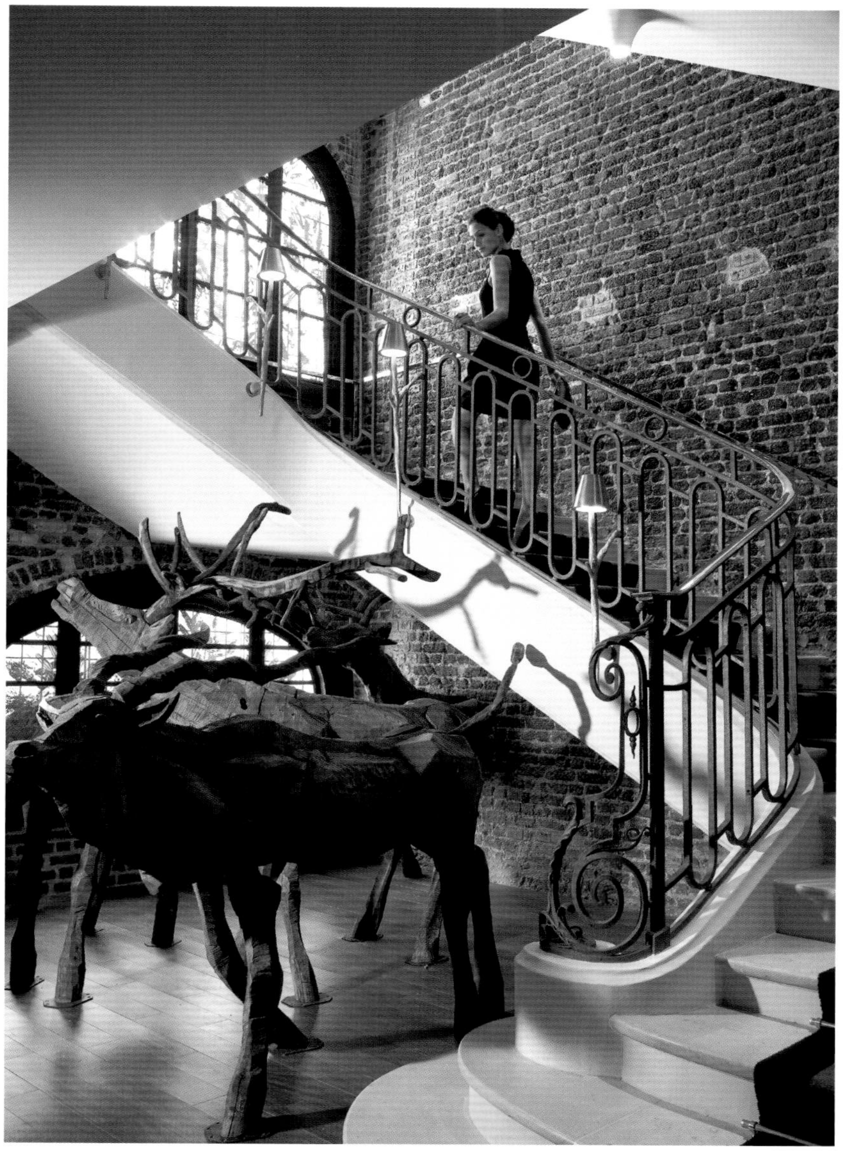

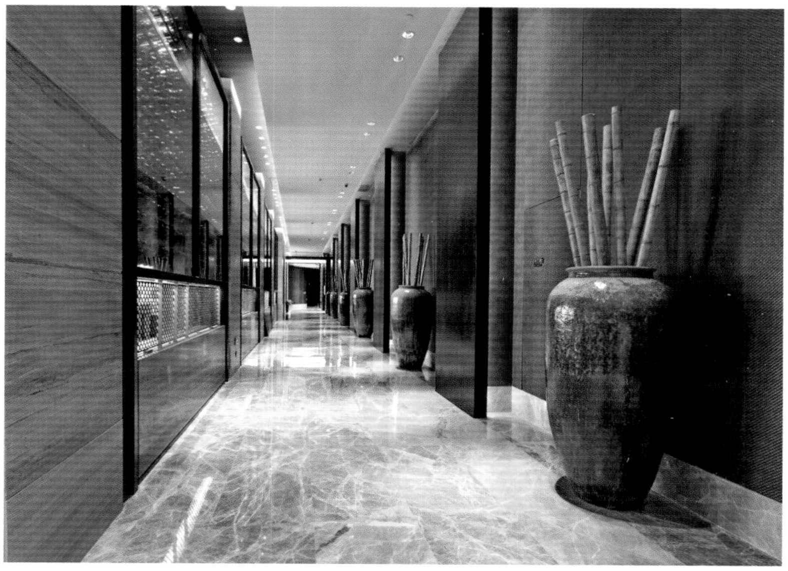

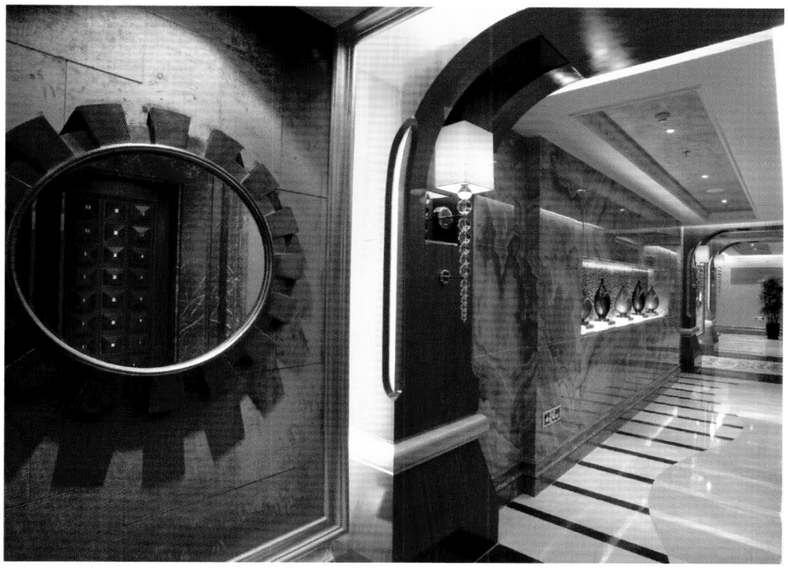

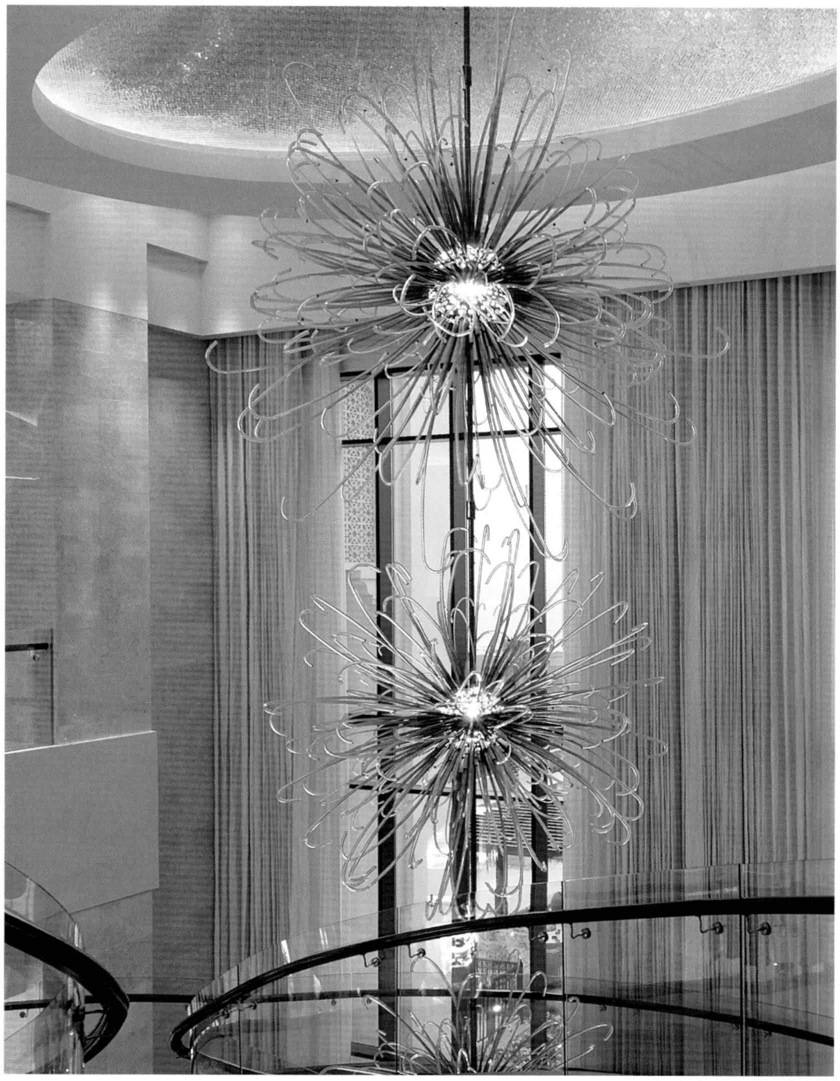

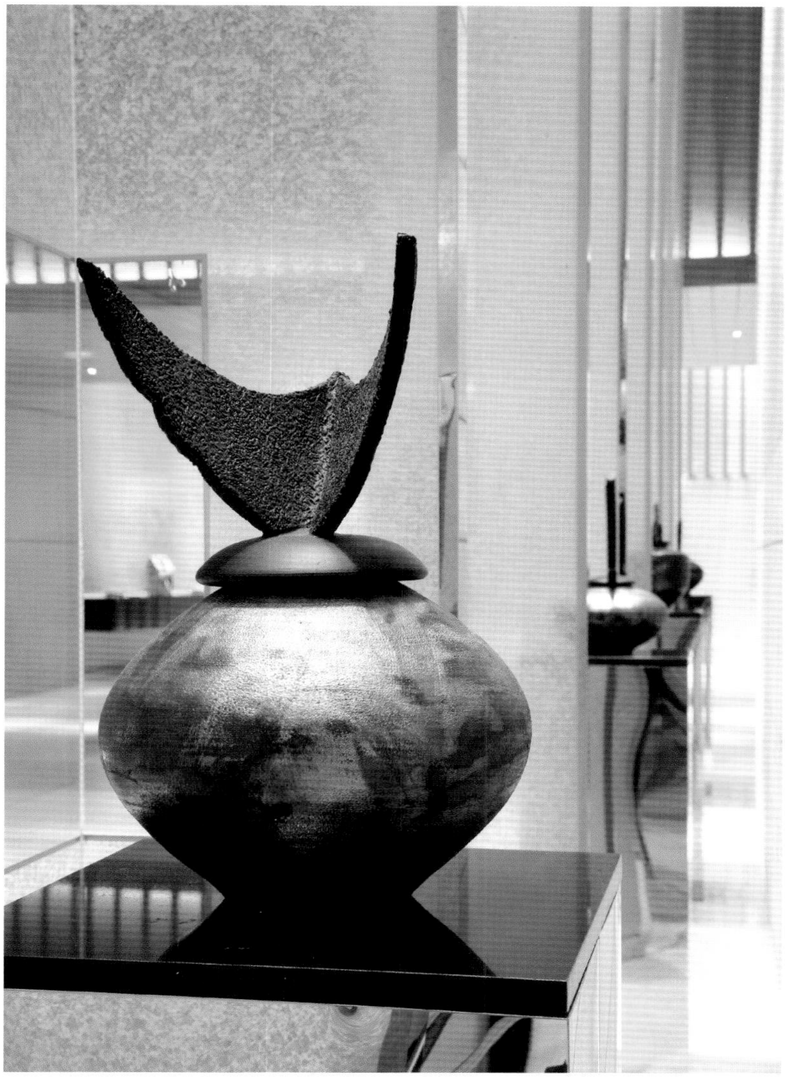

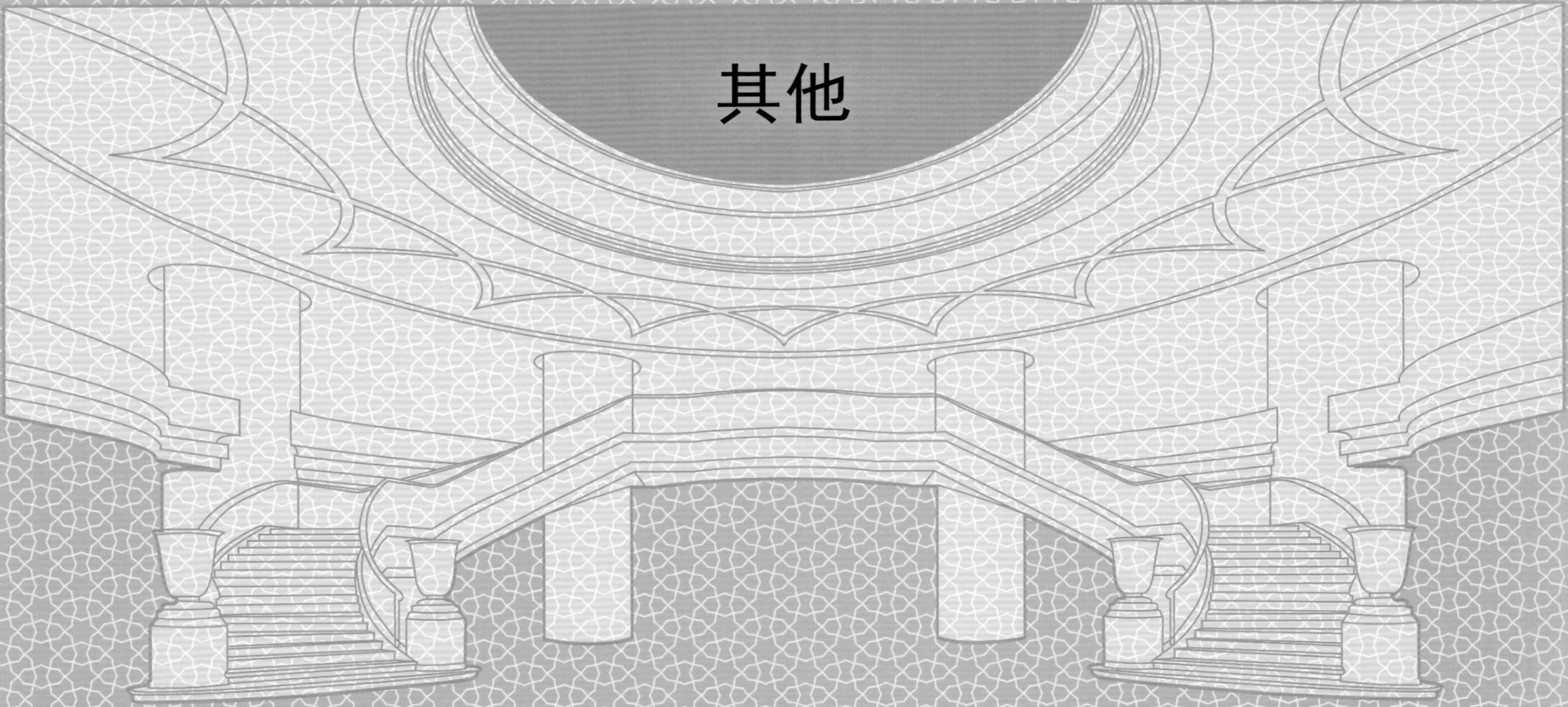

其他

关键词：布局合理 色彩和谐 选材适当

一个成功的酒店空间设计方案，功能的完善、布局的合理是设计的关键所在。这就要求酒店在空间的设计中，不仅要做到动静分明，而且要做到主次分明。此外，在确定室内空间色调时，一定与材料的色泽和家具陈设的色彩统一考虑，才能达到预期的效果。

平面元素

关键词：组合 个性化 多元化

酒店的商务中心、休闲区、游艺娱乐等空间中常常运用平面元素与平面之间的组合，平面图形元素与空间造型的组合，平面图形元素与情感的组合，平面图形元素与高科技的组合，从而创造出多元化的空间。

地面

关键词：地毯铺装 防噪音 烘托气氛

酒店的商务中心、休闲区、游艺娱乐等空间宜采用地毯铺设地面，地毯材质选择可由毛、棉、麻、丝、化纤等原料制成。另外，地毯所选择的色彩及图案的纹样不宜太花太杂，以免给人以不安定的感觉。

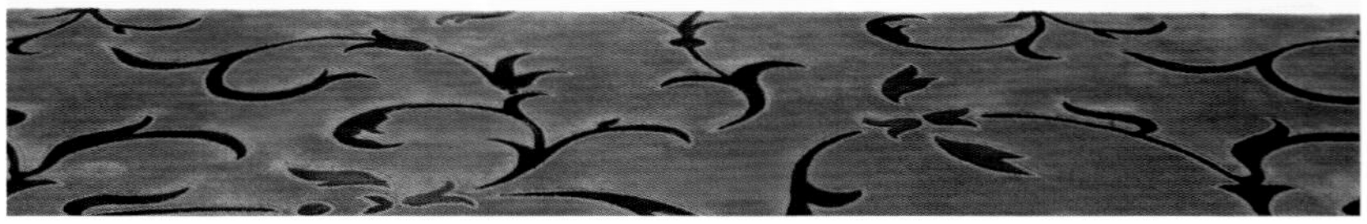

墙体

关键词：文化性 审美情趣 和谐统一

酒店的商务中心、休闲区、游艺娱乐等空间具有一定的娱乐性与开放性，在墙体设计时，除了要体现文化性和审美情趣，还要控制好色彩的面积、墙面与墙面之间的关系及墙面艺术品的尺寸大小、布置形式，以达到墙面均衡、和谐、统一的状态。

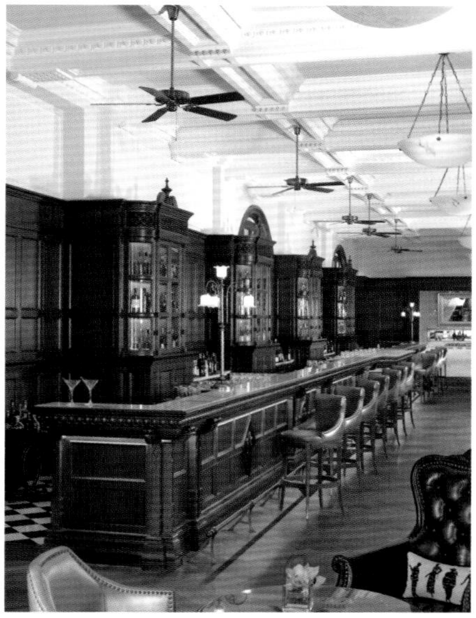

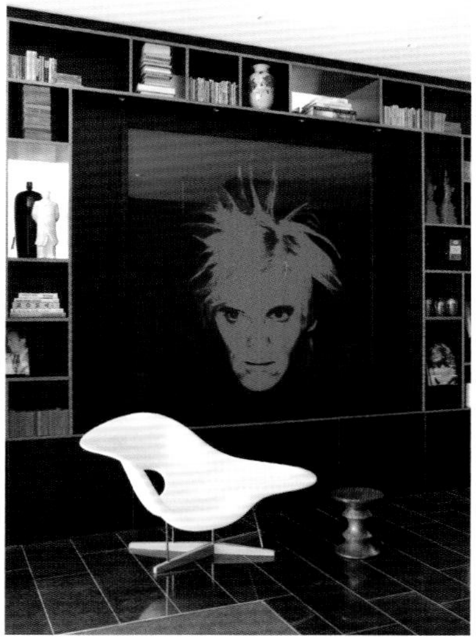

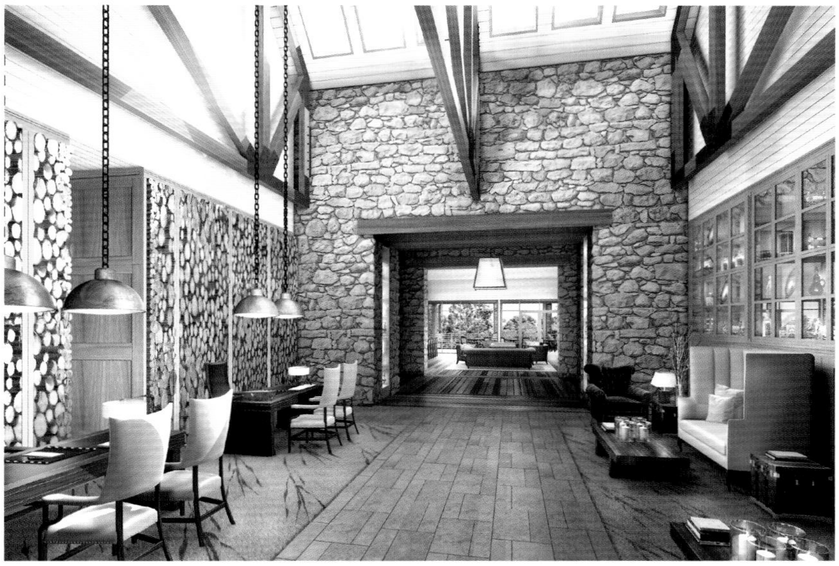

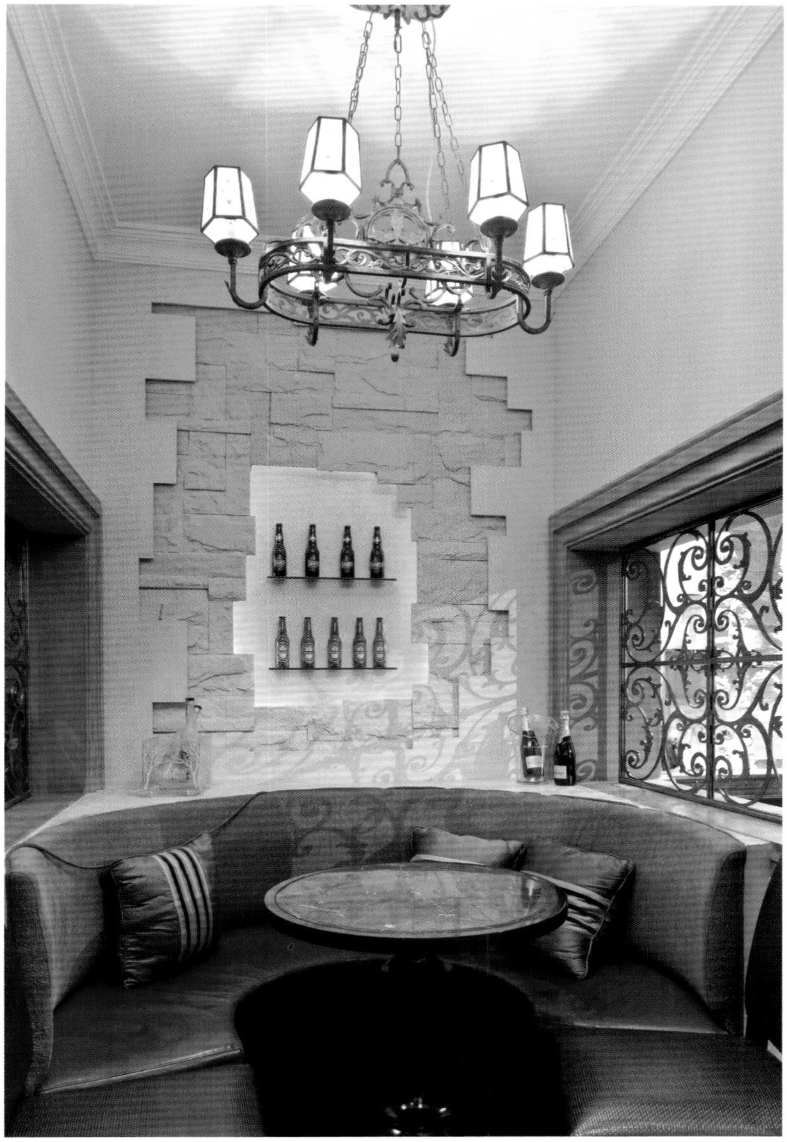

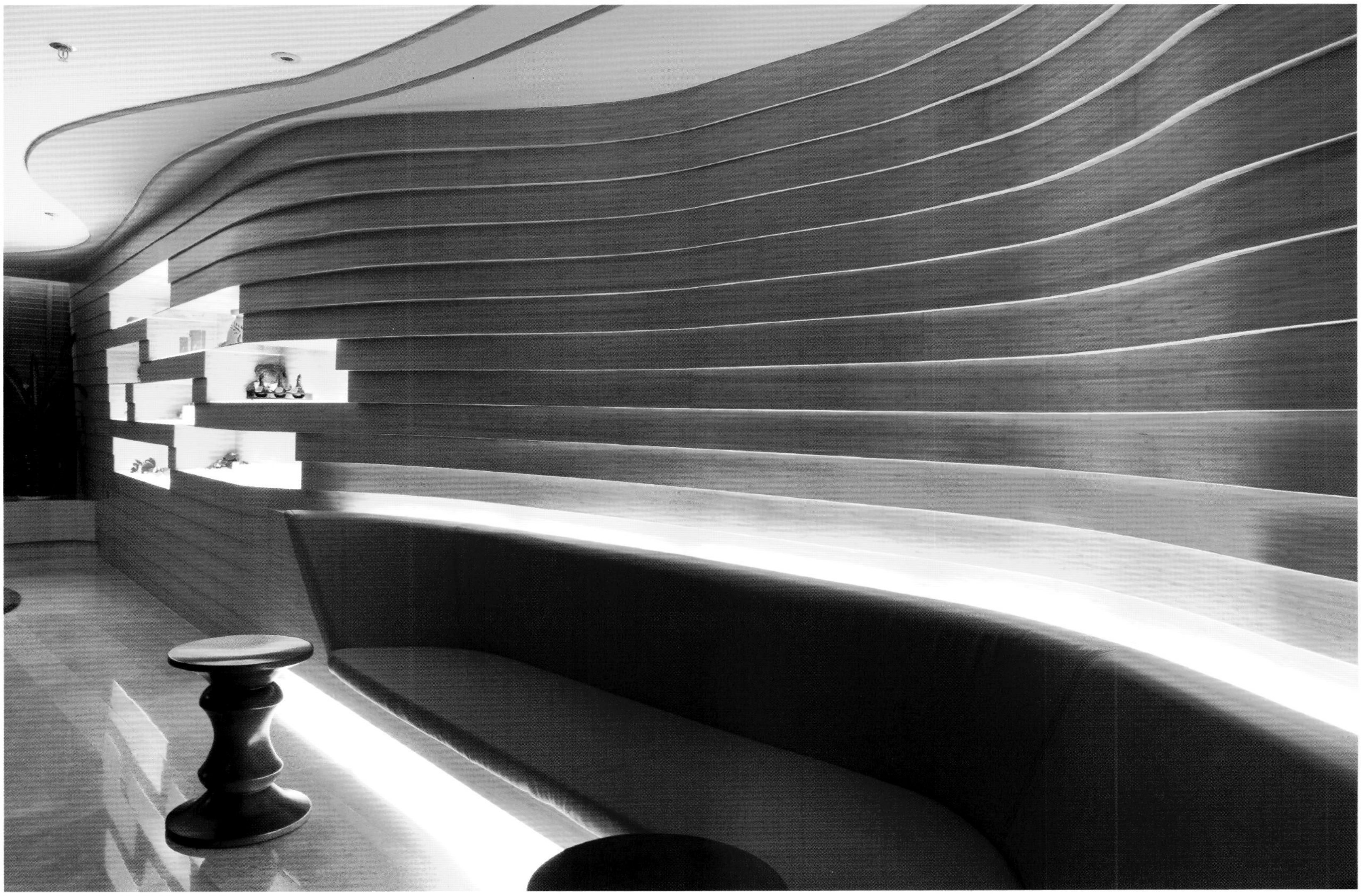

平面元素
材料
色彩
空间
照明
软装
大堂
宴会厅、会议厅
餐饮区
客房
卫生间
休闲健身
走道
其他
室内景观

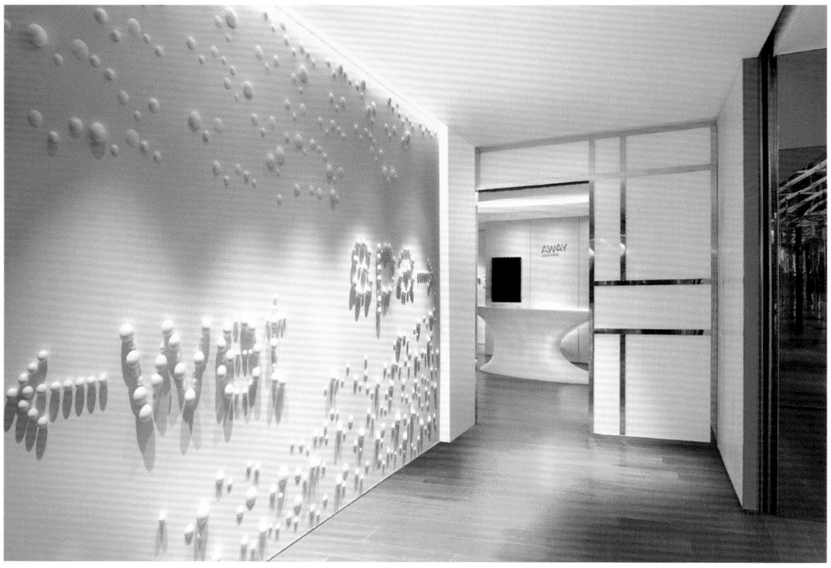

天花

关键词：简约 大气 美化空间

天花装修避免头重脚轻，讲究独特、简约、大气的设计效果，其间的形式搭配、色彩的选择都显得尤为重要。酒店的商务中心、休闲区、游艺娱乐等空间的天花时常通过写画、油漆美化室内环境，使客户感到精神爽朗。

材料

关键词：生态性 文化性 艺术性

酒店的各个活动区域有各个不同的功能作用，不同的区域所使用的不同装饰材料所形成的不同感受和氛围，在酒店的材料选择中表现得最为突出。因此，根据材料的形、色、质、感觉和表现等各个不同的表现方式，结合其在酒店装饰中所表现出的生态性、文化性、艺术性等文化特质，依据一定的应用原则和方式将其充分运用到酒店室内装饰中。

木质

关键词：质量轻 强度高 美观大方

木质材料在酒店空间中使用非常广泛，首先它具有质量轻、强度高、易加工、美观大方的优点，其次它是天然材料与人类亲自然性的本能相一致。酒店空间中墙面、顶面和地面的隐蔽工程多采用木材作为龙骨和基层板，这是因为木材非常容易加工，延展性好，对于曲线形、复杂形状也能加工。另外，以木材制造的家具、器具和日常用具等，更能给酒店带来温馨舒适的自然境界。

TOM FORD
EAMES

金属

关键词：质感 易塑造 扩张空间

在酒店在公共空间里，可以适当采用较大线条及质感粗细变化的金属材料装饰，诸如铝、铜、不锈钢等，利用金属材料的质感和易塑造性可以轻松改变室内空间的美感。例如，可以利用彩色不锈钢板表面的质感和肌理装饰酒店墙面，除了作为美化室内空间，还可以起到扩展空间的作用。

材料展示

大红酸枝：指酸枝木，主要是老挝、缅甸、越南、泰国及东南亚等传统的红木来源地所产的豆科黄檀属的黑酸枝、黑酸枝。

绿檀：根据木材专业检测机构的检测，所谓的绿檀多为源于中美洲西印度群岛的愈疮木，除西印度群岛及墨西哥外，南美洲其它热带地区也有分布。

打砂镀香槟金

乱纹镀红铜色

打砂镀黑色

石材

关键词：质地坚硬 耐磨耐腐蚀 种类丰富

石材的质地较坚硬，耐磨耐腐蚀，加工度高，种类多种多样，装饰效果不尽相同。其中，大理石的质地较软但颜色和纹理相当优美，多用于墙面，地面一般做小面积的拼贴；而花岗岩由于是火成岩，构造致密，属于硬石材，多用于酒店空间的外立面和室内地面设计。

材料展示

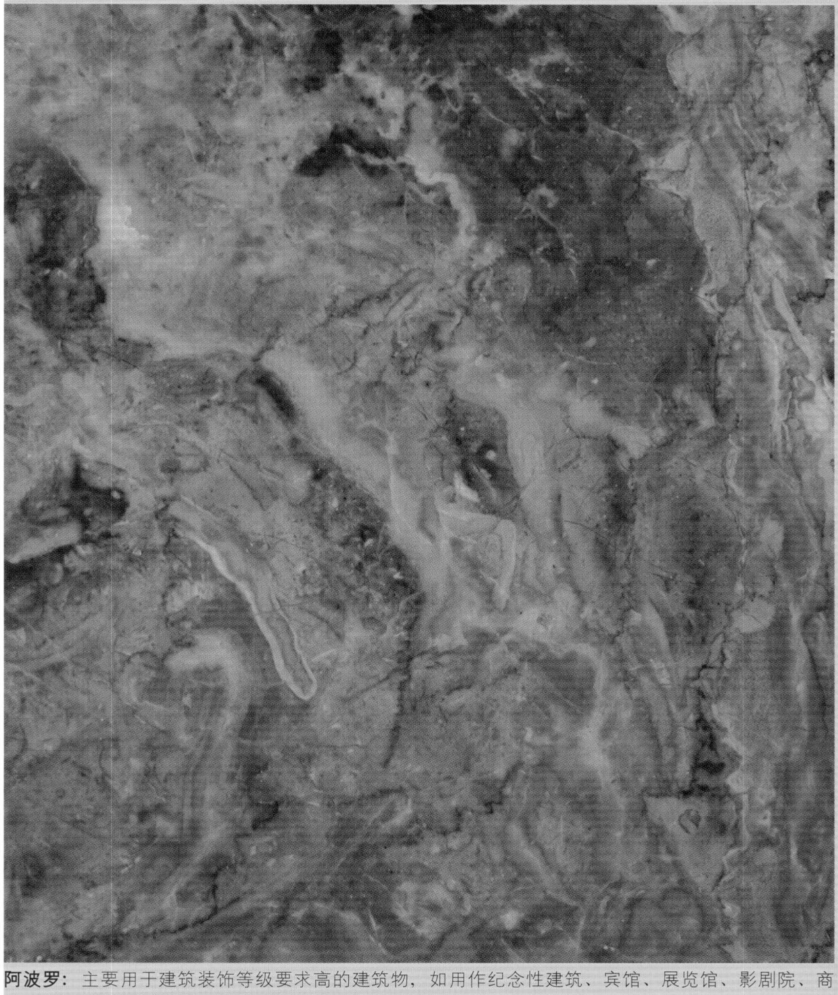

阿波罗：主要用于建筑装饰等级要求高的建筑物，如用作纪念性建筑、宾馆、展览馆、影剧院、商场、图书馆、机场、车站等大型公共建筑的室内墙面、柱面、地面、楼梯踏步等。

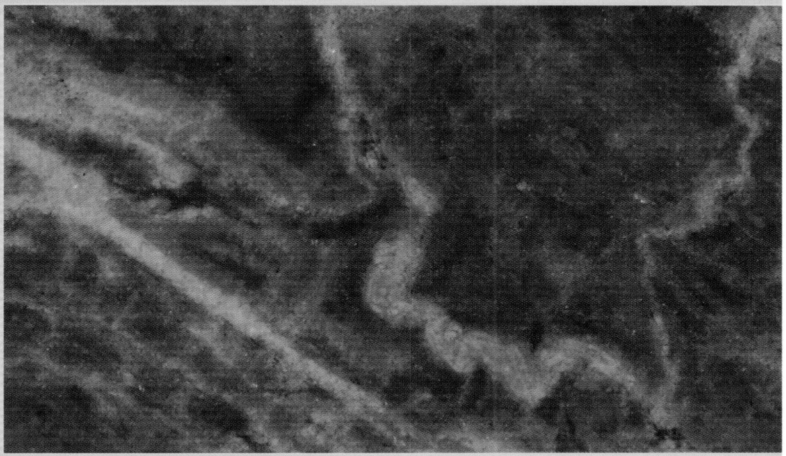

凤凰玛瑙：色彩丰富，色泽亮丽，是室内高档的装饰品。

美洲绿

色彩

关键词：协调 美化 营造氛围

色彩对于表达室内的表情起着举足轻重的作用，也是室内设计中最为生动、最为活跃的组成因素。在酒店室内设计中，可根据不同空间的功能要求选用不同的色彩，以创造相应的室内空间性格，满足使用者不同要求。

暖色系

关键词：明亮 温暖 醒目

暖色系的色彩一般是明亮、温暖，在光线照耀下会显得自然、舒服。其中，黄色系赋予大自然般的生机、阳光般的温暖，通常被认为是一种快乐和有希望的色彩；而红色是具有生命力的色彩，充满生机朝气，最为醒目，给人视觉上一种迫近感和扩张感。

酒店
大堂
宴会厅、会议厅
餐饮区
客房
卫生间
休闲健身
走道
其他
室内景观
平面元素
材料
色彩
空间
照明
软装

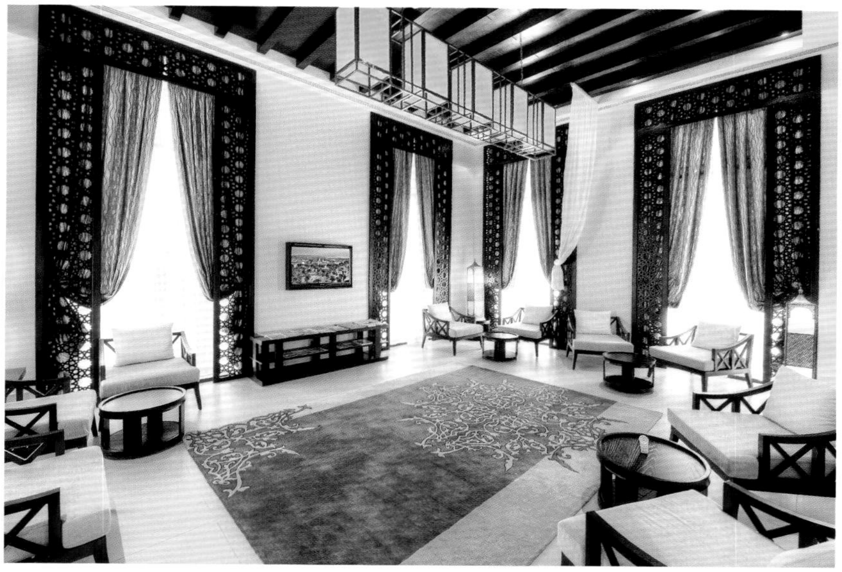

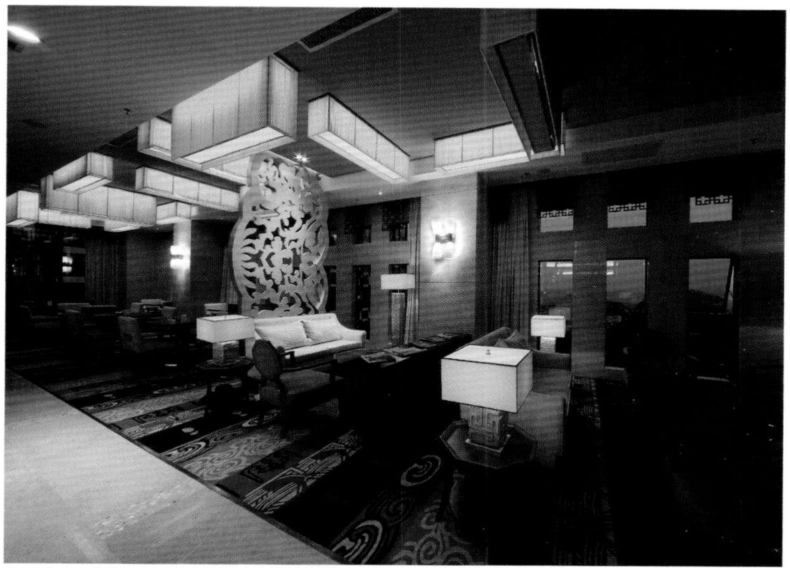

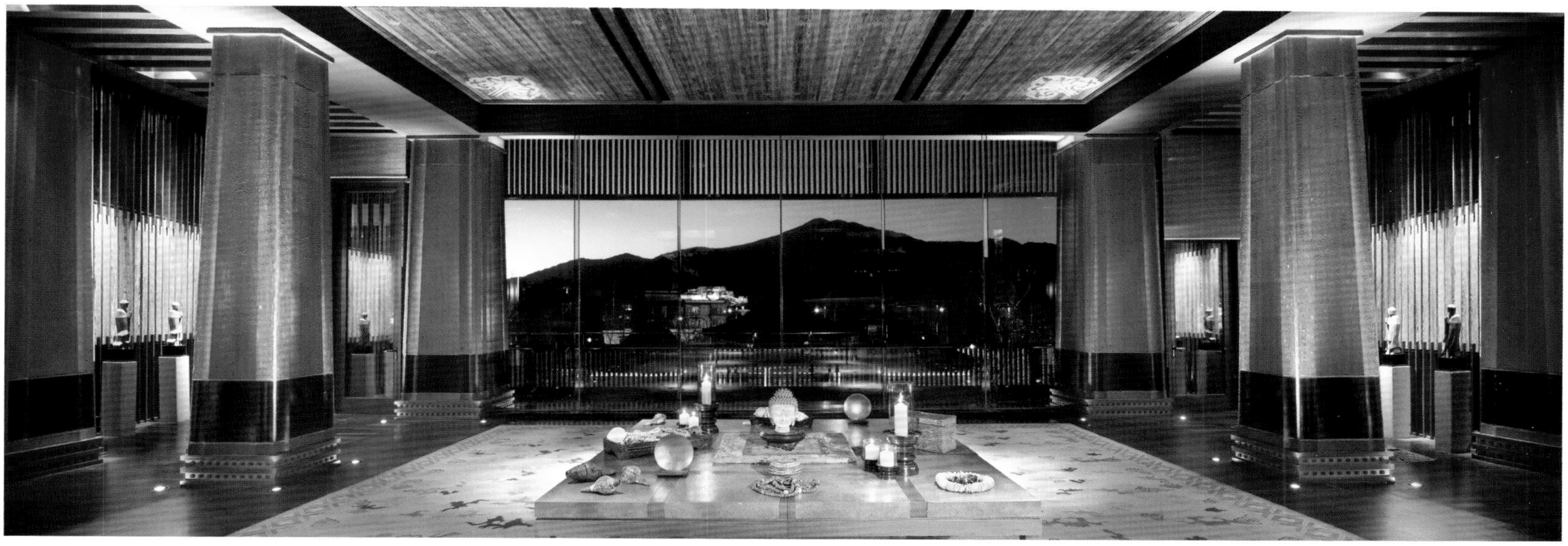

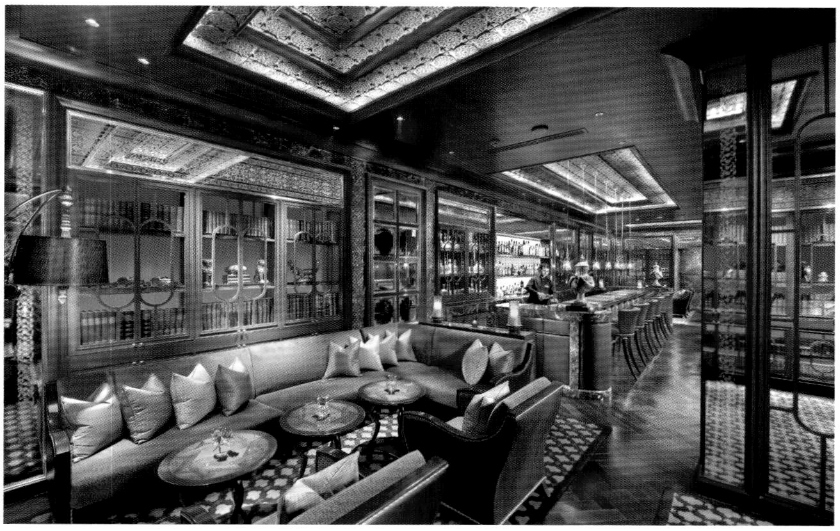

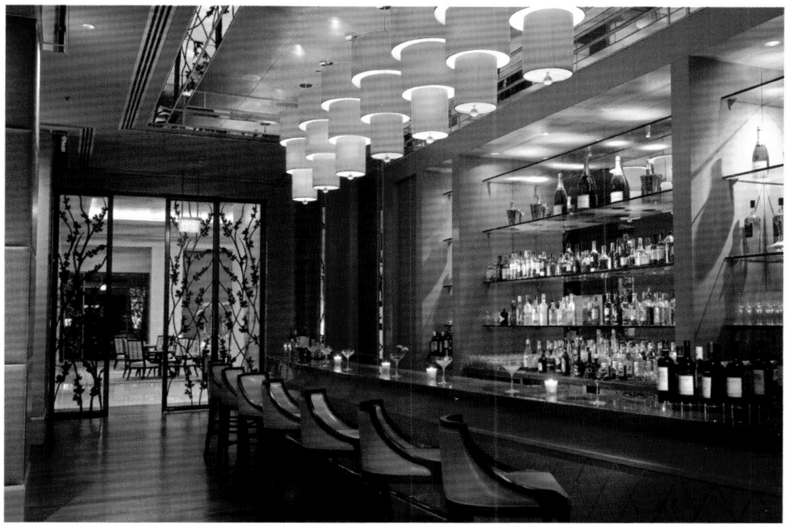

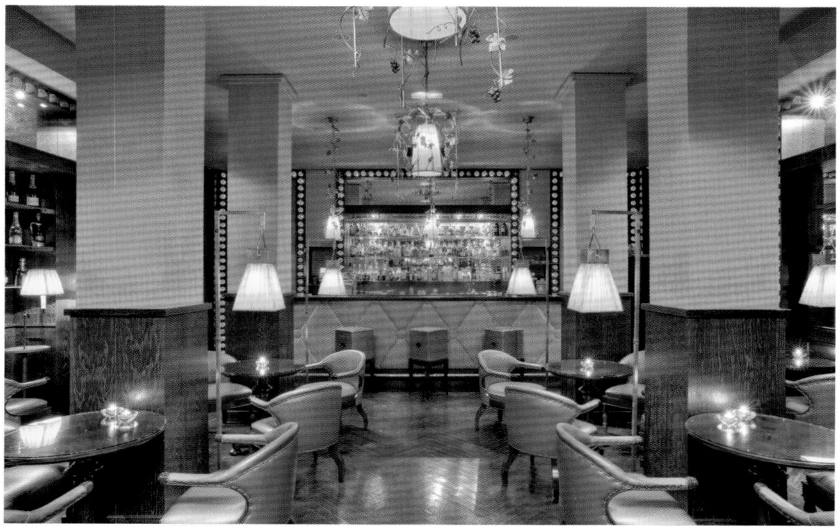

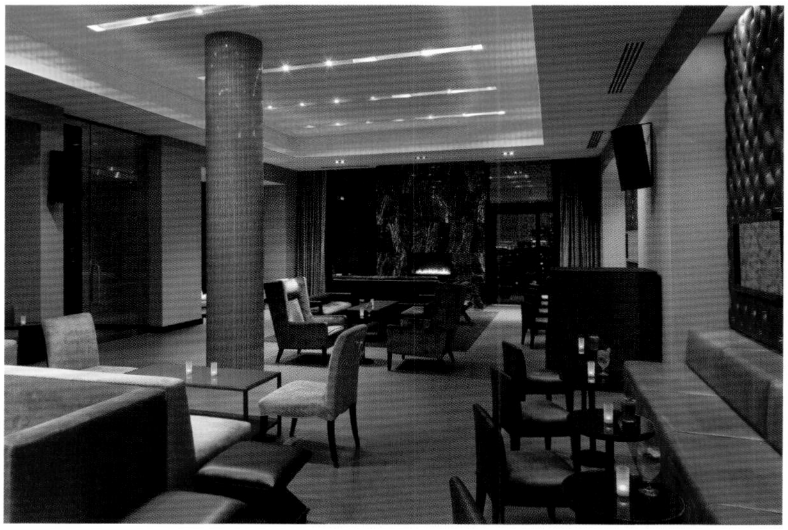

大堂　宴会厅、会议厅　餐饮区　客房　卫生间　休闲健身　走道　其他　室内景观

平面元素　材料　色彩　空间　照明　软装

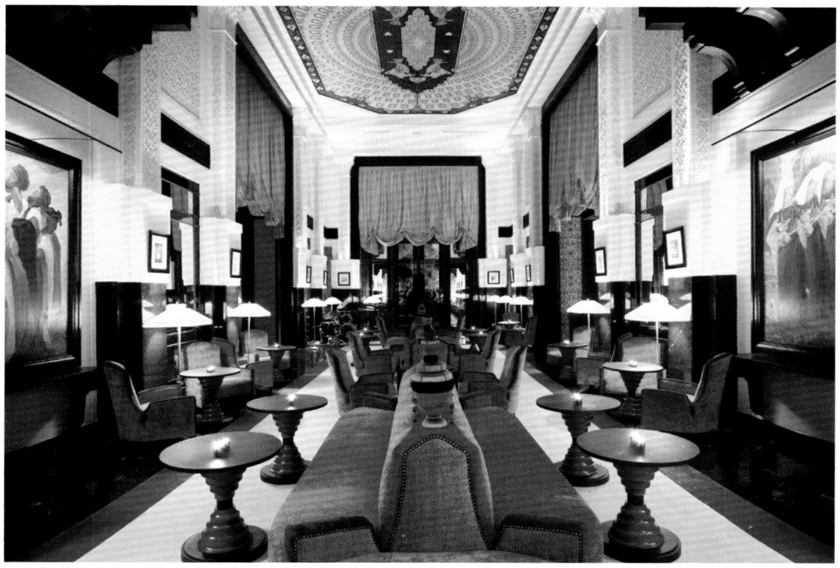

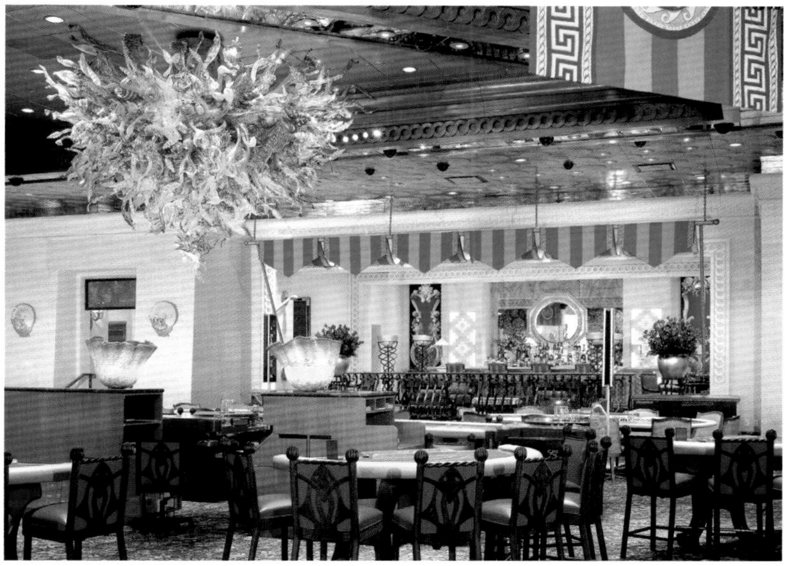

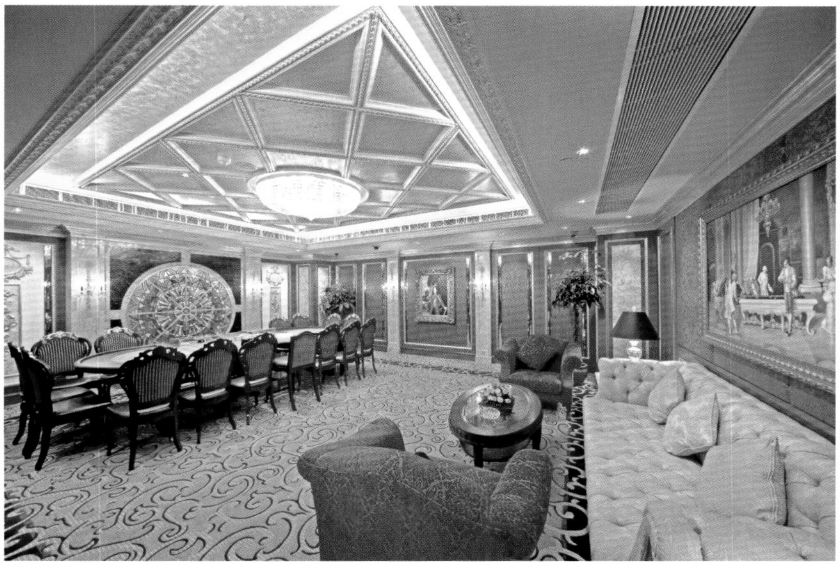

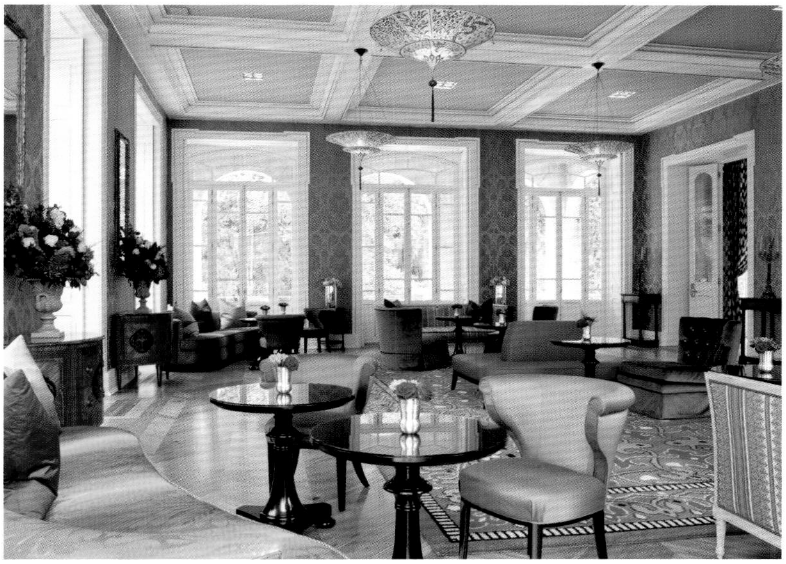

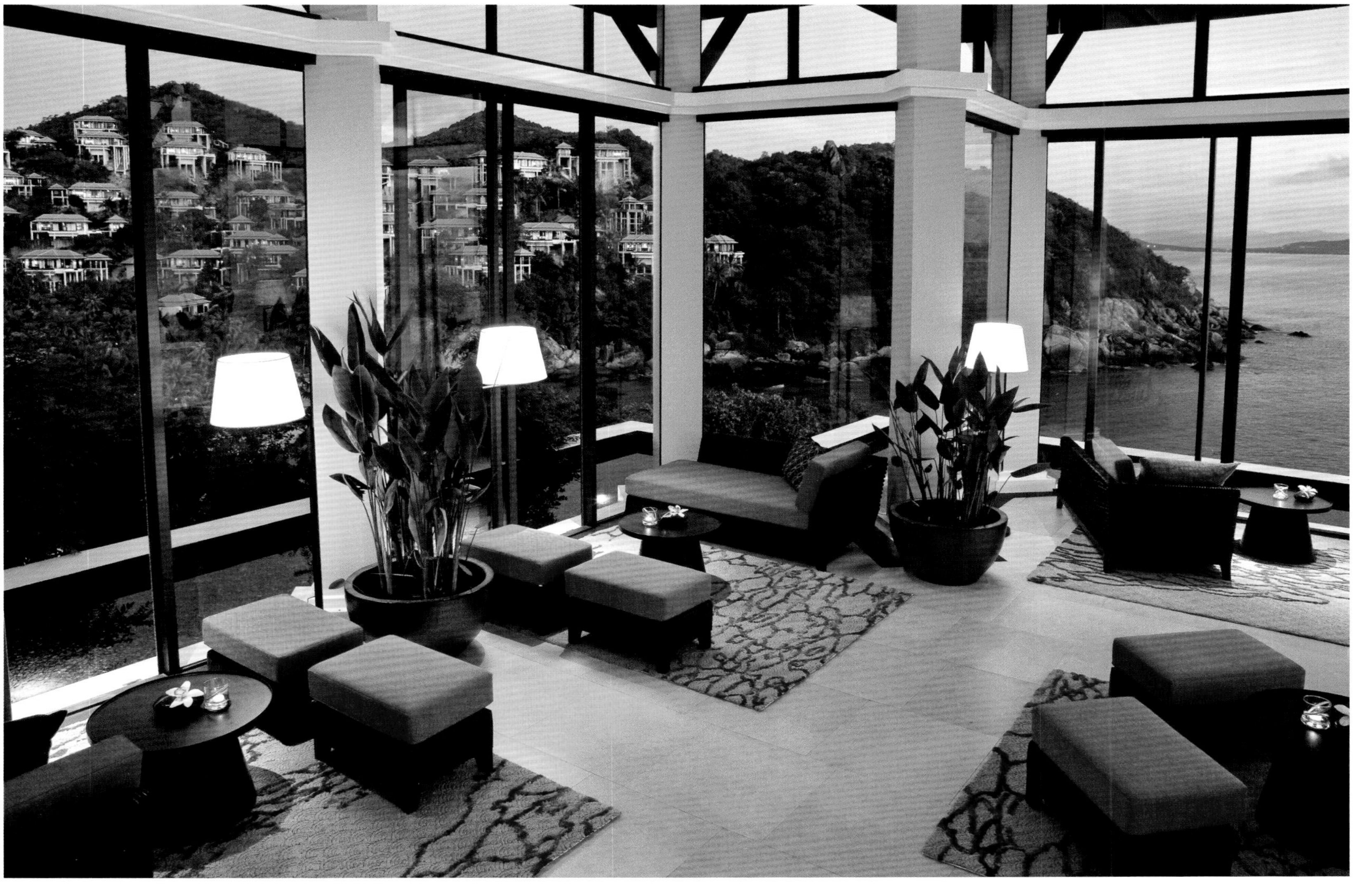

冷色系

关键词：镇定 安静 素雅

冷色系的色彩具有镇定、安静、素雅的效果，对于休闲性室内空间的静态环境很有益处。另外，室内空间过小时，可考虑冷色调，能够使墙面有后退感，让空间产生扩大效果。

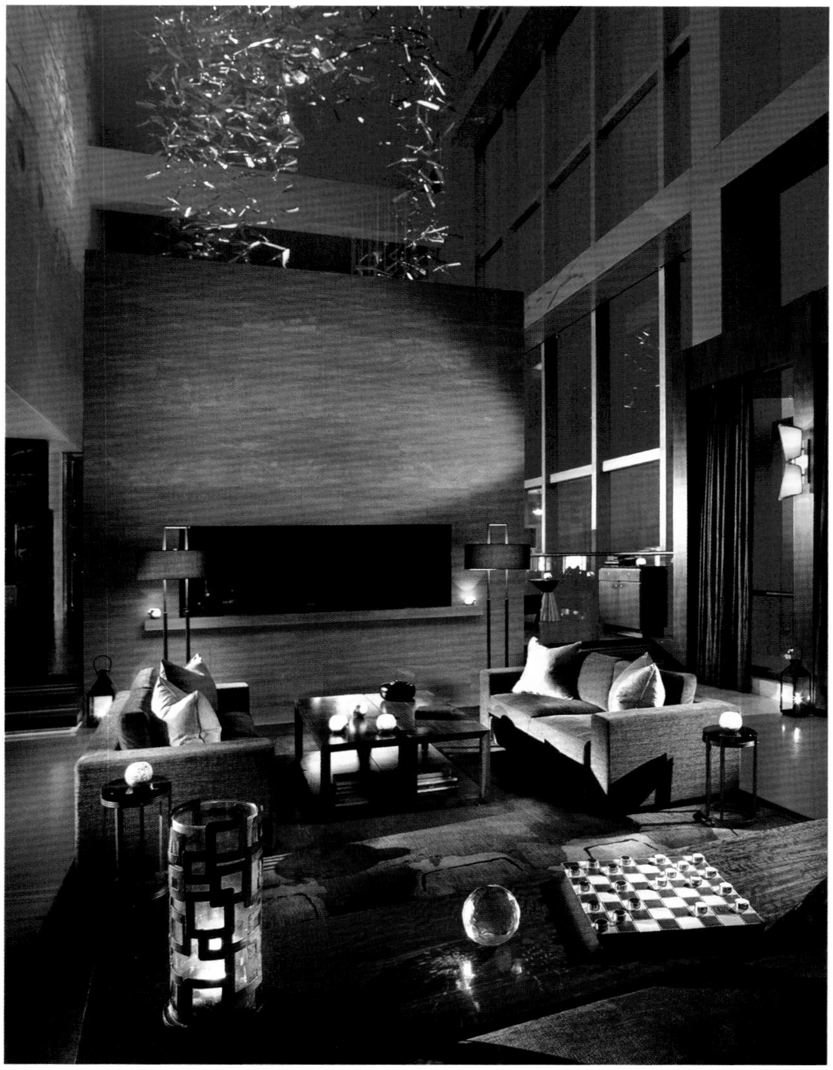

空间

关键词：高大 宽敞 亲切 休闲

酒店的所有空间都需要从色彩、形态、质感和尺度上给客户一个明确的感受。每个空间具有自己的性格和特点，或高大、宽敞；或亲切、温馨；有的要以线为主；有的则以静态表现为主。无论采取哪种设计手法，酒店设计的构成形式是一致的。

商务中心

关键词：多功能 闲适 舒适

酒店商务中心是为满足客人商务需要而设置的，能满足上网、电话传真，打印复印，小型会议等功能。现在的商务中心甚至是酒店大堂酒吧的感觉，闲适的气氛，舒适的沙发，非常适合摆放笔记本的茶几，吧台上提供台式液晶电脑，无线网络覆盖，提供齐全的酒水服务单，可以自己打印文件。

休闲吧

关键词：共享 安宁 融洽 愉快

酒店设计的休闲区，多带有临时性休息的性质。在区域的划分上，避免人流的穿越；在隔声的处理上，排除噪声的干扰；在设施的排列组织上，避免休息者彼此间的相互影响。在装修、色彩、照明等方面，力争创造一个平静、安宁、亲切、融洽、舒适、愉快的环境气氛。

Chicago

酒店

平面元素

大堂

宴会厅、会议厅

材料

餐饮区

色彩

客房

卫生间

空间

休闲健身

照明

走道

其他

软装

室内景观

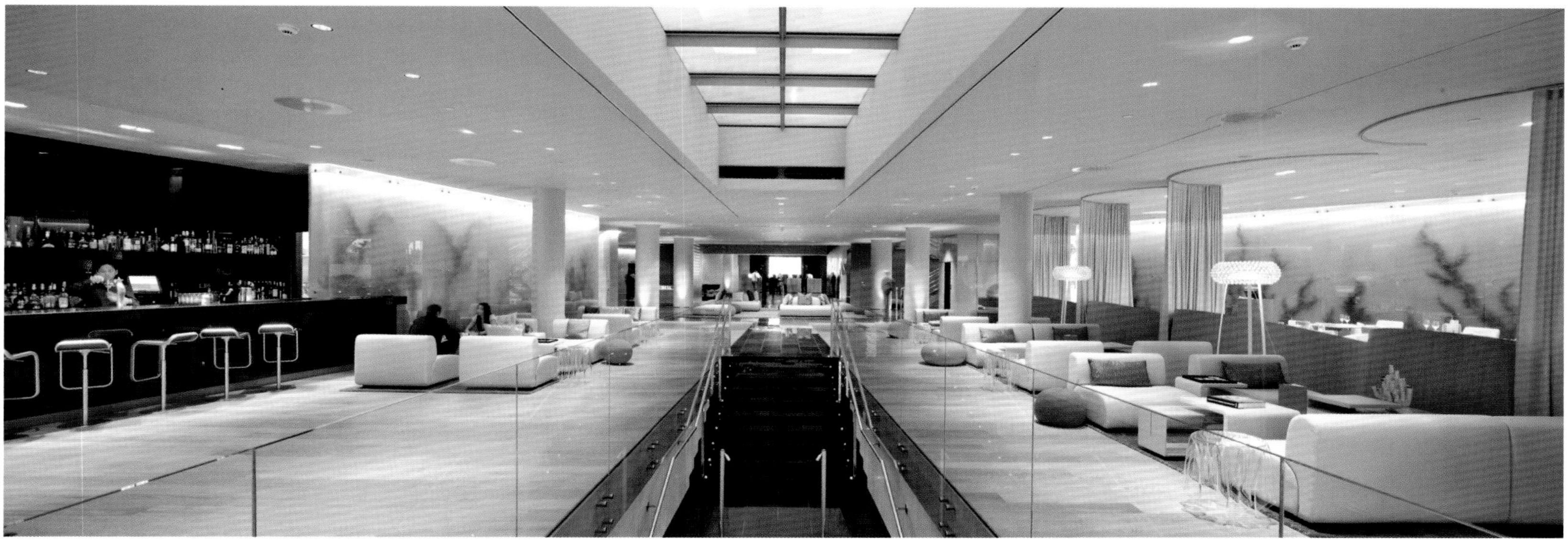

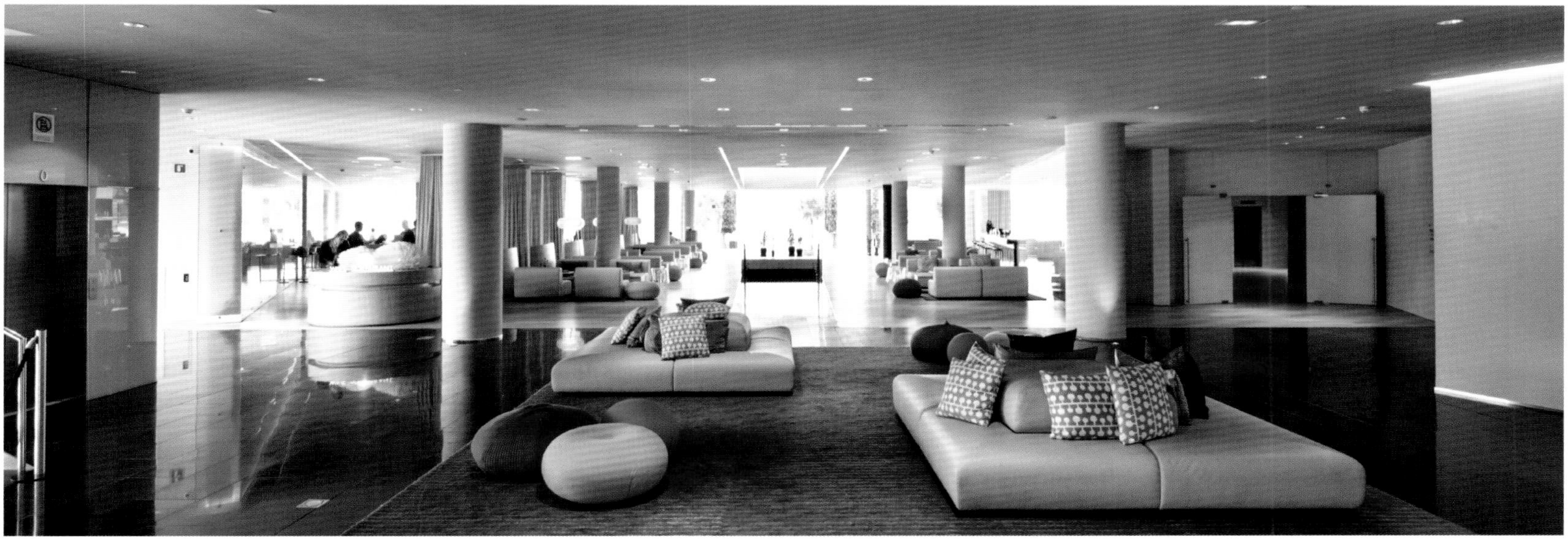

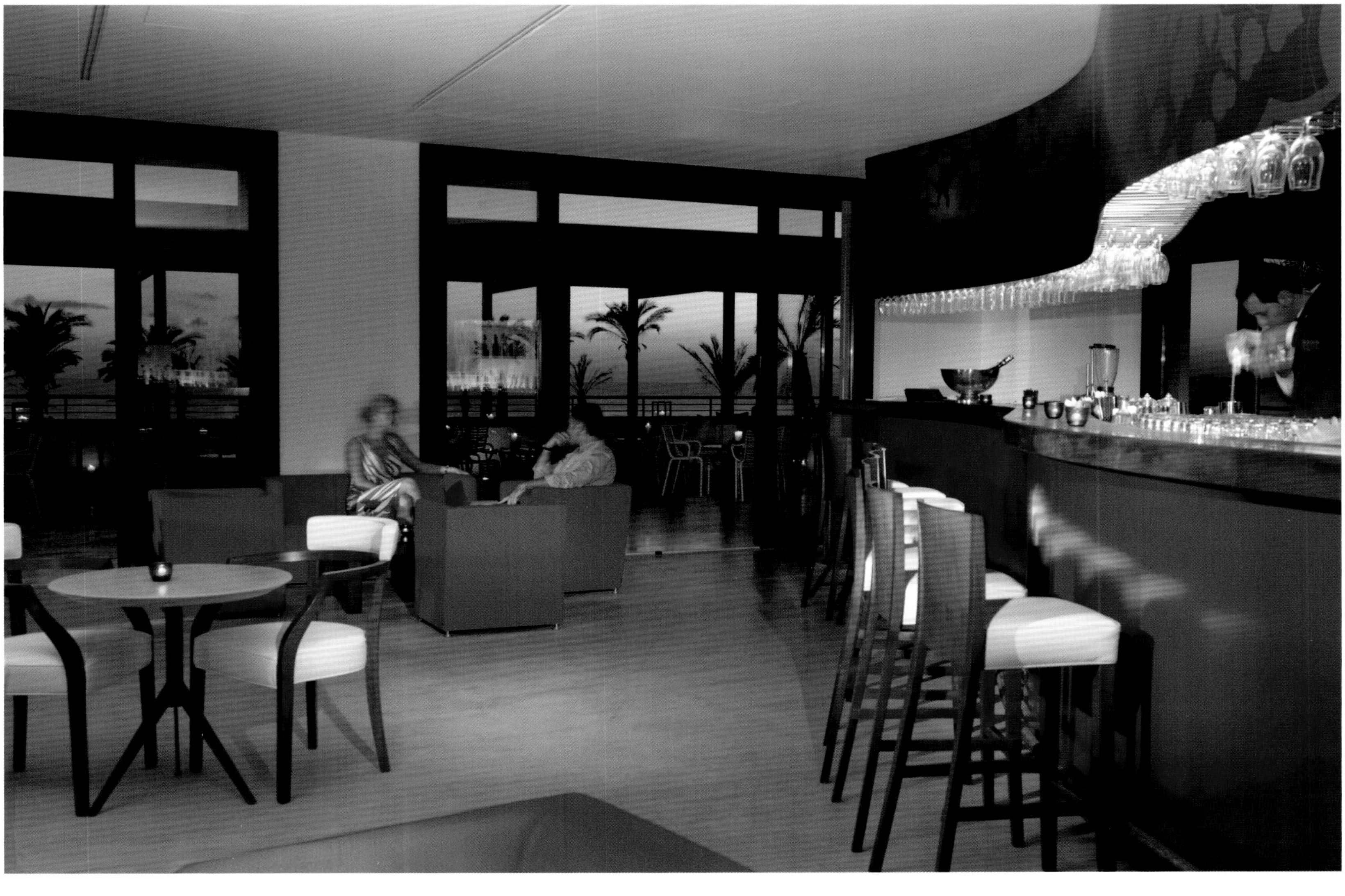

C3
D4
E5
G7

游艺娱乐

关键词：闲适 轻松 愉悦

酒店内还设有儿童游乐空间、百家乐、麻将厅、音乐厅等娱乐场所，这些空间的整体环境氛围设计要求相对闲适、轻松、愉悦，能够满足人们释放情绪的需要。

大堂

宴会厅、会议厅

餐饮区

客房

卫生间

休闲健身

走道

室内景观

平面元素

材料

色彩

空间

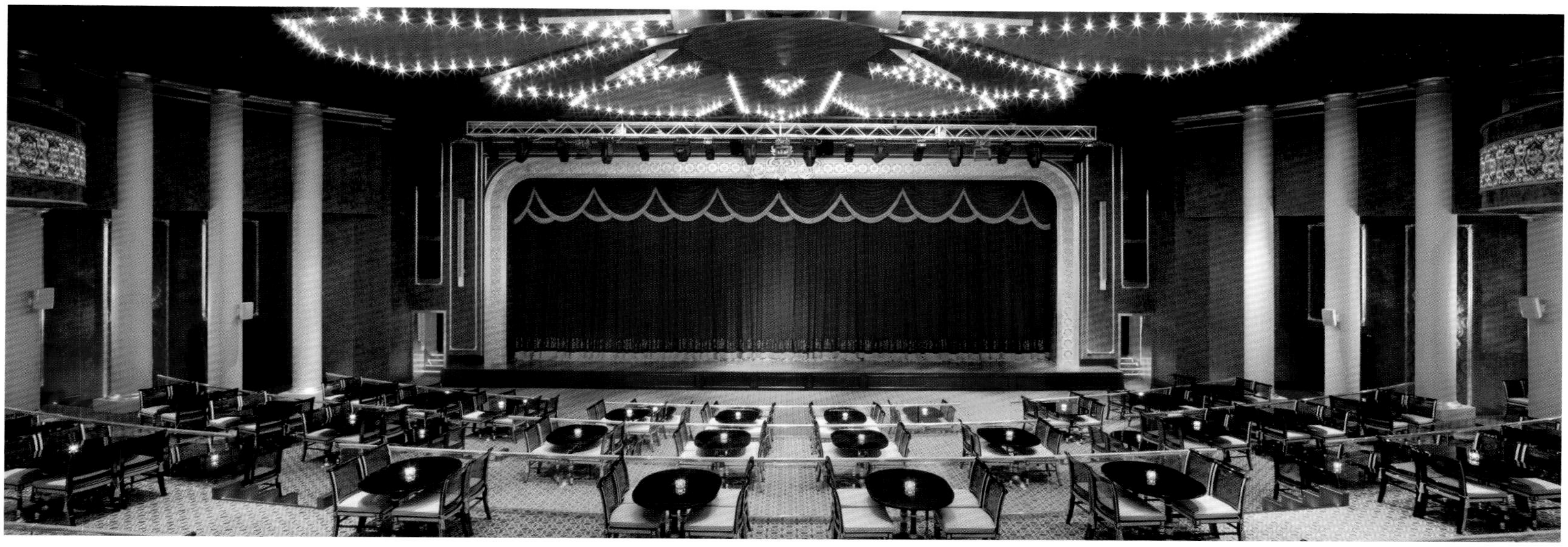

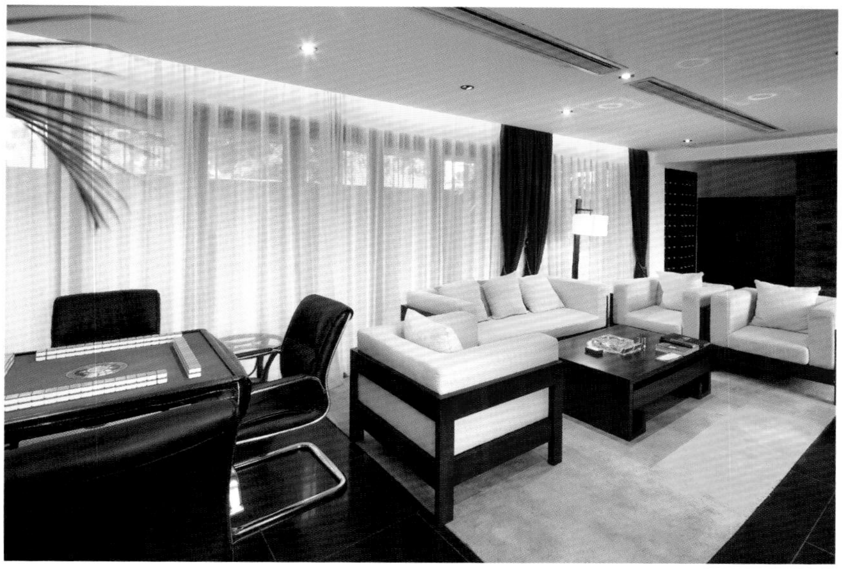

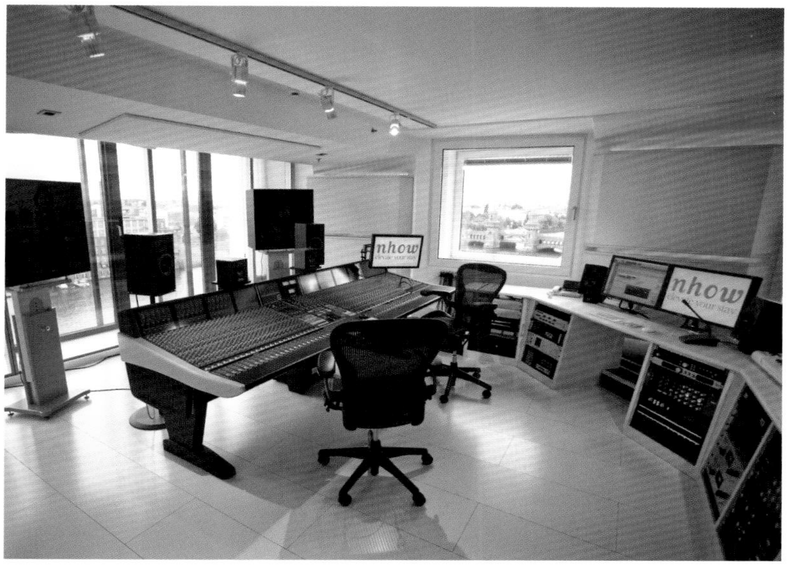

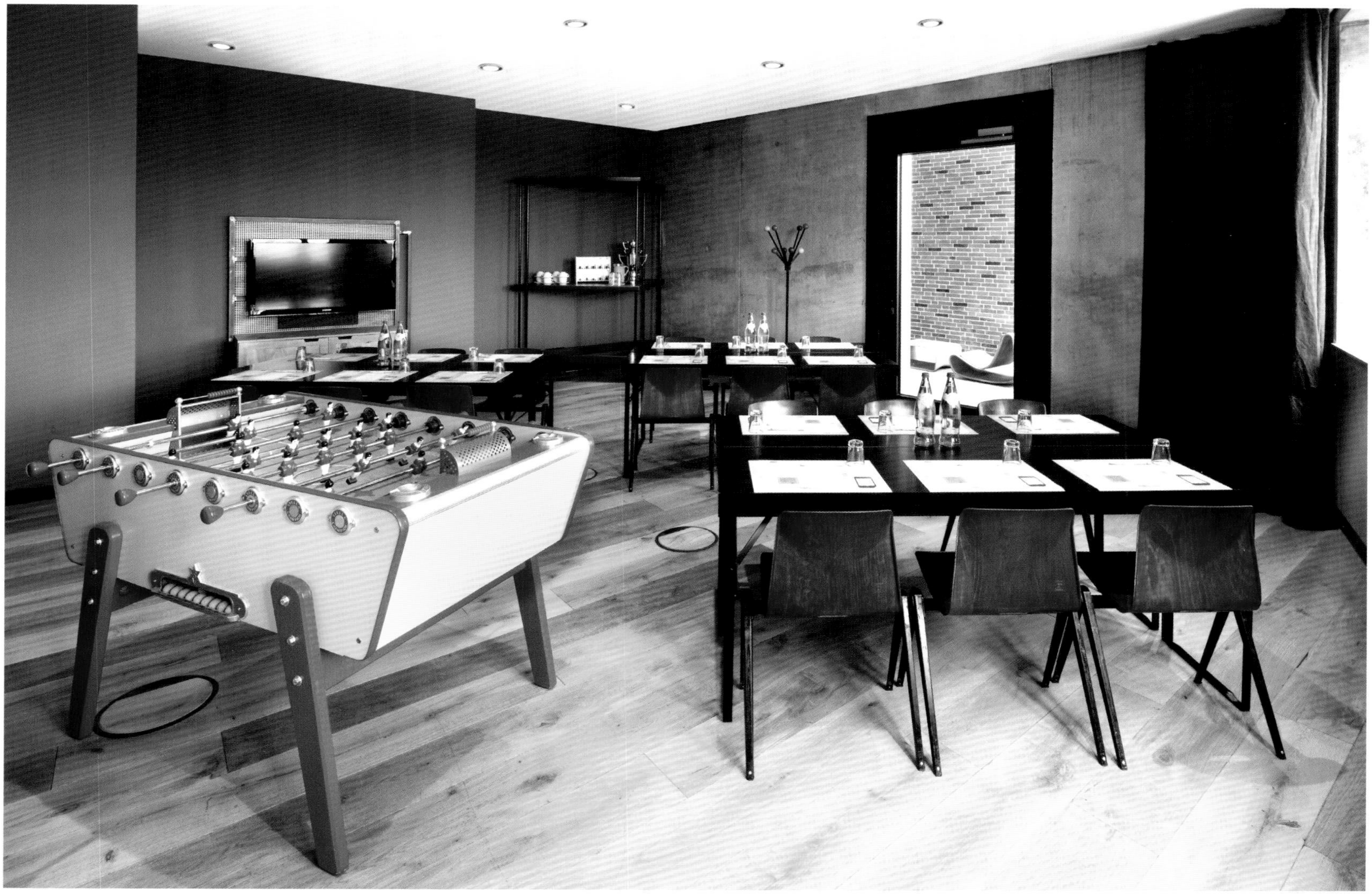

照明

关键词：精巧 灵活 舒适

酒店的商务中心、休闲区及游艺娱乐等空间是宾客会面、放松、感受氛围的地方。这些空间的照明主要的目的是为了强化使用者的舒适程度。其中，休闲区照明必须使用开关和调光装置，以满足白天和晚上不同的需要。休闲区的照明灵活性也尤为重要，因为它使得休闲区有不同功能，例如开会、展览和排演节目时都能得到适宜的照明。

暖色调

关键词：亲切 温馨 友好

营造亲切、温馨和友好的氛围，是酒店空间共同的诉求，而色温3 000K的光源所提供的照明环境，能够强化酒店的这一特点。通过研究，在黄色系中，色相偏橙黄的色彩同色相偏蓝紫色色彩的对比中，橙黄让人感觉温暖，距离亲近。

冷色调

关键词：全方位照明 通透明亮

冷色光源像是一幅流光溢彩的画卷，从容地漫射于休闲中心。停留于此，只觉被大自然的气息所包围，此刻明亮的蓝绿色不再冰冷得难以接近，而让人感到心无旁骛般自由自在的舒畅。

酒店

大堂

宴会厅、会议厅

餐饮区

客房

卫生间

休闲健身

走道

其他

室内景观

平面元素

材料

色彩

空间

照明

软装

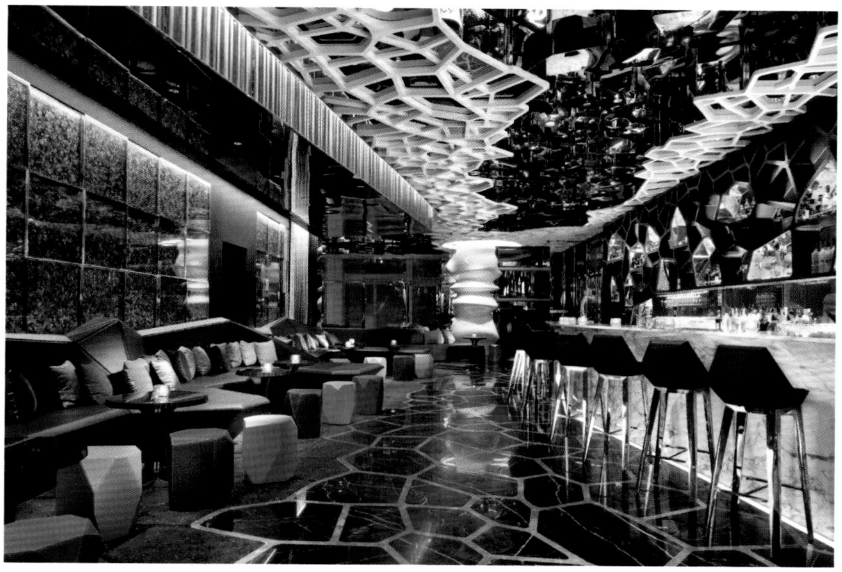

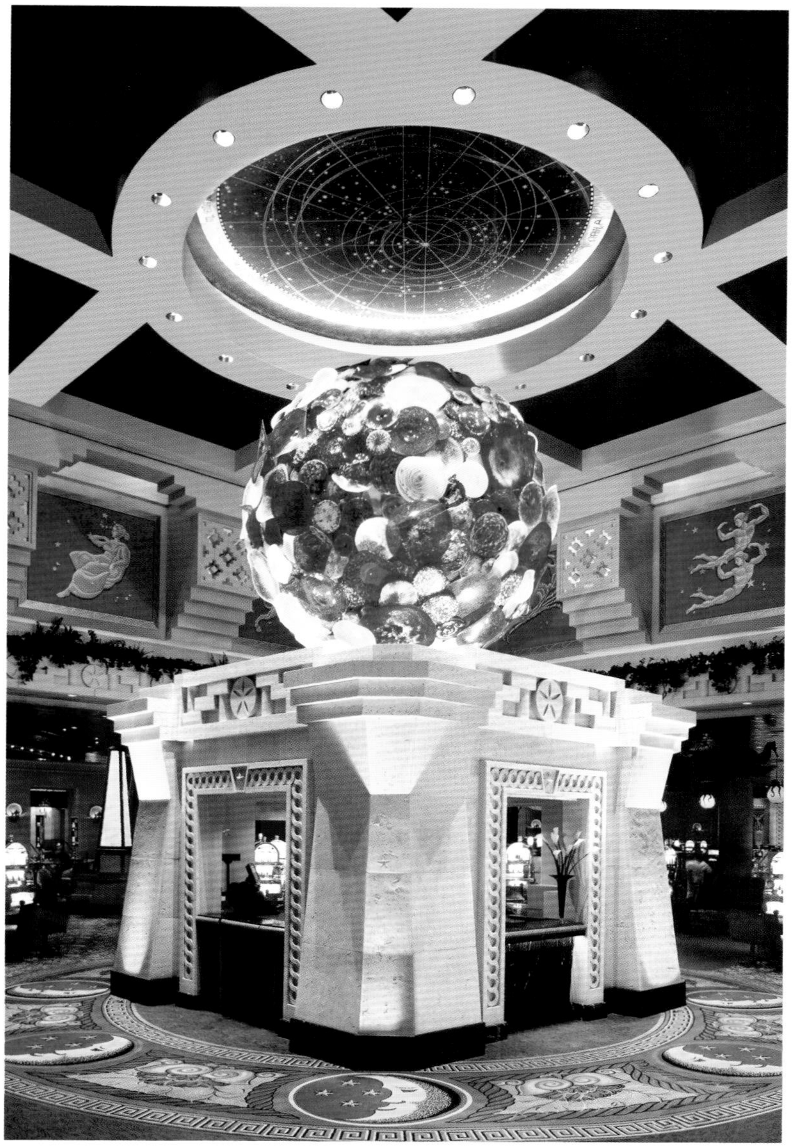

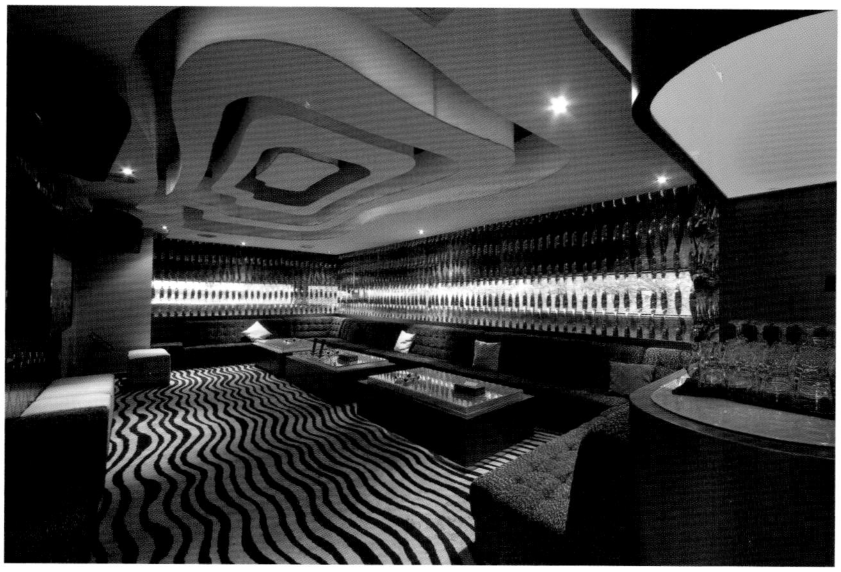

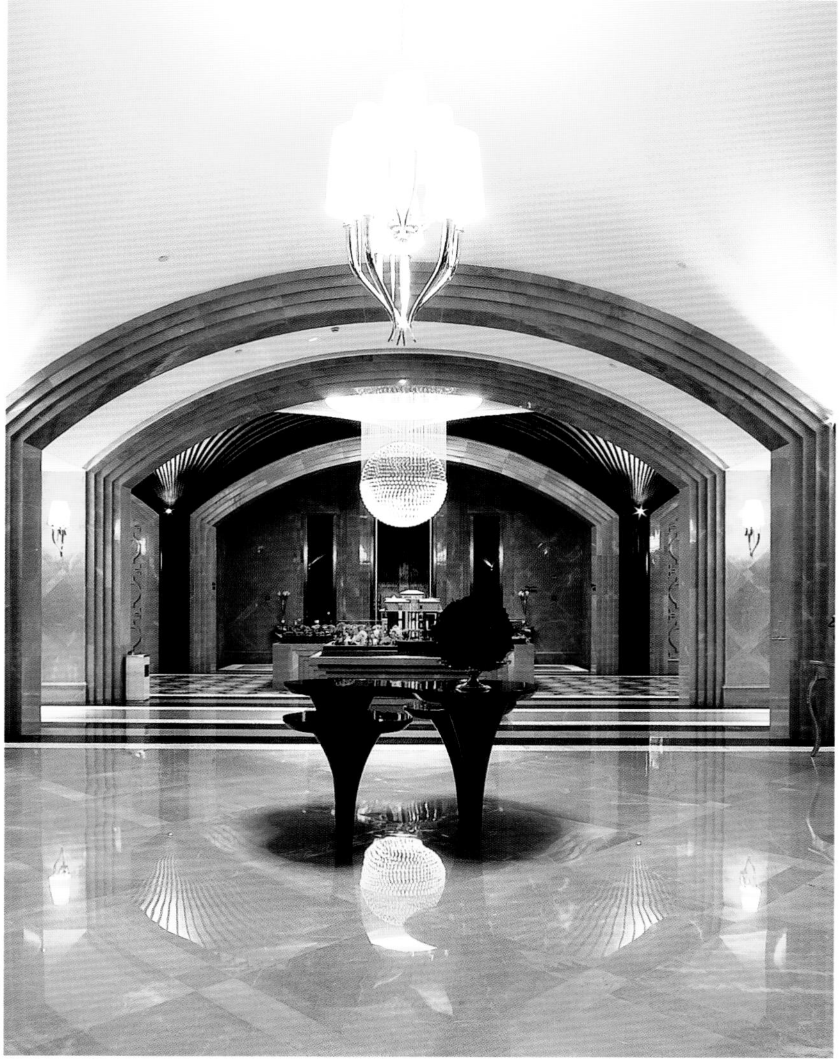

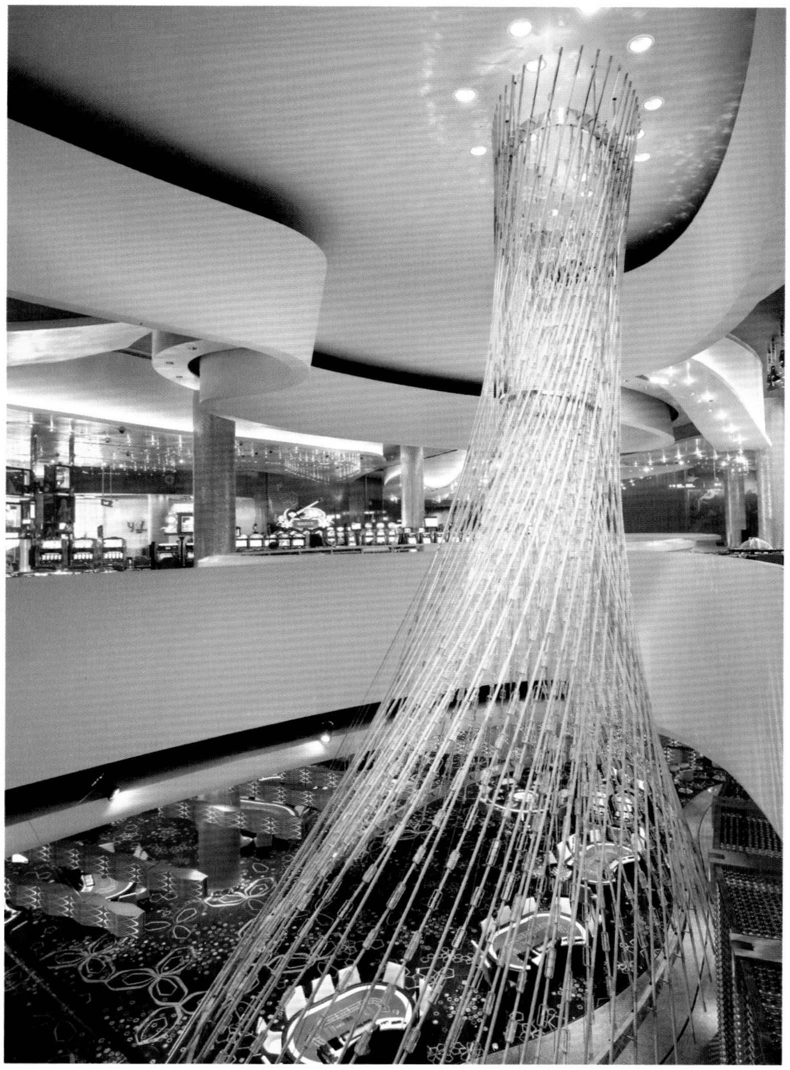

软装

关键词：搭配 观赏性 实用性

软装饰除了具有观赏性之外，还具有实用性。想要打造一个完美的星级酒店，软装的决定性因素很多，如家具、材质、灯光、饰品等软装饰和软装配饰的整体搭配，色系和配饰选择要恰到好处。

家具陈设

关键词：实用 情趣 欣赏

家具除满足人们坐、卧、贮藏等具体的使用功能之外，更可供人欣赏，给人以美的享受。室内环境的气氛在很大程度上受家具的风格、造型、色彩、尺度、比例等影响。在酒店空间中，合理的家具陈设不但能取得视觉上的平衡，还可以形成特定的室内气氛与意境。

INSPECCIONADO
YVES SAINT LAURENT

酒店

大堂

宴会厅、会议厅

餐饮区

客房

卫生间

休闲健身

走道

其他

室内景观

平面元素

材料

色彩

空间

照明

软装

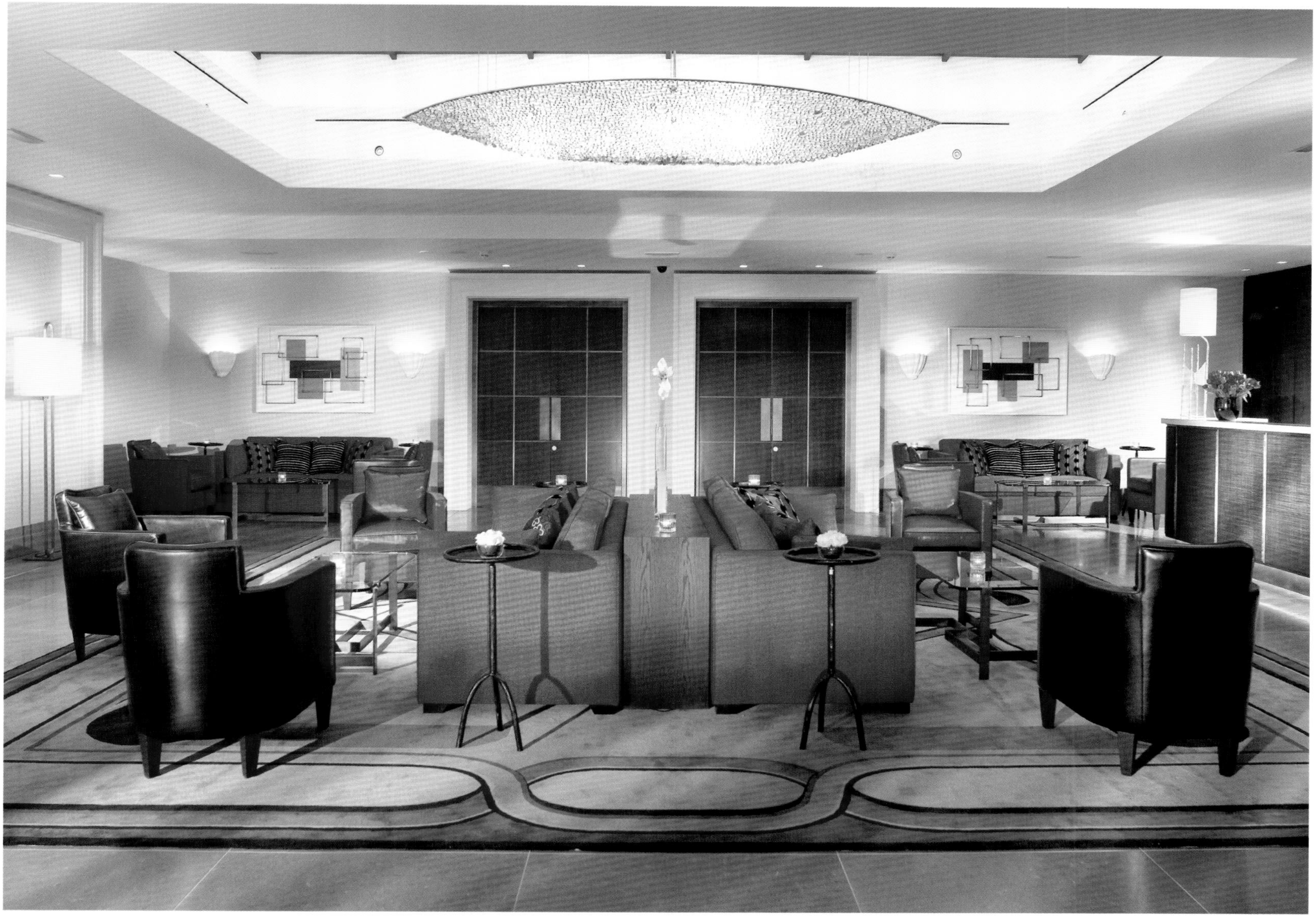

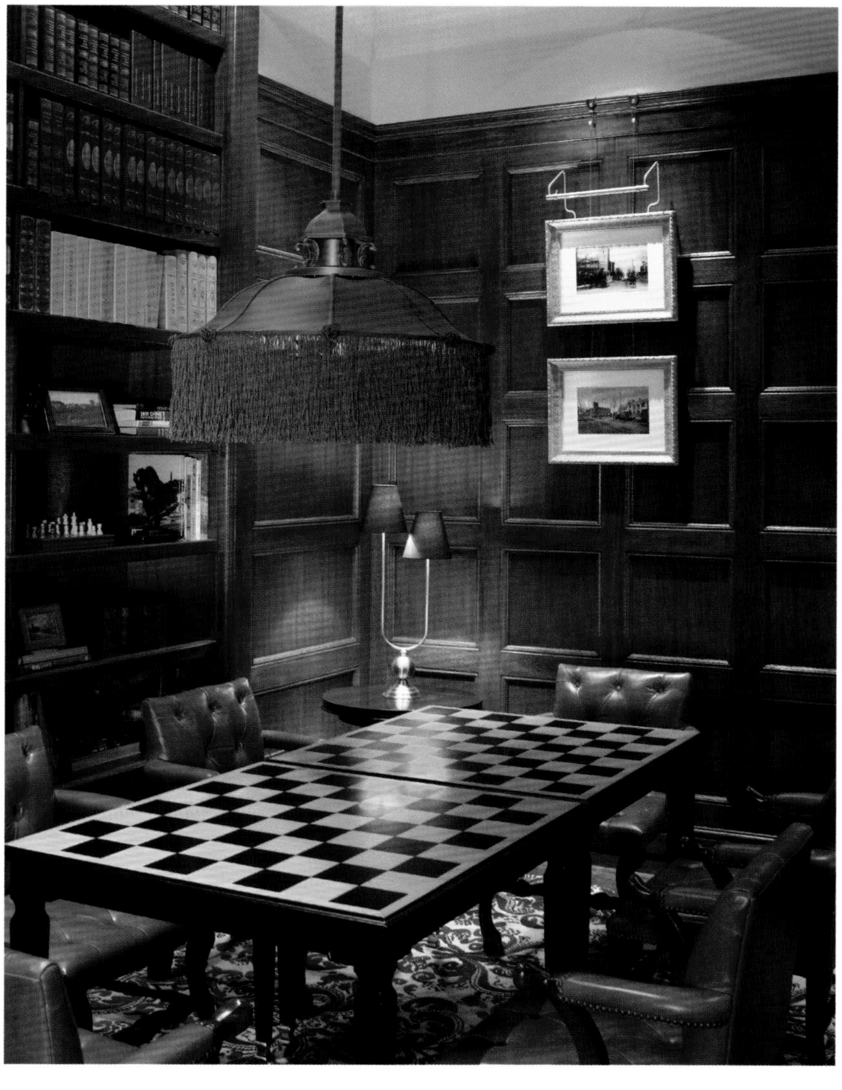

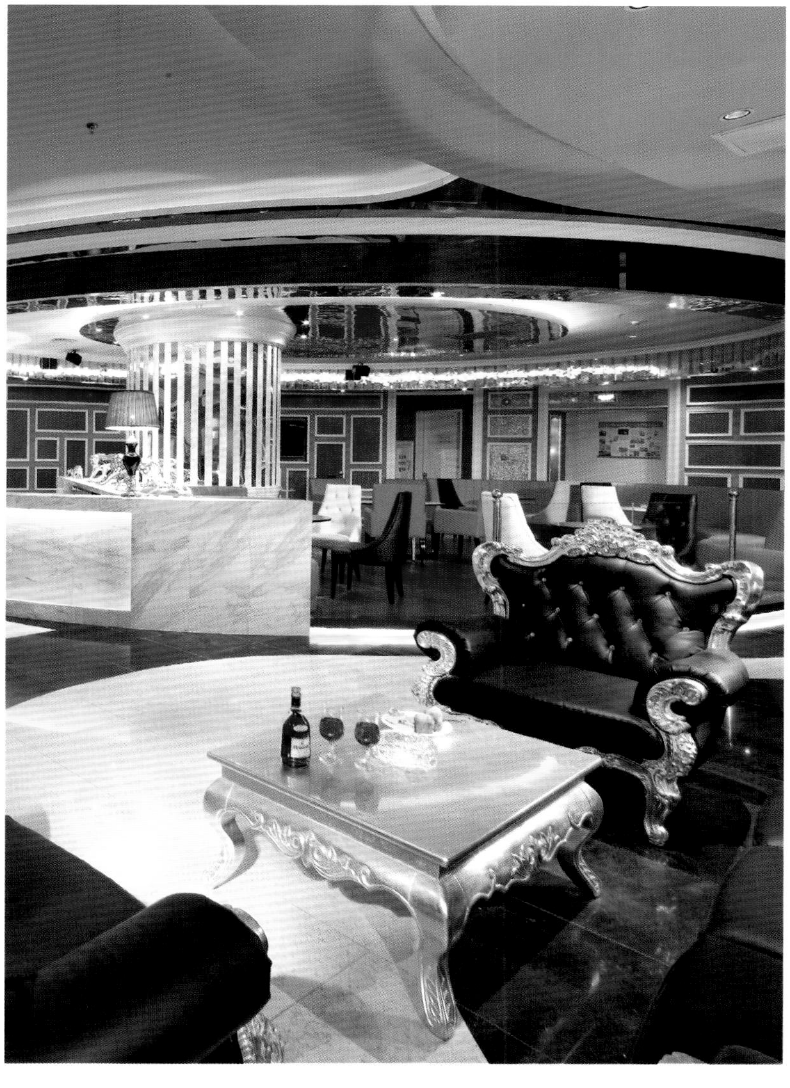

進
財
招
寶

酒店

平面元素

材料

色彩

空间

照明

软装

大堂

宴会厅、会议厅

餐饮区

客房

卫生间

休闲健身

走道

其他

室内景观

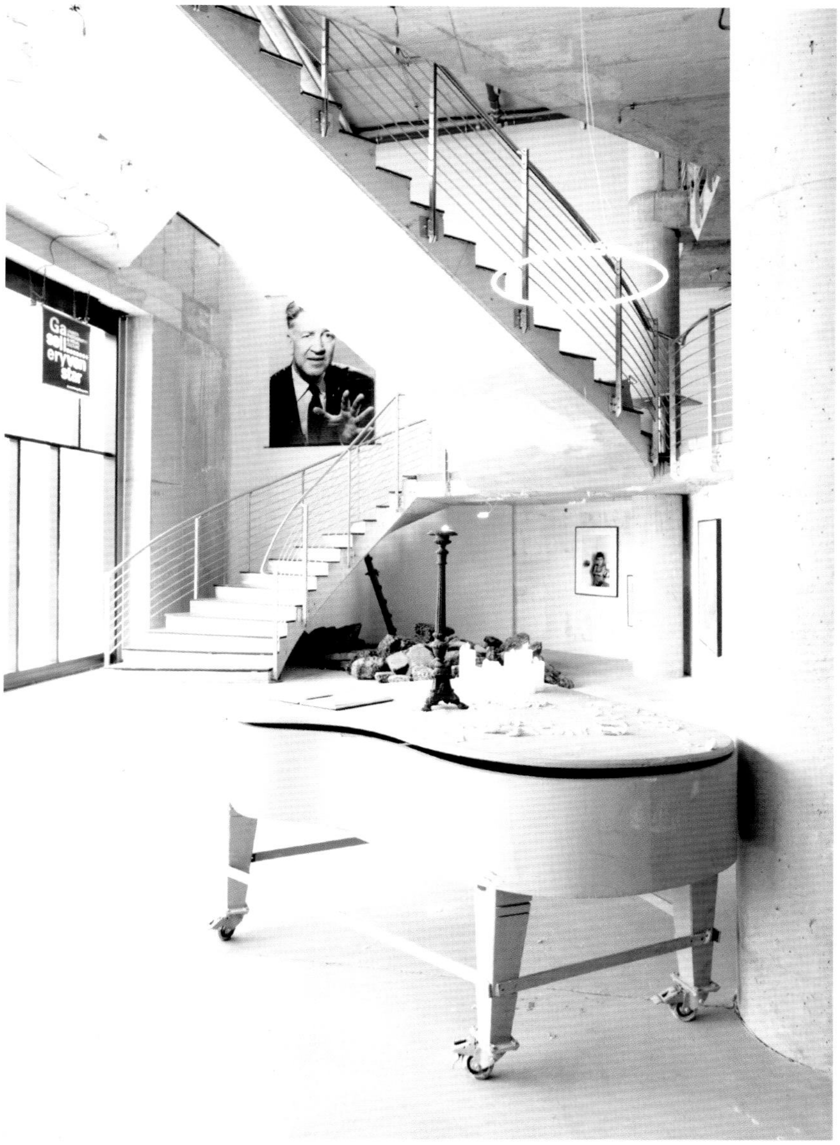

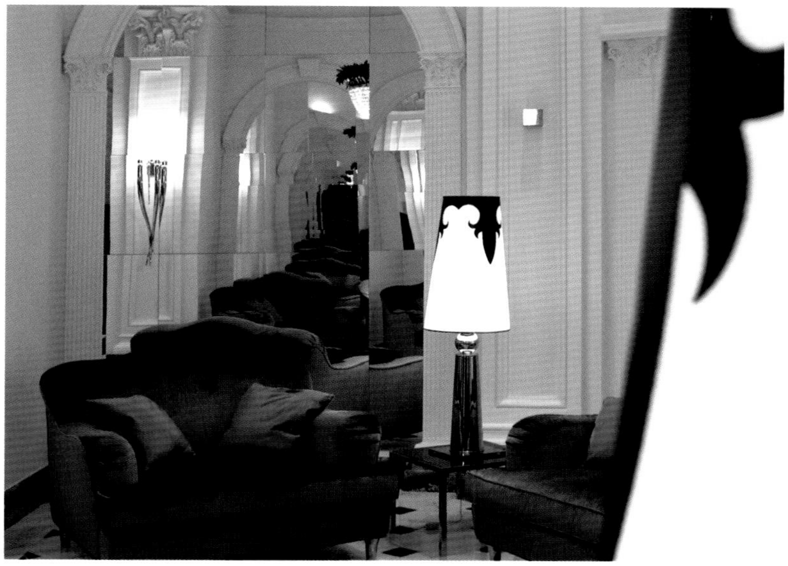

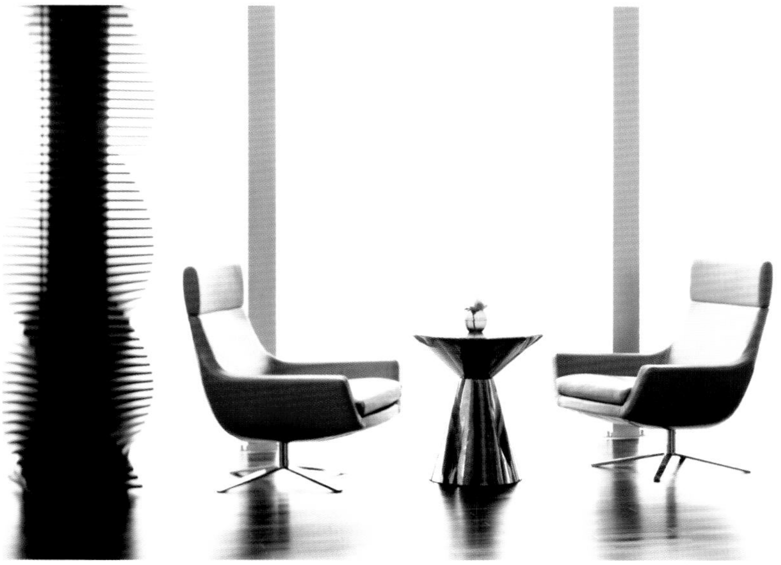

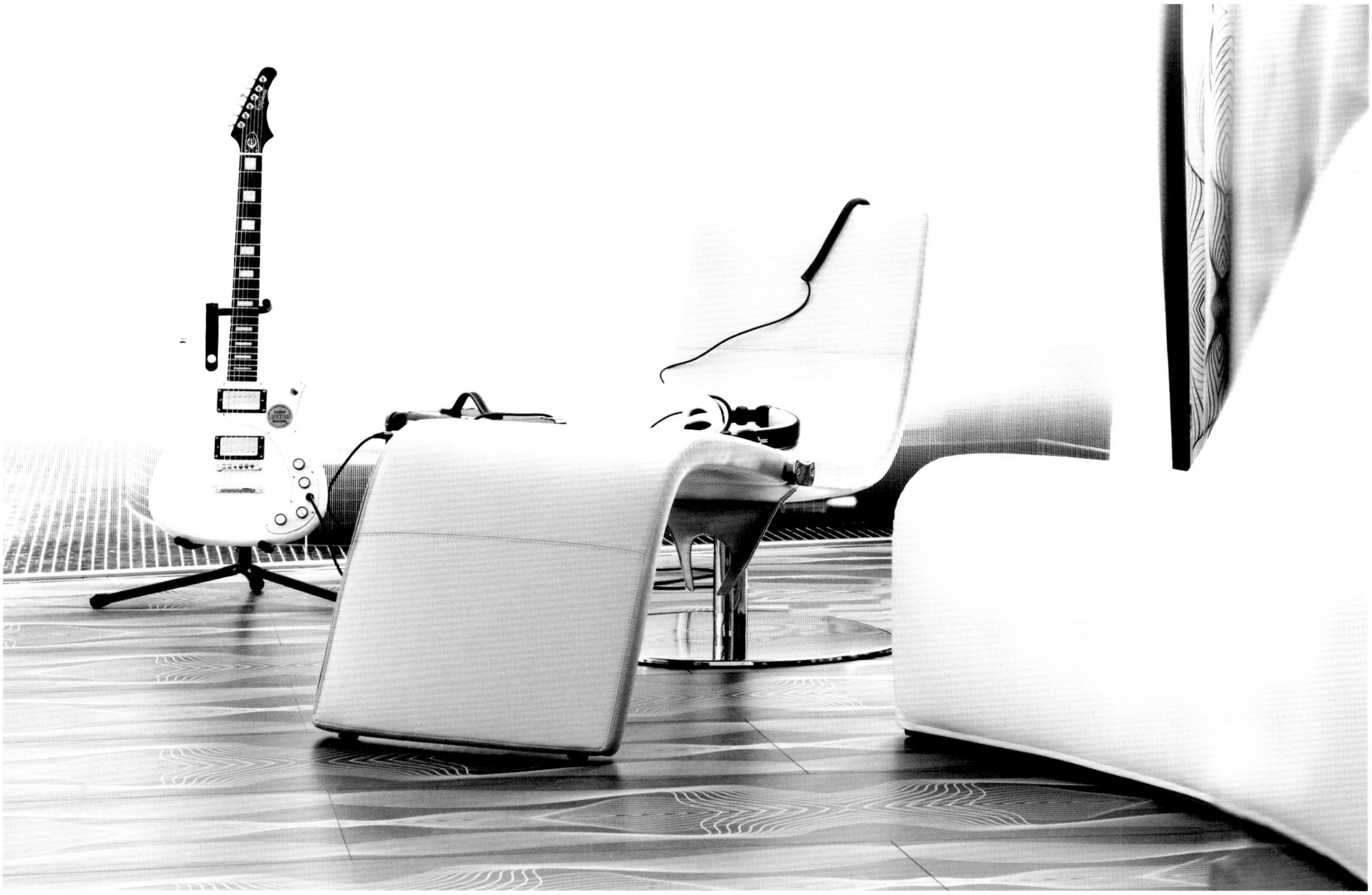

饰品摆件

关键词：丰富 多元 协调 统一

饰品摆件包括雕塑、挂画、陶瓷、植物、挂件等。在选择酒店饰品摆件的时候，无论是色调、图案还是形式都必须与酒店的硬装和整体软装色调设计相统一。

UNDERWOOD STANDARD TYPEWRITER

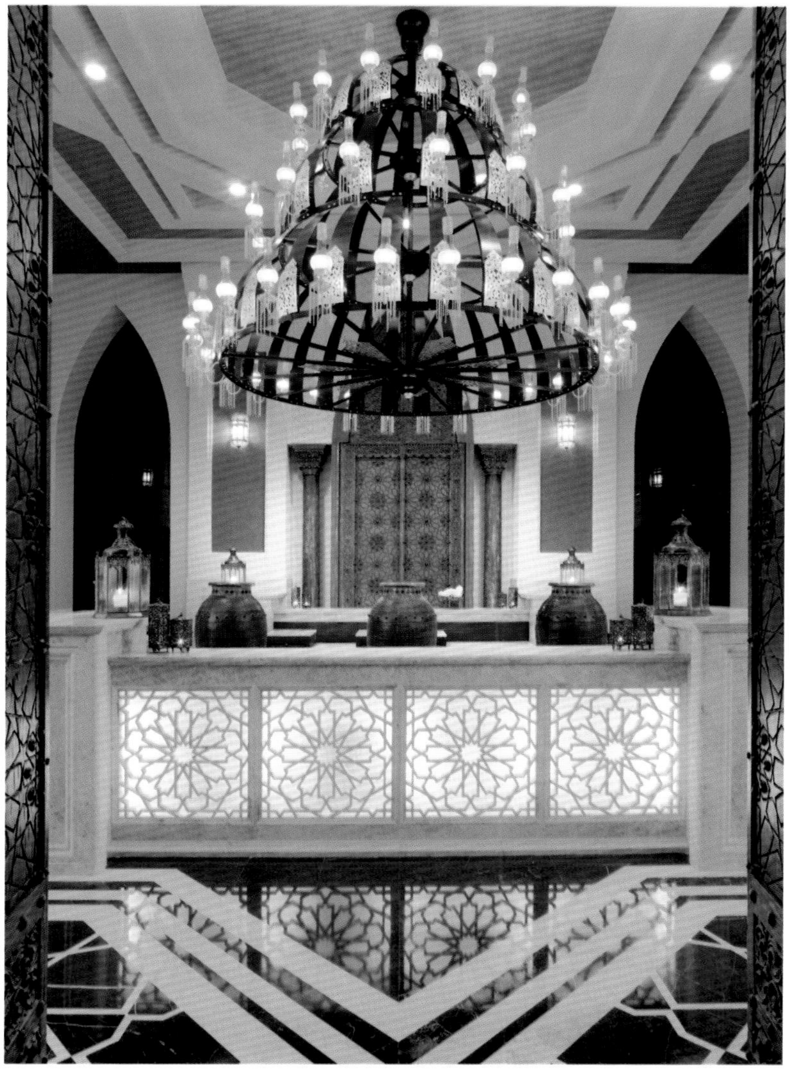

布艺织物

关键词：软厚质感 恬静温馨

酒店休闲中心的家具沙发，面料以质地较厚的绒类或布类沙发为佳，在色彩上应注意与酒店其他空间的软装风格相协调，一般选择温馨、浪漫、恬静的色彩。

室内景观

关键词：美化 装饰 和谐统一 艺术效果

在酒店空间中，为了表达某个主题，或是增加室内气氛，运用假山、流水、小桥、树木花草等设计元素，把自然景观移植室内，不仅能够为人们提供新鲜空气，而且对室内环境进行美化与装饰，提升室内环境的视觉质量。在进行室内景观设计时应结合具体情况，根据不同功能的室内空间，做到既和谐统一，又能体现艺术效果。

植物景观

关键词：舒适 雅致 美观

室内植物是指摆放于室内，可以在室内条件下生长并创造健康、和谐居室环境的植物。私享空间的植物景观宜素雅、宁静，而公共空间的植物景观宜活泼、丰富多彩。室内植物造景需科学地选择耐荫植物并给予特殊的护养管理以及合理的设计与艺术布局，加上现代化的采光、采暖、通风等人工设备改善室内环境条件，创造出既利于植物生长，也符合人们心理要求的环境，让人感到舒适、雅致、美观，犹如处于宁静、优美的自然界中。

植物景观

水景

景观小品

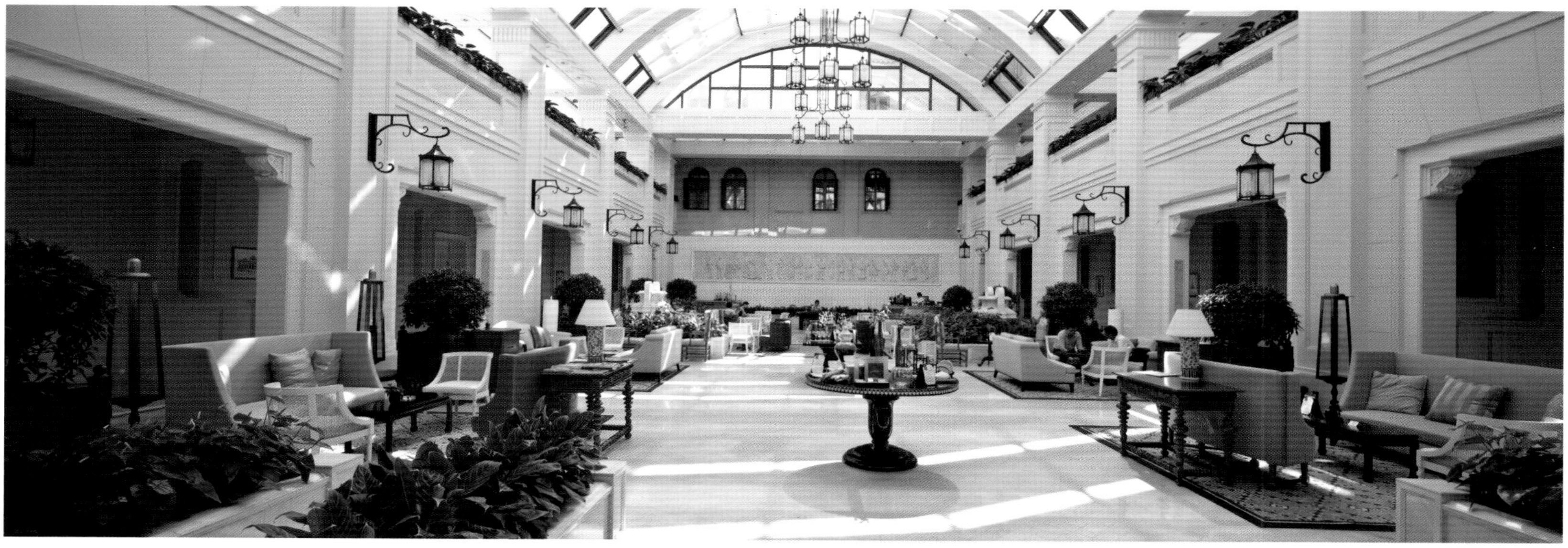

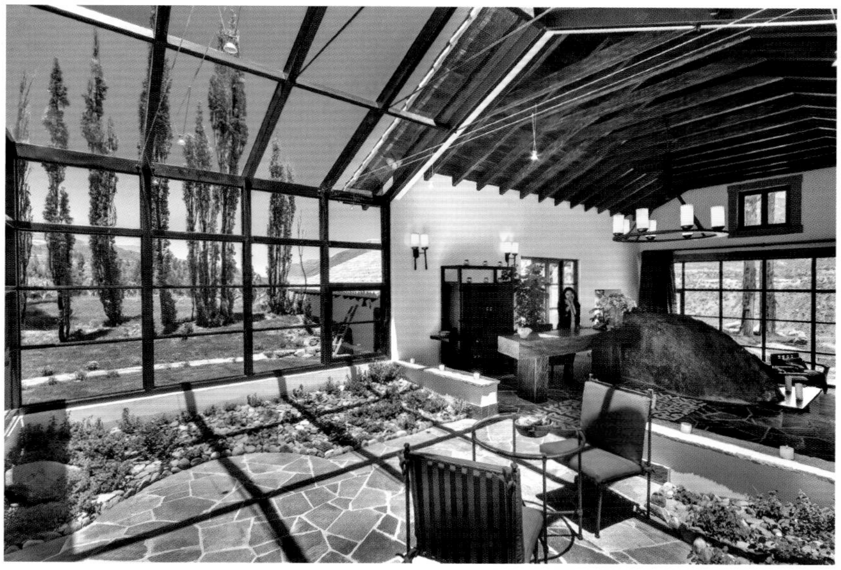

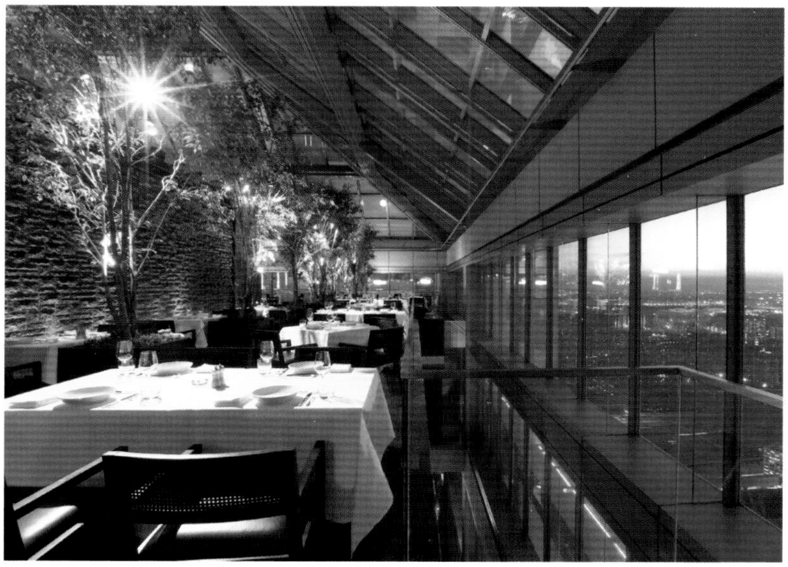

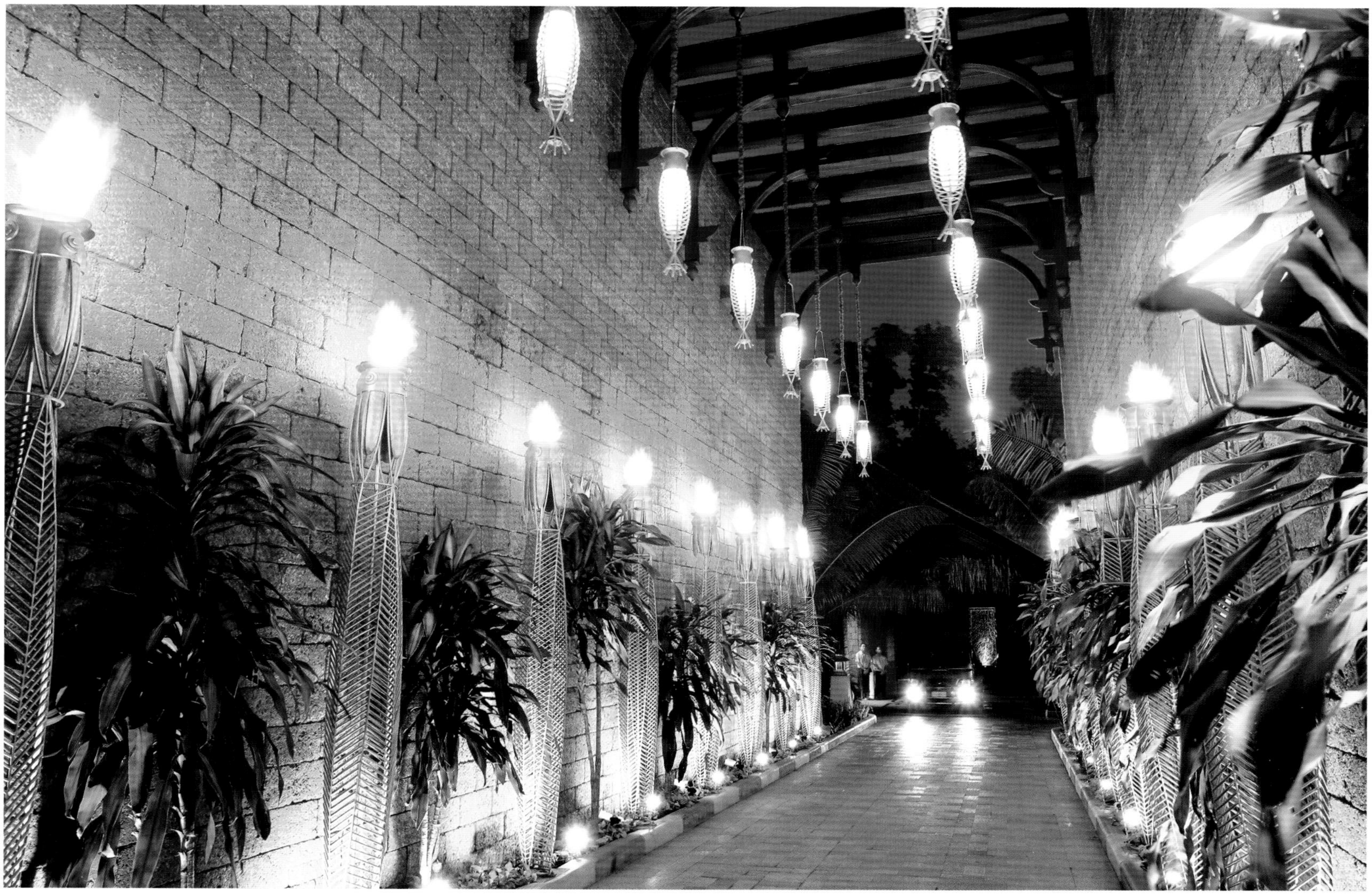

水景

关键词：静水 流水 活力 美感

室内水景从视觉感受方面可分为静水和流水两种形式。静态水景设计采用的水体形式一般都是普通的浅水池，要求水池的池底、池壁最好做成浅色，以便盛满池水后能够突出地表现水的洁净和清澈见底的效果。流动的水景形式，在室内可以有许多，如循环流动的室内水渠、小溪和喷射垂落的瀑布等，既能在室内造景，又能起到分隔室内空间的作用。水体的动态和水的造型以及与静态水景的对比，给室内环境增加了活力和美感。

景观小品

关键词：精美 灵巧 多样化 美化环境 优化空间

景观小品包括摄影、书法、绘画、雕塑、工艺等，具有精美、灵巧和多样化的特点。景观小品在酒店空间中主要有可观赏性和组景作用，以及分隔空间与联系空间的作用，使步移景异增添明确的变化标志；更重要的是景观小品可渲染气氛，合理地将小品与周围环境相结合产生不同的效果，使环境更具感染力。景观小品为酒店良好形象的建立发挥重要作用，具有方便实用、美化环境和优化空间的功效。

酒店

大堂

宴会厅、会议厅

餐饮区

客房

卫生间

休闲健身

走道

其他

室内景观

植栽景观

水景

景观小品

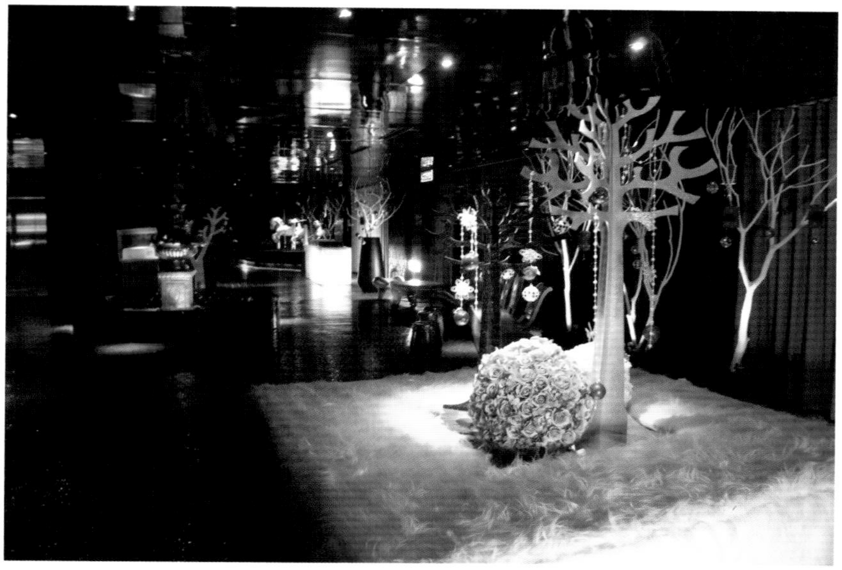

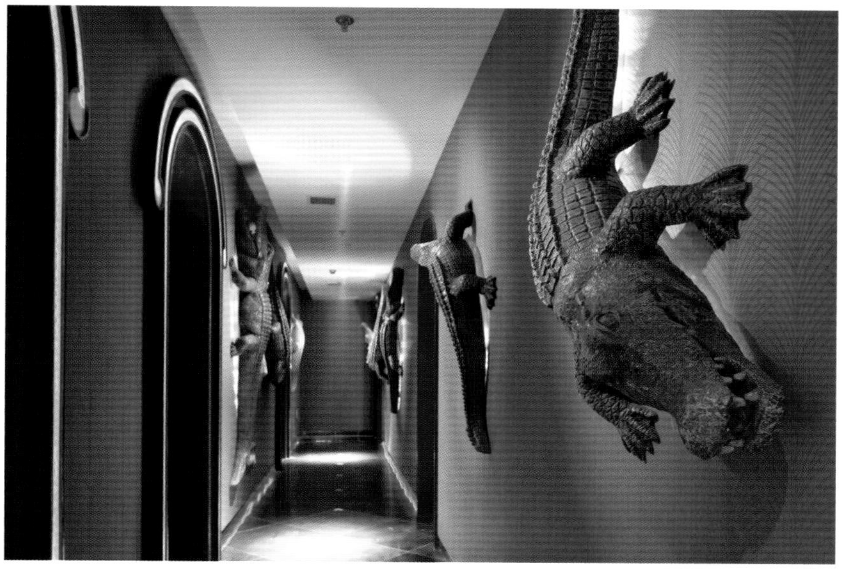

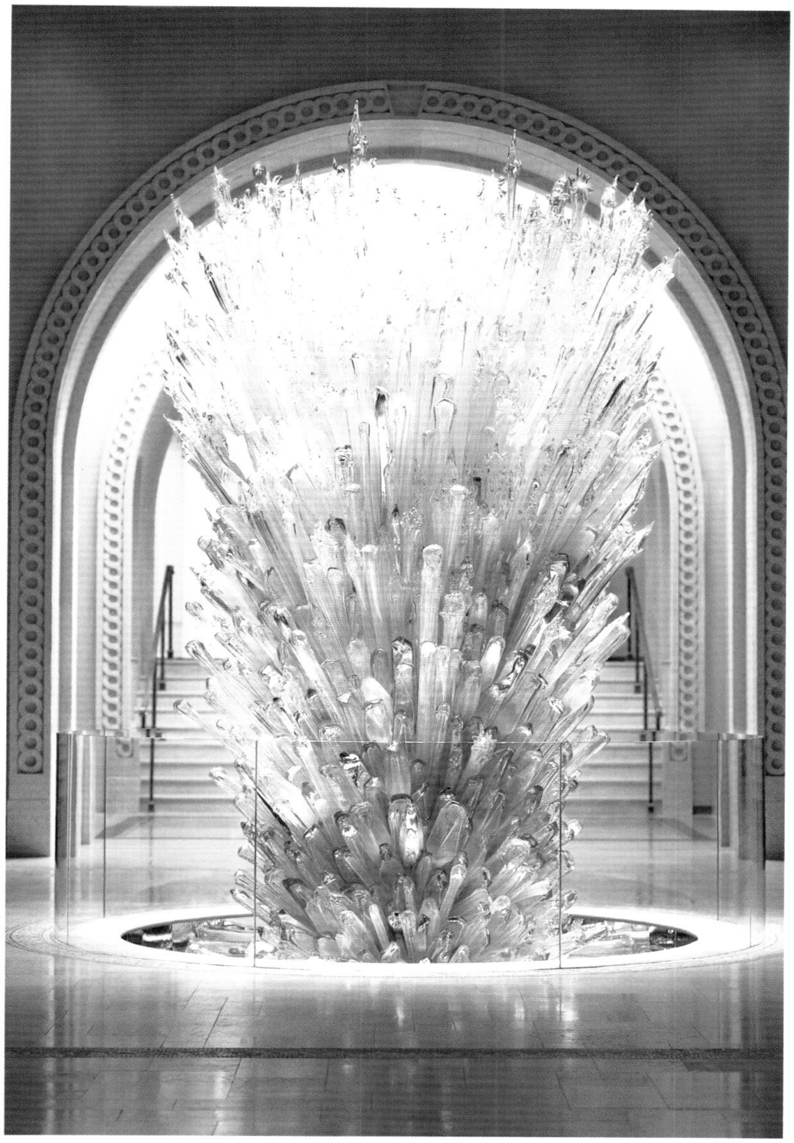

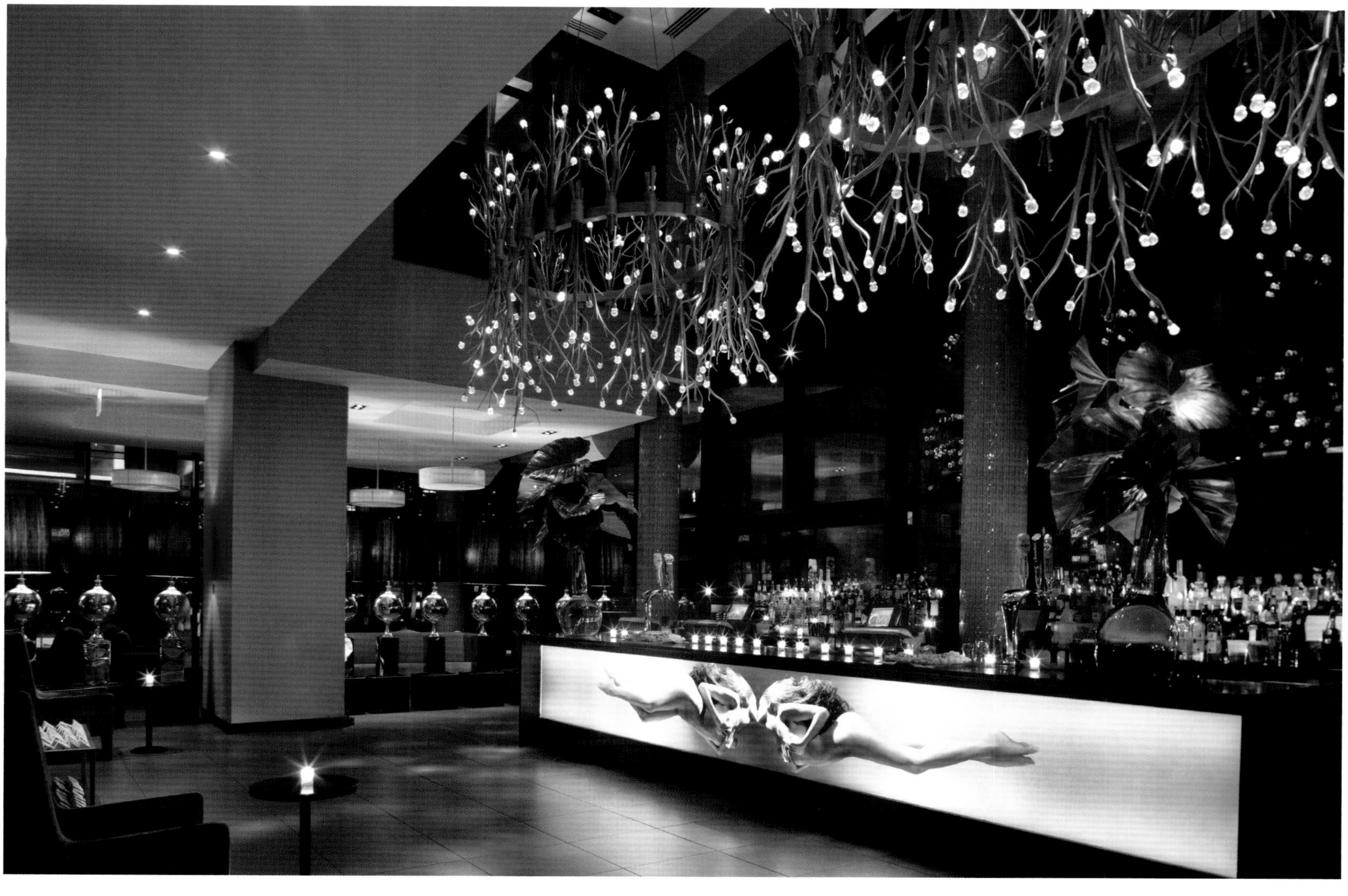

SPA

关键词：时尚 品味 文化内涵

由于市场定位关系，客户对于SPA场所的室内设计、服务、环境、流程等要求较高。因此在装修设计时必须注意空间关系、美容服务流程、室内造型设计以及软装饰搭配等。整体设计而言，其装修不能显得老气、过时，又不能过于前卫、张扬，最佳方案是：低调、奢华、具有品味——设计过程中将材质、灯光、形体符号等各种元素组成新的景观语言，使SPA空间充满人性化细节和浓郁的文化内涵。

美容型SPA

都会型SPA

俱乐部型SPA

度假型SPA

Hair SPA

美容型SPA

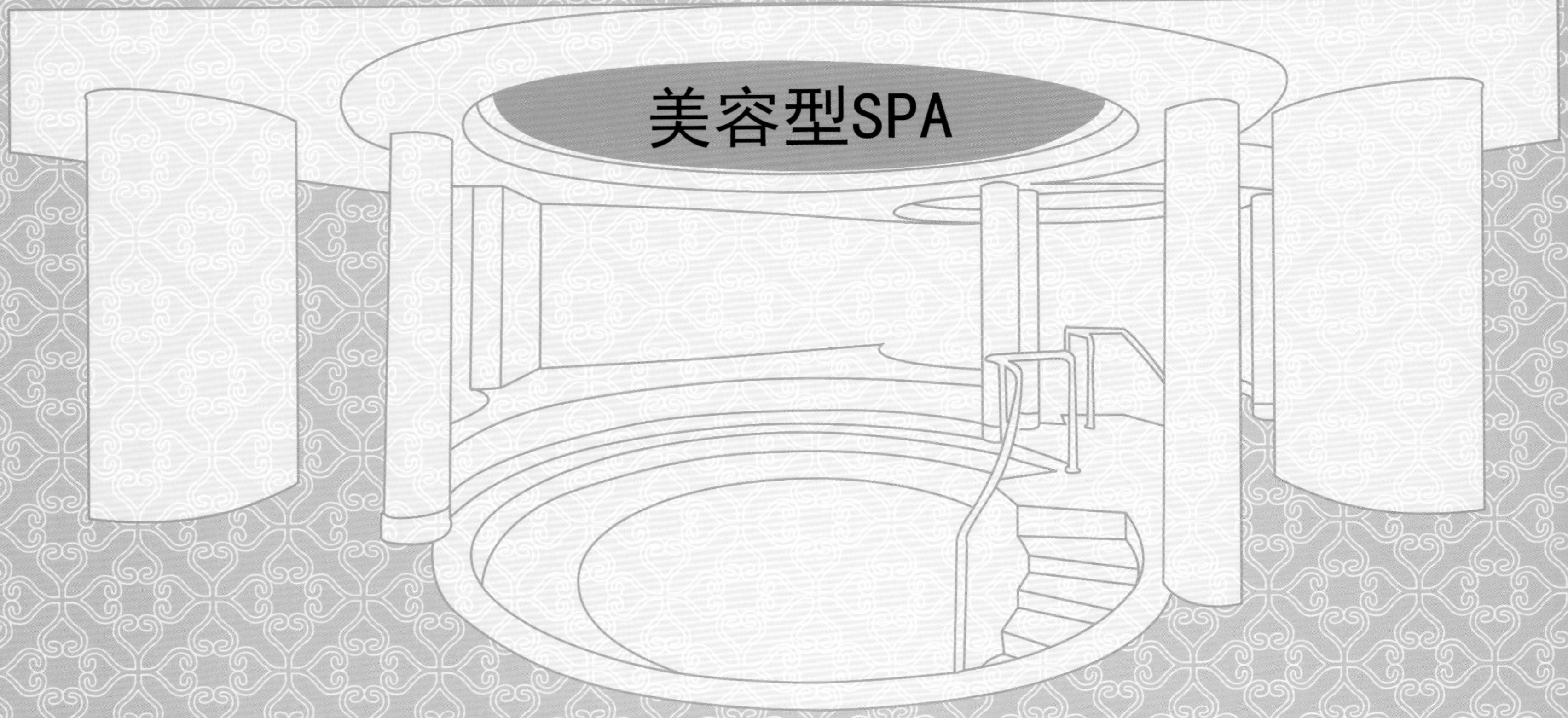

关键词：自由 柔和 内敛 细腻

这类SPA以女性为主客源，多以调理肌肤、塑身及保养为诉求，是一个放松、自由的场所。因此，在空间设计上可以超越沙龙式的封闭传统，明亮中结合着音乐、芬芳、安宁与舒适。在用材、色彩搭配、灯光、氛围营造上，设计要求相对柔和内敛，便是彰显女子柔美、细腻特点，为客人带来一个高雅和时尚的身心体验。

平面元素

关键词：形式美 和谐统一 艺术品味

点、线、面是设计中最基本的元素，每种元素都具有自己独特的表现特征。在设计过程中，设计师要遵循形式美的法则，把平面构成的基本原理巧妙合理地运用在室内设计中，使点、线、面在平面与空间中达到和谐统一，并使各个精心设计的平面元素能更好地统一在一个完整的室内空间中，再根据室内空间的风格特点和功能要求来对这些元素进行综合运用，再辅以材质、色彩、照明等综合元素，提高室内空间环境的文化内涵和艺术品味。

地面

关键词：吸音 防菌 鲜艳 指示性强

美容型SPA走道的地面一般都采用地毯材料，能把环境整体音量减低。地毯要有防菌功能，且地毯的颜色不要太浅，宜采用鲜艳的色彩，不仅容易打扫，而且具有明显的指示性。

墙体

关键词：美化空间 搭配恰当 视觉效果

在SPA空间里，墙面的装饰效果，对渲染美化室内环境起着非常重要的作用。墙面的装饰形式大致有以下几种：抹灰装饰、贴面装饰、涂刷装饰、卷材装饰。此外，注意加强整体效果，尤其对墙面大小面积的配置及色彩分配等，必须搭配调整恰当，避免零乱混淆，以取得完整协调的视觉效果。

材料

关键词：环保 天然 无害

SPA的装修风格主要都是围绕休闲来进行设计的，主要装修材料包括木材、石材、玻璃、墙纸等。在装修的时候，最好选择一些木制板材装饰，或者一些新一代无污染的PVC保型墙纸，以及各种天然织物墙纸。在选择SPA吊顶材料时，为了防止有害气体的散发，建议尽量不要使用木龙骨夹板，可以用一些轻钢龙骨纸面石膏板，或者是埃特板等替代，这样效果会更好一些。

木质

关键词：温暖 光泽 和谐 柔美

SPA的装修广泛地运用橡木、柚木、杉木等优质木材，整个空间和谐、柔美，浑然天成。在有些SPA设计中，为体现温暖的气息与光泽，设计师选用一些古老的木制材料（或做旧），这也可以从深层次上展示SPA的文化内涵。

材料展示

乌树根

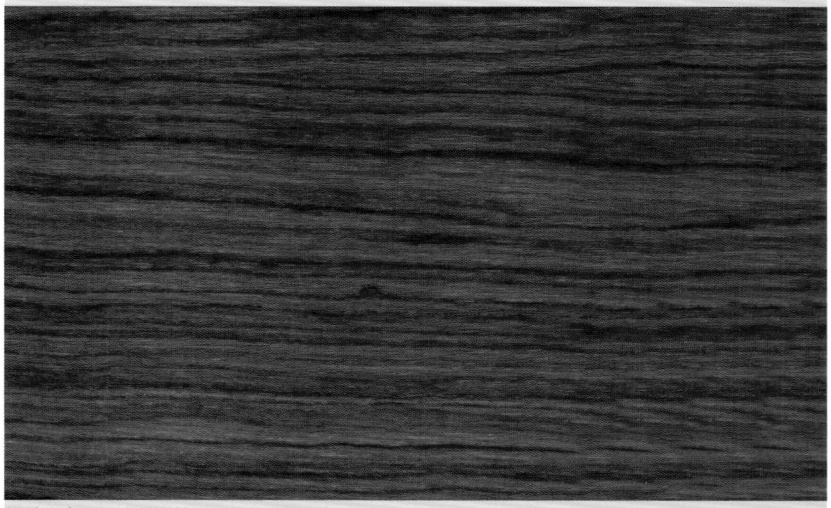

短盖豆木：俗称非洲柚木，产自非洲。

石材

关键词：轻质 耐污染 多品种

一般在室内设计时将石材分类为天然饰面石材和人造饰面石材。SPA设计装饰用的石材主要是人造饰面石材，包括人造大理石、人造花岗石和预制水磨石板材等。这种石材是根据洗浴设计意图，利用有机材料或无机材料合成的，具有轻质、高强、耐污染、多品种、易施工的特点，其经济性、选择性及某些物理化学性能均优于天然，为石材的理想饰面材料。

材料展示

维纳斯米黄：纹理清晰丰富，风格飘逸变幻，色泽柔和，洋溢着清晰自然的质感，是高端微晶石的代表之作。

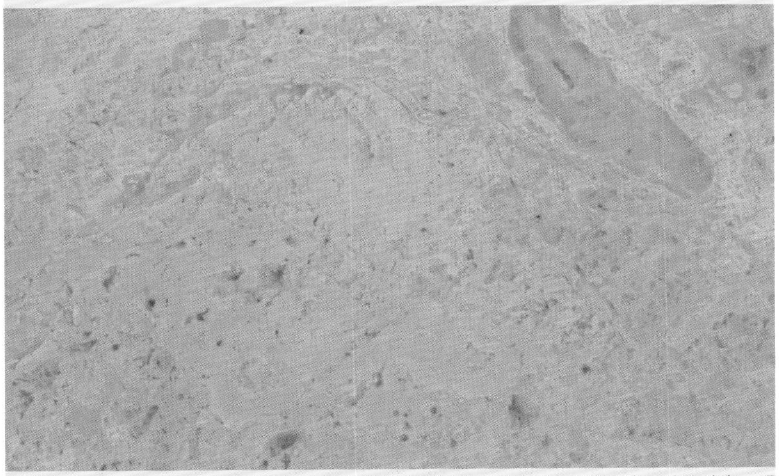

沙漠玫瑰：是细沙在几千万年甚至几万万年的风雨雕塑中风化而成，色彩多变，瑰丽神奇，观赏价值和收藏价值高。

色彩

关键词：烘托气氛 搭配合理 全新感受

色彩的搭配在SPA设计中是烘托气氛的最简单也最有效的方法。一般选择的颜色不要超过3种，黑色和白色不包括在内。墙的颜色要浅，地面的颜色要适中，家具可以选择深一点。尽量不用深绿色的地砖，天花板的颜色要浅于墙面或者与墙体同色，不要把不同材质但颜色相同的材料放在一起，避免出错。在SPA设计中合理运用色彩，会给人一种全新的、愉悦的心情和饱满的精神状态。

暖色系

关键词：温暖 收敛 温馨

美容型SPA空间中应尽量避免选择令人心情抑郁的颜色，可大量使用暖色系中的暖米黄、柔黄绿、暖玫瑰棕等，这些颜色给以坚毅中带有温暖的感觉，使空间显得收敛温馨。

空间

关键词：自然 轻松 愉悦

美容型SPA的空间设计，强调和女性内心情感产生艺术审美和精神层面上的共鸣，让置身其中的客户或消费者能够在自然、轻松及舒适的环境下完全地将视觉、嗅觉、听觉、触觉和味觉舒展开来，同时直觉地感受到整个氛围所能带给客人的愉悦感。

入口

关键词：神清气爽 缓冲地带

一个SPA就应像沙漠中的绿洲，使客人神清气爽，远离喧嚣，为了达到这种效果，就要从SPA的入口处开始精心设计客人进入的路径，通过种种设计手段给客人提供一个缓冲地带，让客人逐渐进入到SPA的环境和气氛中去。

理疗室

关键词：美丽 清洁 舒适

SPA理疗室是实施护理疗程的地方，应该是美丽和清洁并重。各种清洁用具如洗手盆、垃圾桶之类的应加以掩饰，避免暴露于人前。当客人进入护理室时，应该感觉到置身于舒适柔和、热情如火却又充满异域情调的氛围之中。SPA护理室除了具备清洁卫生的概念外，还必须通过精心装潢，体现美丽、梦想和舒适安康。

SPA

美容型SPA

平面元素

都会型SPA

材料

色彩

俱乐部型SPA

空间

度假型SPA

照明

Hair SPA

软装

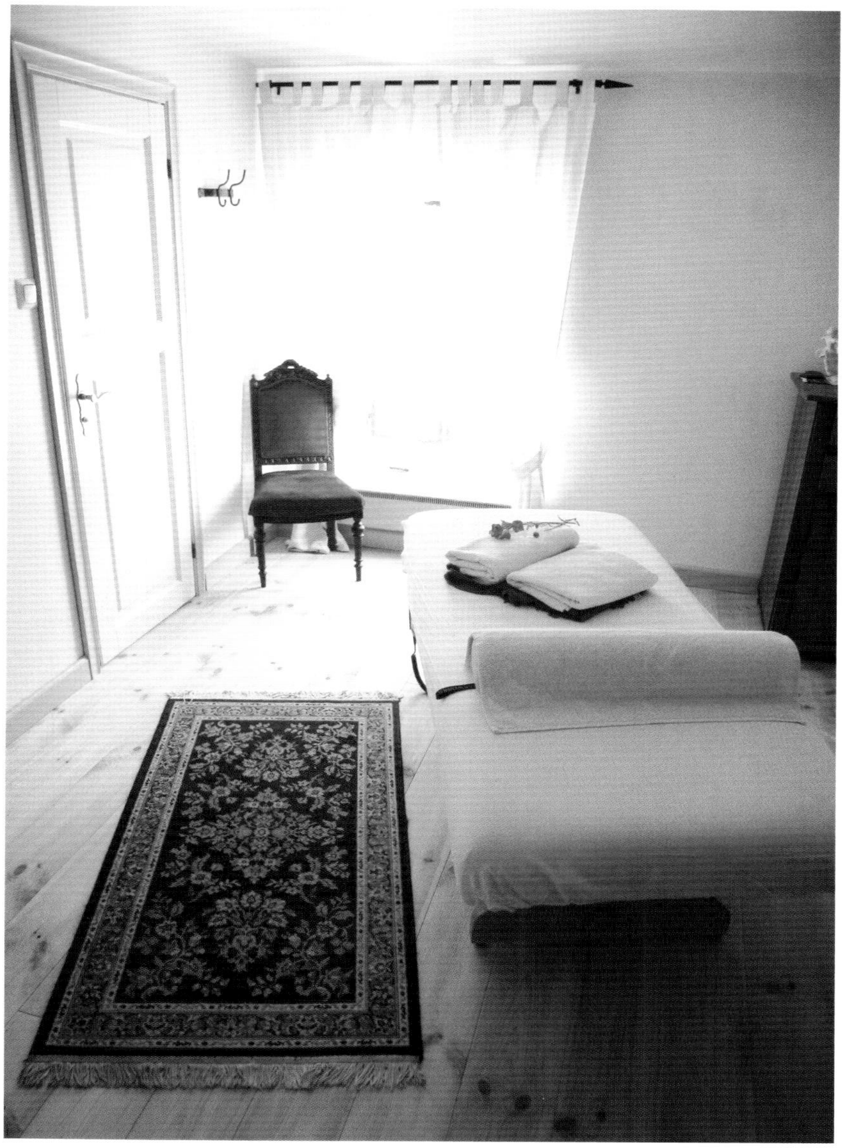

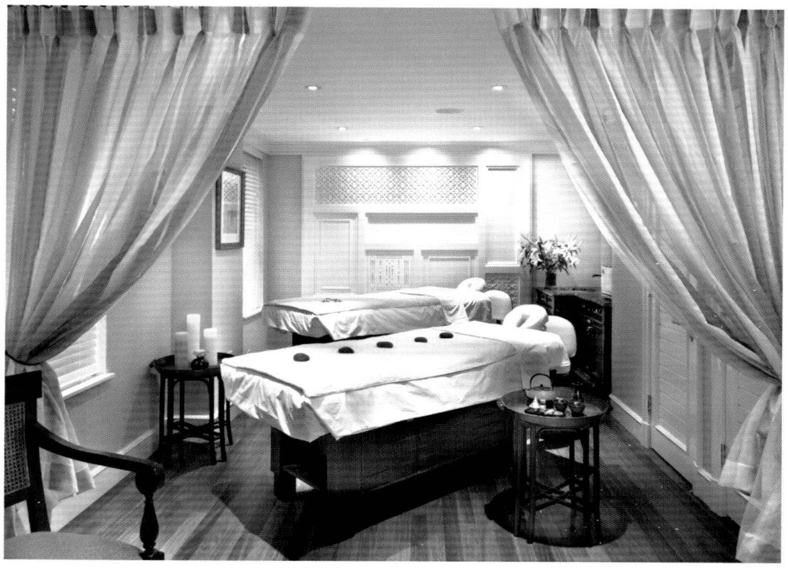

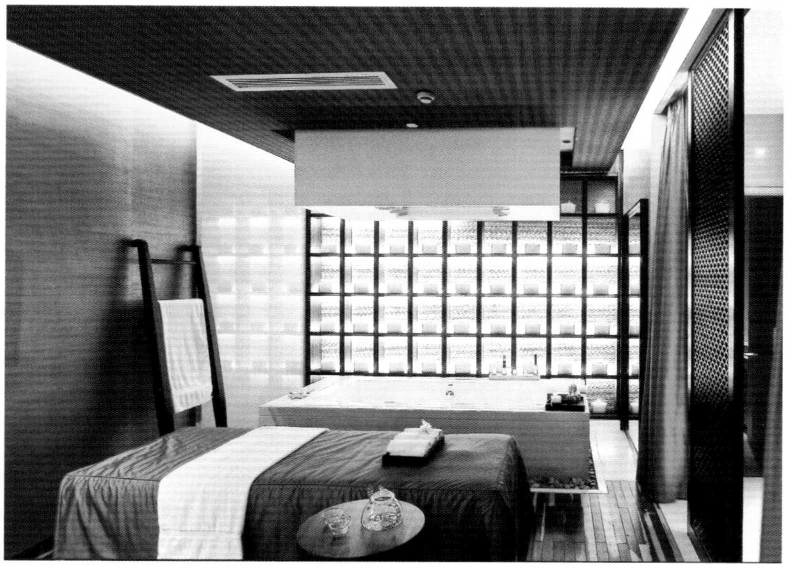

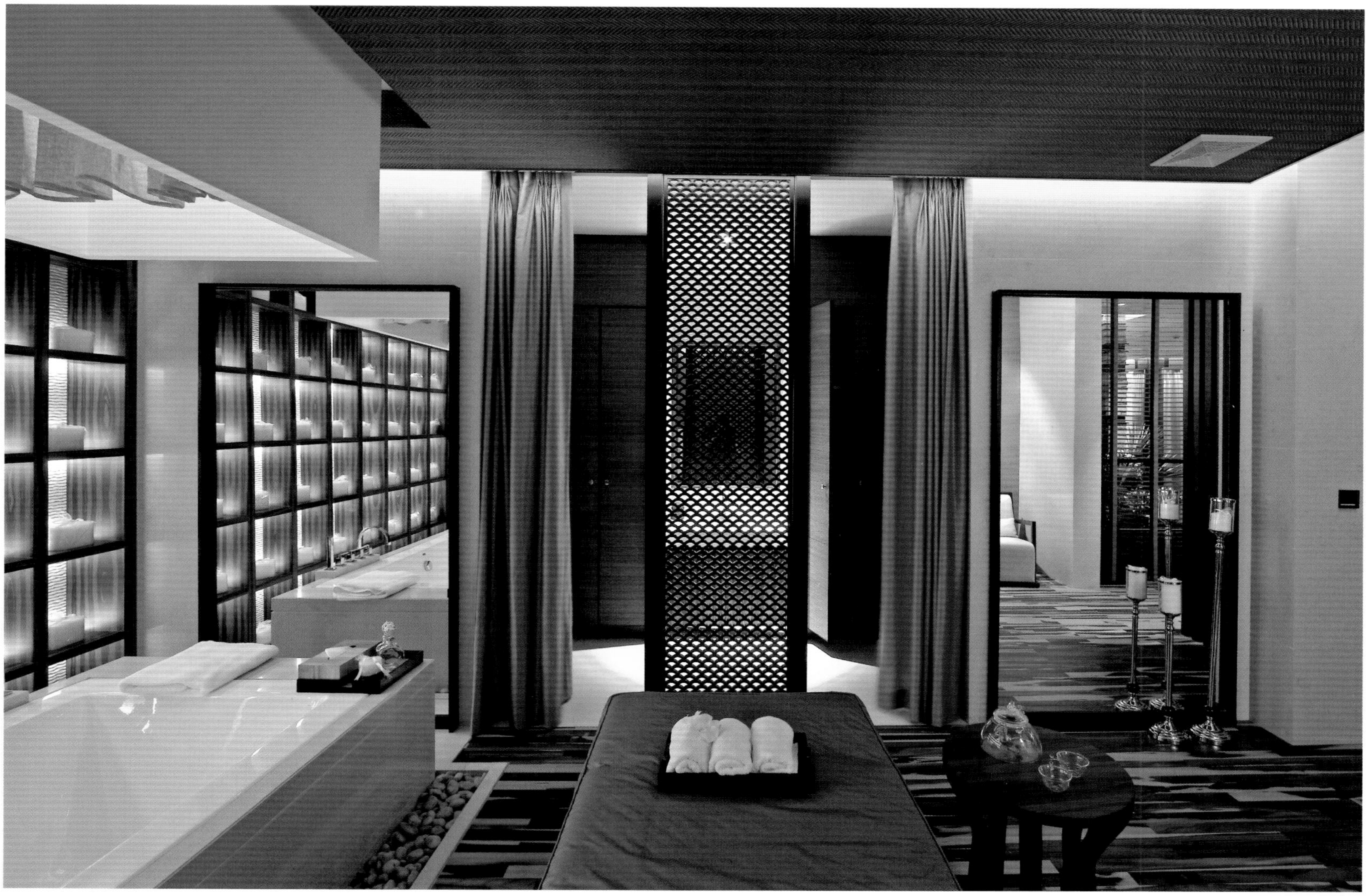

温泉浴池

关键词：轻松 舒缓 智能

温泉浴池室内的设计不需要太豪华，也不需要多么宽敞的空间。关键是如何能营造出一种轻松舒缓的氛围，让人感觉舒适。在配色方案上，应当是选择轻松的、中性的颜色。也可以选择打造一种未来科技色彩的温泉浴池效果，呈现出科技、智能、舒适性等。另外，室内照明也至关重要，为创造温泉般的气氛，应选择可调光度开关，灯的色彩也应当柔和，使人放松和舒缓。

休息区

关键词：舒心 温情 惬意

休息区虽然小，但其作用却不可小觑。为了避免顾客在护理结束后产生人走茶凉的不良感觉。它的目的在于尽快腾空护理室，准备开始下一个疗程，同时为顾客提供一个小憩、交流的地方。

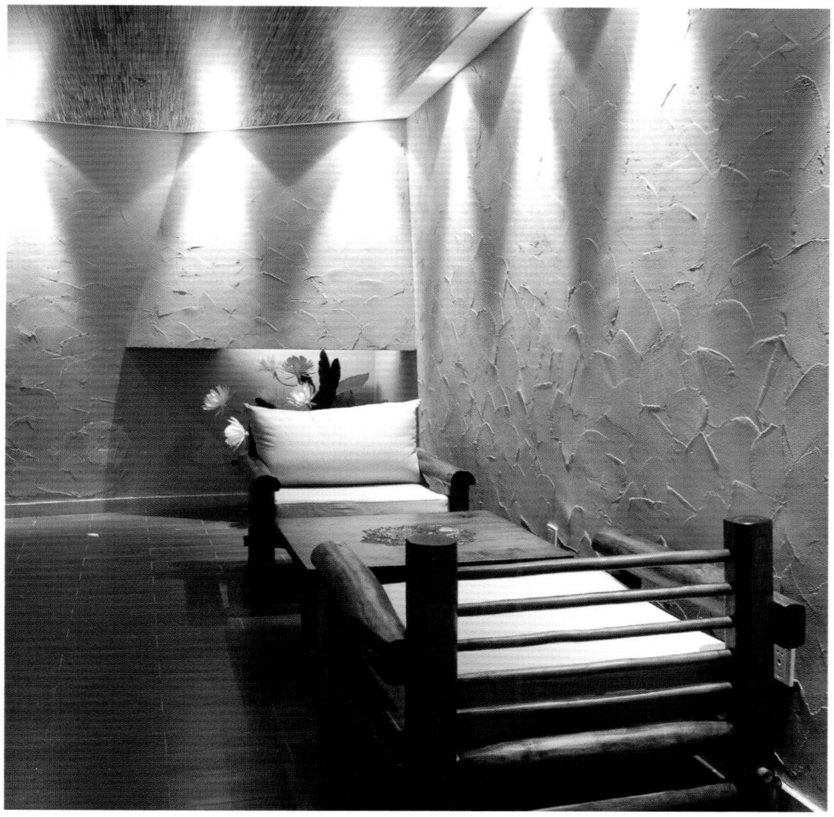

照明

关键词：经济 大方 明亮

照明设施的设置对美容型SPA的氛围、环境、舒适程度具有十分重要的意义，应该给予足够的重视。其中，美容型SPA的基本照明以比较均匀的明亮光线为准则，而荧光灯是美容型SPA使用频率最高的一种光源，因为荧光灯可激起顾客消费的心理冲动。荧光灯经济、大方、明亮，顾客可透过玻璃直接看到或感受到美容型SPA的整体布局和格调，另外荧光灯也利于美容师进行专业技术服务。

冷色调

关键词：清爽 宁静 疏远

冷色的灯光比起暖色灯光来往往更为宁静。在美容型SPA中采用冷色的灯光，可使室内空间具有凉爽感，但显得有所疏远、后退。

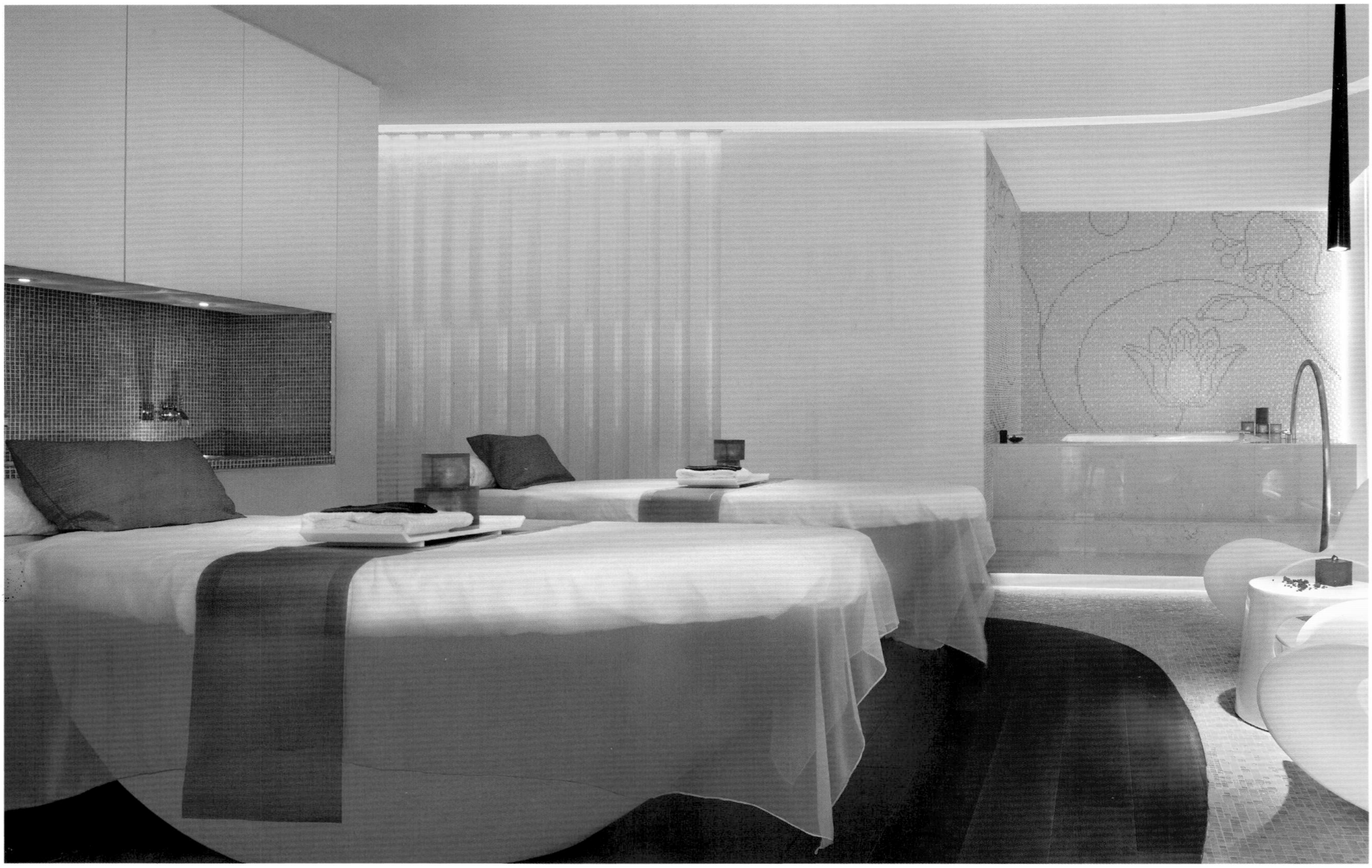

中性色调

关键词：熟悉 稳定 安全 平和

中性色调的灯光，色温在3300～5300K之间，光线柔和，让人觉得熟悉、稳定、安全，而情绪平和。

软装

关键词：个性 品味 营造氛围

软装配饰是指利用室内空间中可以移动的、易于更换的饰物，如窗帘、沙发、床上用品、家具等对室内空间进行二度陈设和布置，以彰显出空间的个性与品位。在软装饰的设计中，必须先确定SPA装修设计风格的整体定位，再来选择风格统一或混搭的饰品，以便营造舒适的氛围。

饰品摆件

关键词：营造环境 别具韵味 静谧空间

走进室内，你立刻能够感受到设计师精心营造的宁静祥和的SPA环境。雕塑、摆件、装饰画、灯饰、干枝等室内饰品摆件都别具一番韵味，致力于形成温柔静谧的空间感受。

SPA

美容型SPA

都会型SPA

俱乐部型SPA

度假型SPA

Hair SPA

平面元素

材料

色彩

空间

照明

软装

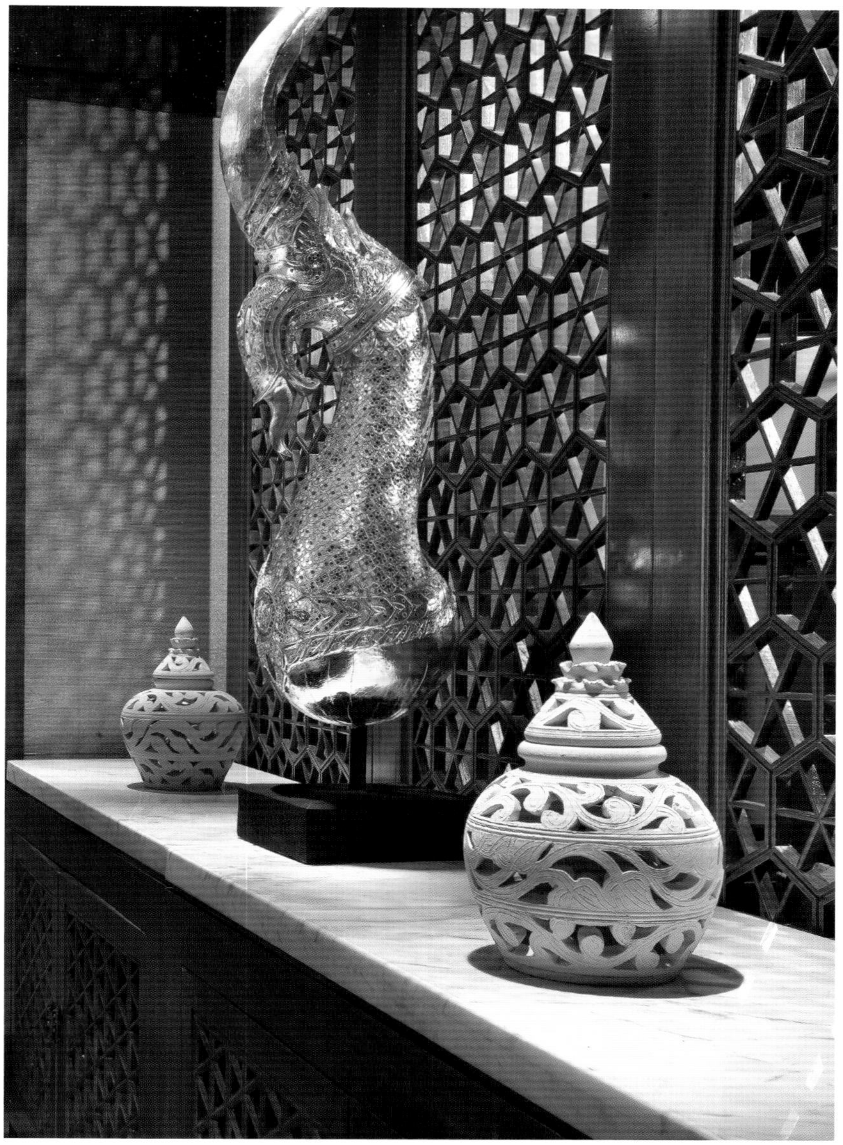

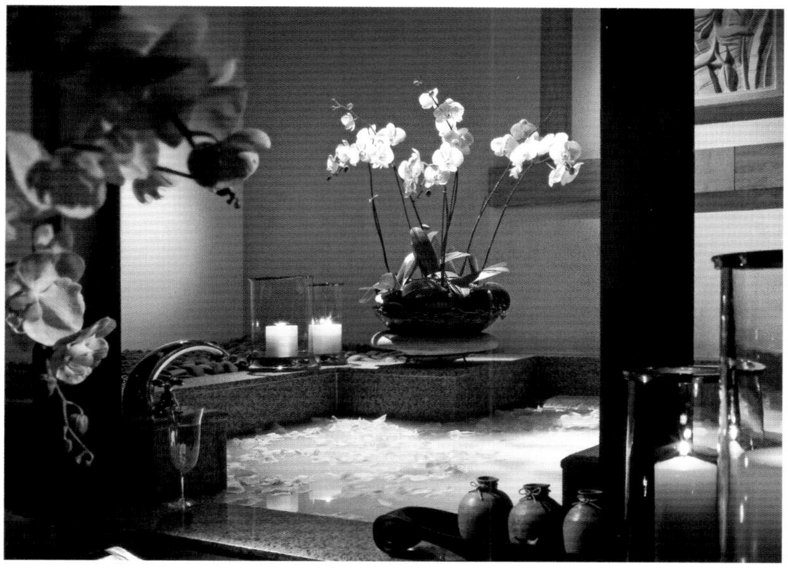

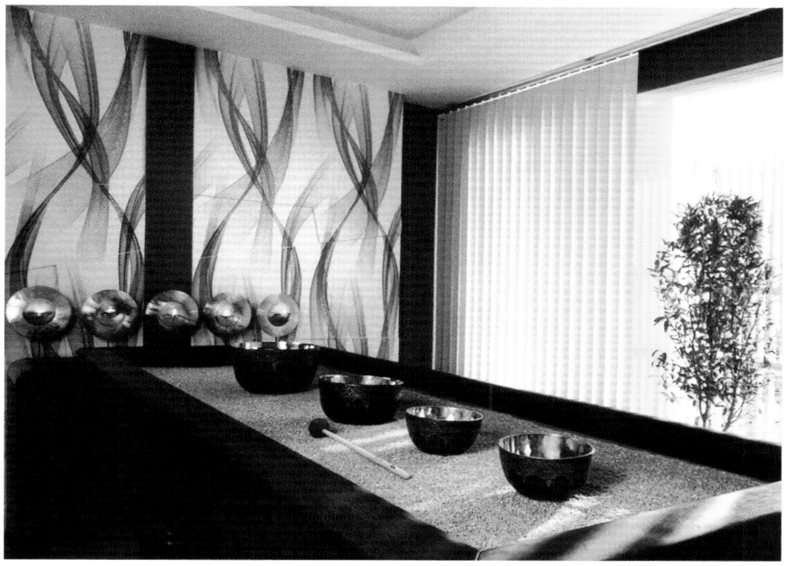

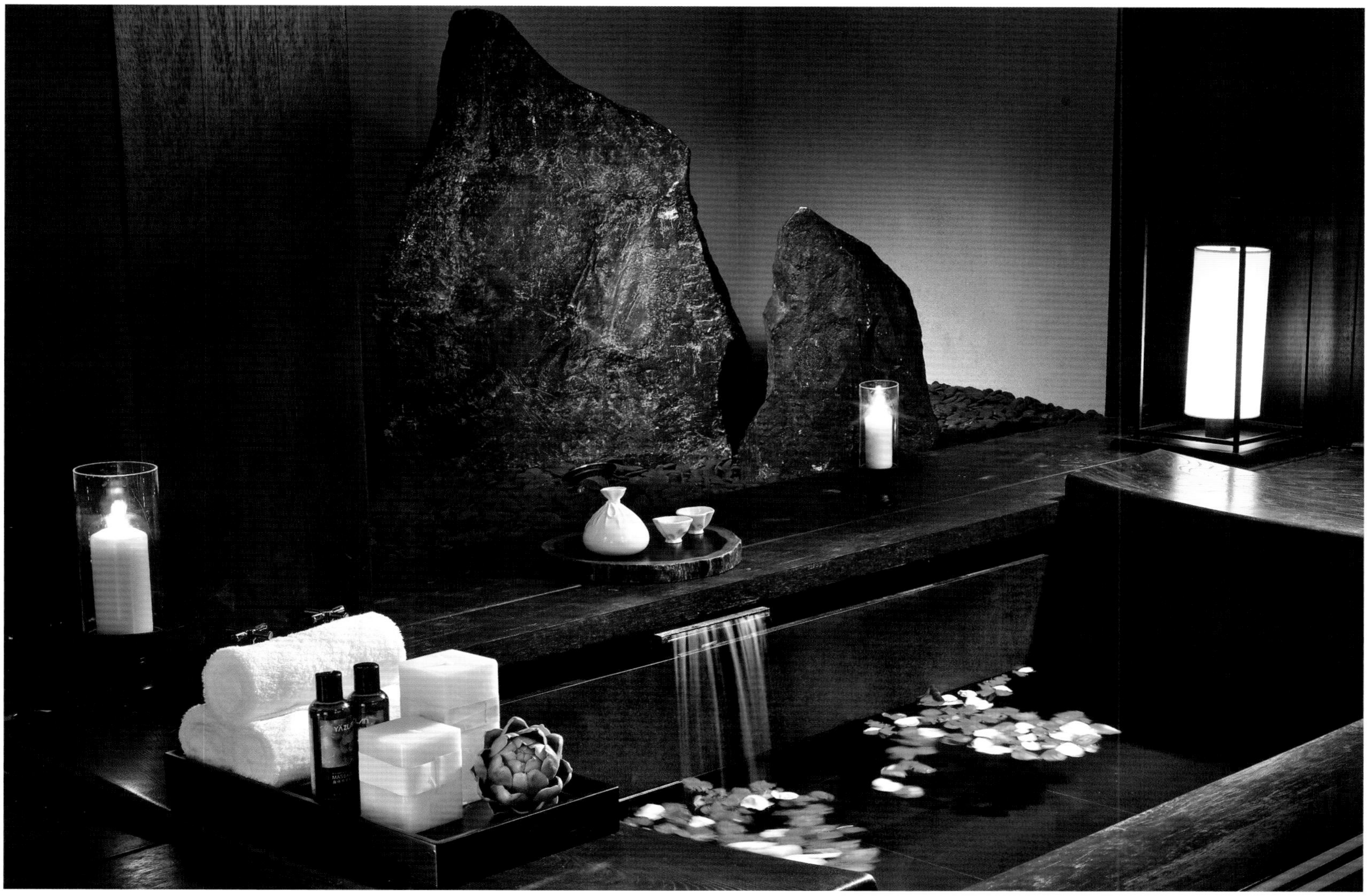

都会型SPA

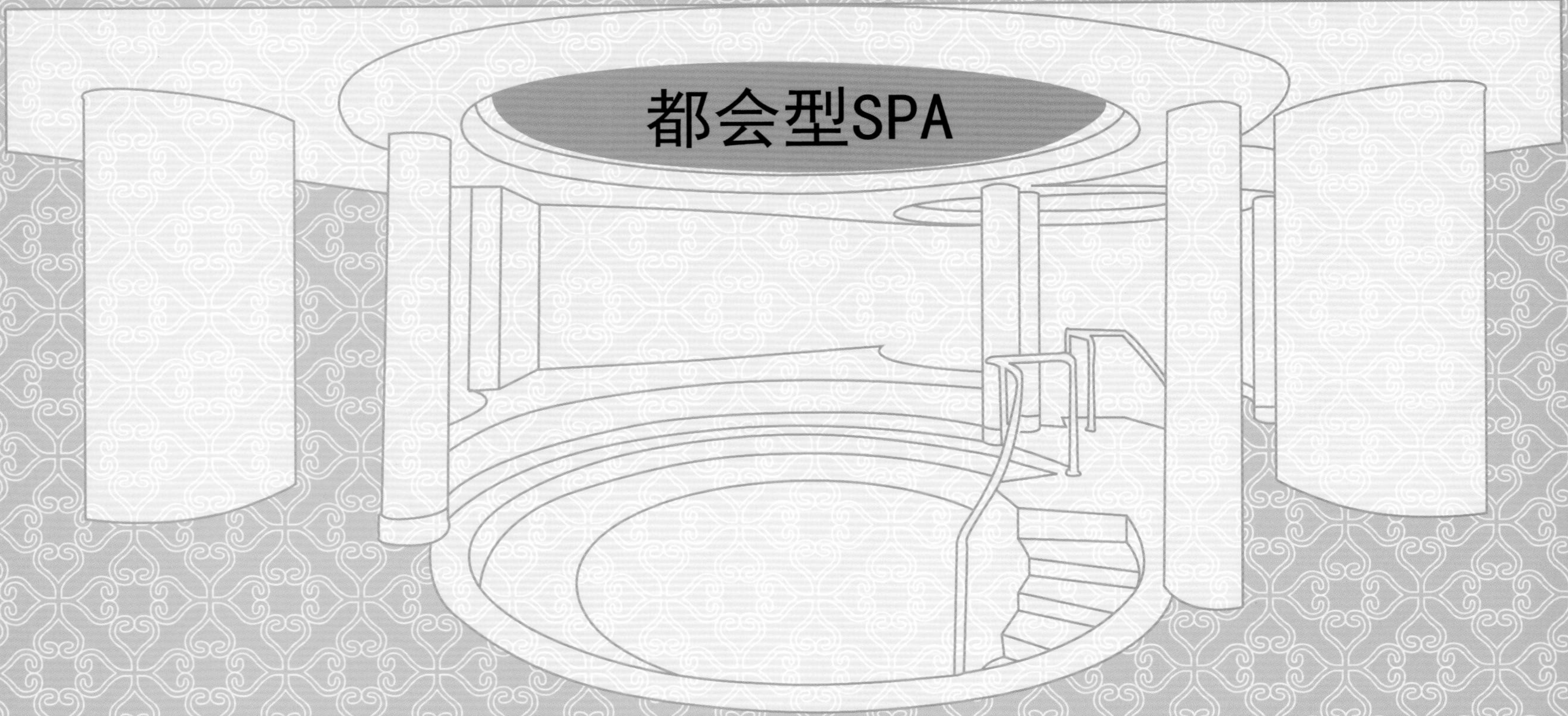

关键词：闹中取静 精致 温馨

所谓都会型SPA，顾名思义，主要位于都会区，专为繁忙的现代人而开设的一种小型、精致、方便造访的SPA，强调的是规划完整的保养疗程服务，主要包括美容、养生、放松等项目，让都会人士在忙碌之余能够真正达到身心放松、通体减压的功效。其通常拥有着匠心独具的空间规划，且闹中取静，精致温馨，能掌握身心的结合，以及充分休息的精髓，更以方便、专业、持续保养、分次保养，甚或是治疗为诉求重点。

平面元素

关键词：形式多样 肌理感 丰富空间

SPA空间设计中利用不同的材质进行排列组合，形成各种平面设计形式，强调了其肌理感。墙面也经常运用大胆而奔放的平面设计，以丰富空间的视觉效果，让宾客在享受服务时忘却都市的喧闹，静静享受SPA的冥想世界。

墙体

关键词：淡雅 大气 艺术感

SPA空间设计装修墙体一般都是采用瓷砖，如果想要更好的效果可以采用石材，不过这样费用会比较高。此外，在墙面的装饰上，一定要注意装饰的花纹的选择，一定要足够清晰淡雅，花的形状的选择要以大气为主，花要够漂亮，但尽量不要采用那种细碎的花，会显得比较俗气，而且一般要选择比较有艺术感的背景，一般来说，如果是植物，一定要是有根的，如果是动物，一定要有所依靠，这样比较沉稳，令人心安。

空间

关键词：美观 实用 舒适 放松

SPA的装修设计，要充分考虑到其实用性强、利用率高的特点，所以应该合理、巧妙地利用空间，做到既要美观实用，又舒适和放松的特点。SPA设计的精髓就是在繁华热闹的都市中还人们一个温馨、舒适、轻松愉悦的空间，让沉重的身心得到放松。

入口

关键词：明快 舒畅 诱导视线

SPA的入口设计要做到诱导人们的视线，并引起人们的兴趣。入口空间要明快、舒畅，以避免人流阻塞，入口尽量直通柜台或接待台。此外，接待台必须和整体店内设计相融合，以精、美、小为佳。

理疗室

关键词：多功能 规模各异 私密性

理疗室是客人进行香薰、水疗和按摩的专属空间，规模大小各有千秋。但一般都包括门厅、前院、按摩床、后院、室内池和室外池等几个部分。理疗室的设计需要建筑设计师、室内设计师和景观设计师共同参与完成。景观设计是重头戏，围绕水疗的功能，运用各种软硬隔断，在保证私密性的前提下，要让室内外的空间最大限度地融合到一起。

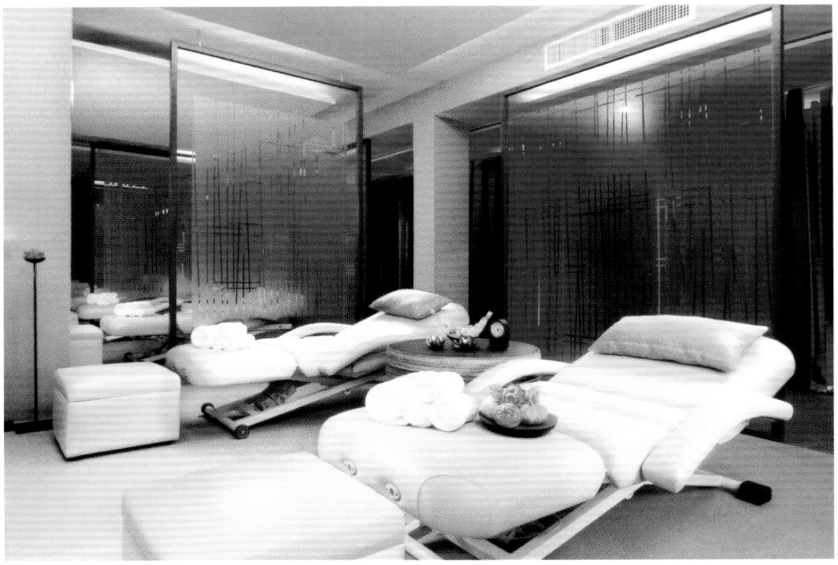

ARMANI
HOTELS & RESORTS

温泉浴池

关键词：共享空间 浪漫 温馨

温泉浴池是共享空间，采用正确合理的设计，可以变得浪漫、温馨。除游泳池外，还有水力按摩池、水吧和其他独特的休闲设施，结合喷泉、雕塑和绿化，营造出一种欢乐的气氛。

软装

关键词：营造气氛 精致 风格统一

作为SPA装修设计，对一些可以营造气氛的小东西要精心选择。比如香皂、沐浴精油、蜡烛等，要选择与整体设计风格相配的，在使用时散发出的天然香味可以使人仿佛置身于真实的花丛中。而毛巾、浴袍、化妆包、置衣篮、纸巾筒等，都要精心选配。好的饰品能起到画龙点睛的作用。

布艺织物

关键词：柔软 自然 清新

布艺本身就具备柔软的气质，大量运用在SPA空间中，能柔化空间，起到舒缓身心的作用。这其中，取材于天然的棉和麻类织品，以其质朴的纹理和手感，能最大限度地给人以自然清新的视觉体验。

平面元素

材料

色彩

空间

照明

软装

美容型SPA

都会型SPA

俱乐部型SPA

度假型SPA

Hair SPA

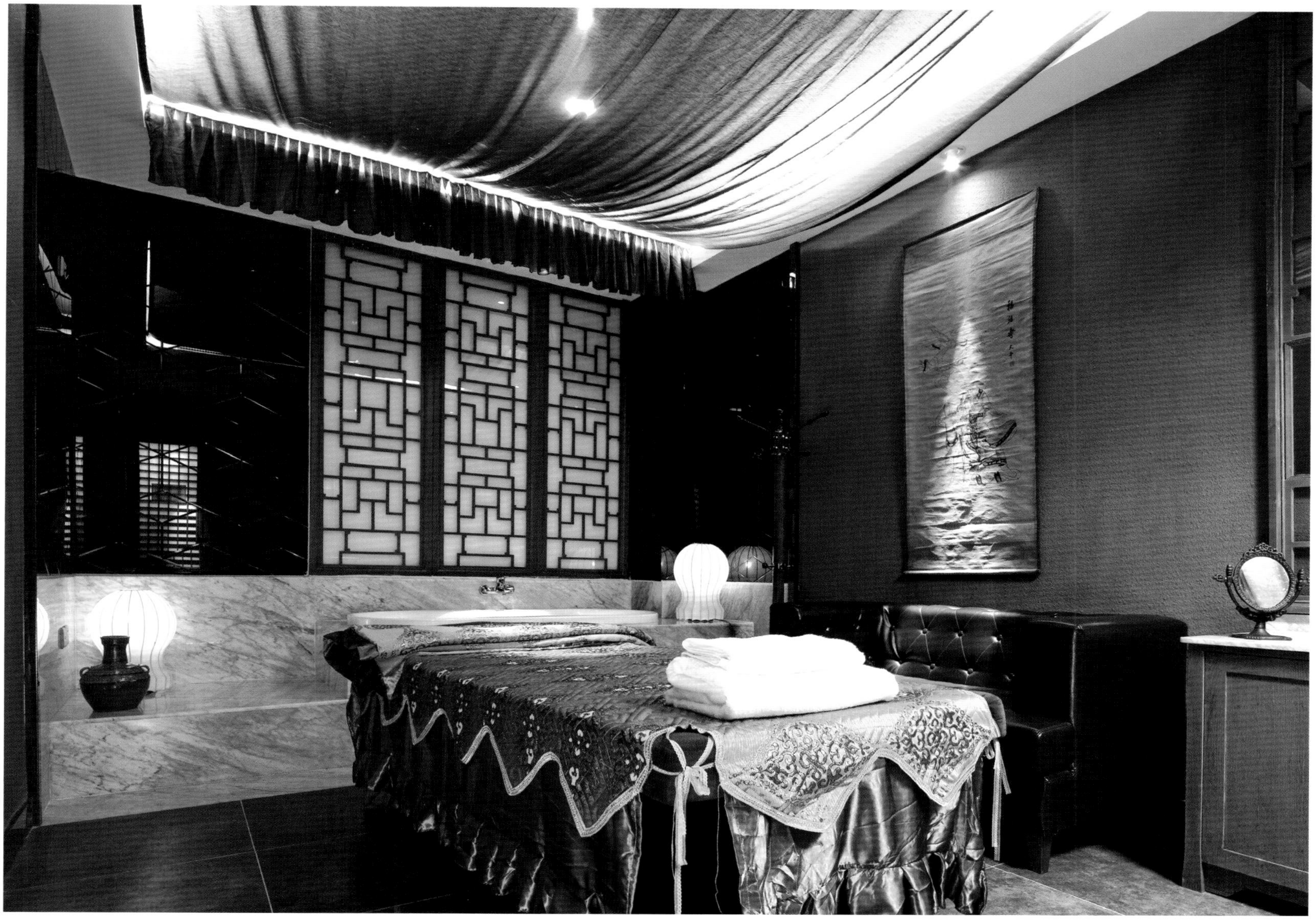

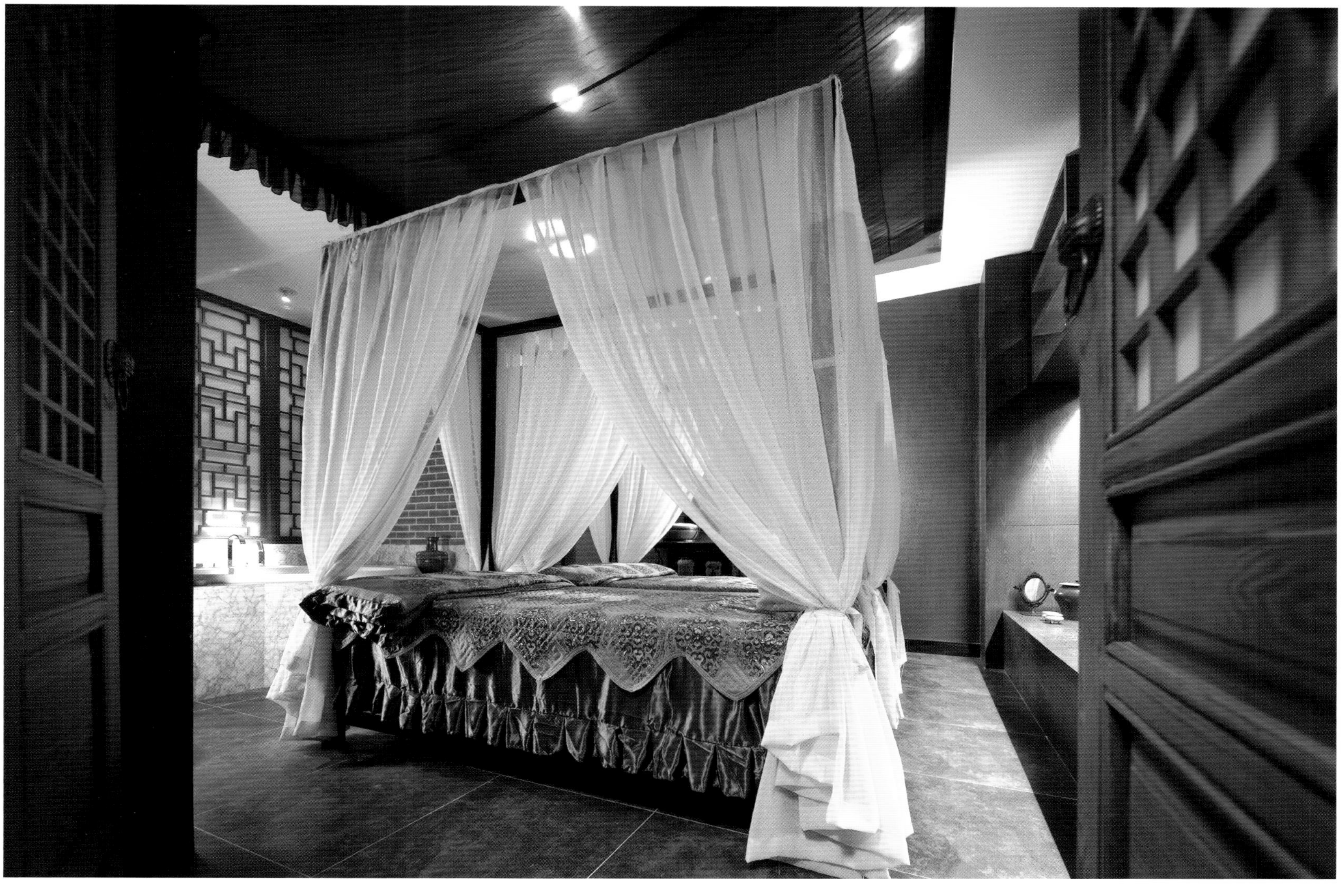

俱乐部型SPA

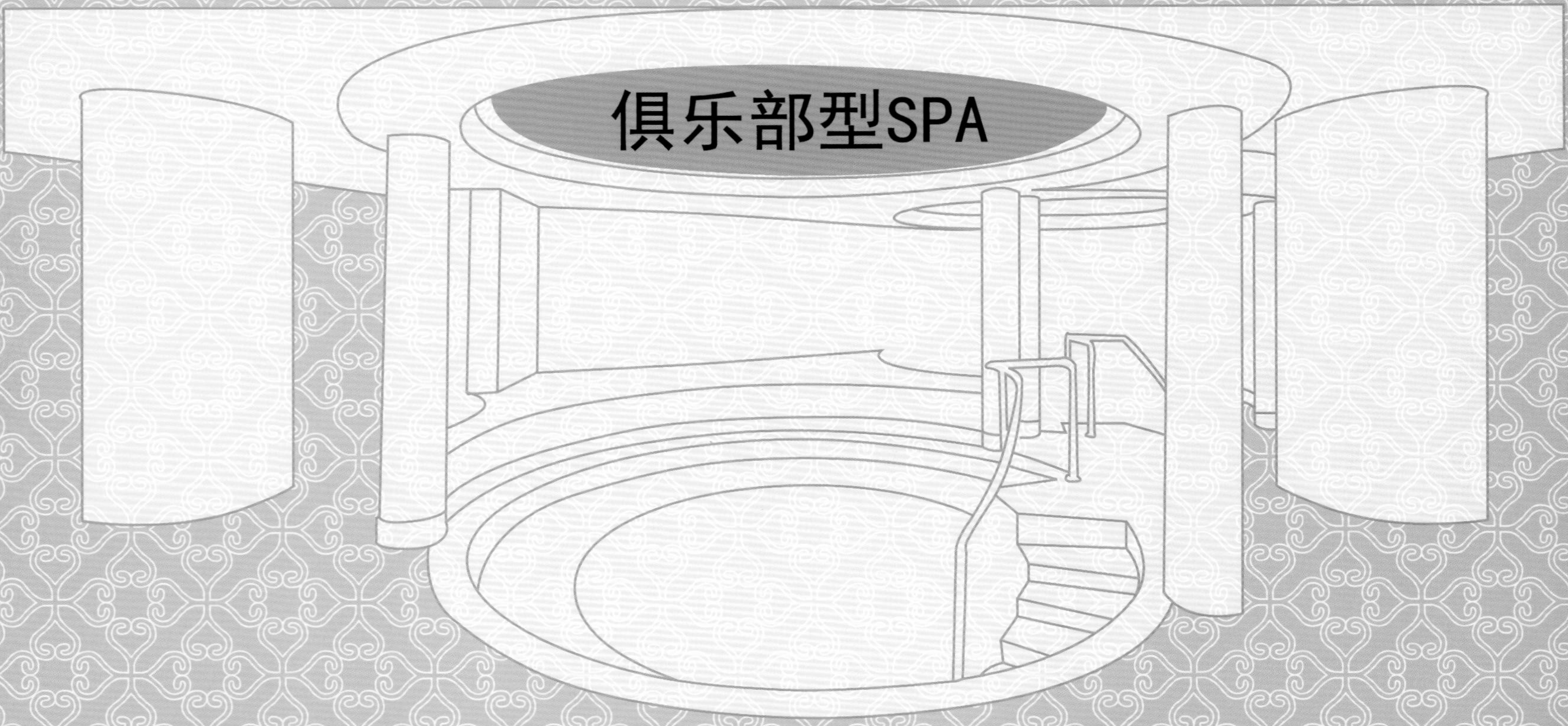

关键词：休闲 舒适 放松

目前此类SPA多以会员制为主，主要目的为健身、运动、并提供各类SPA疗程护理。发展成为结合美容、健身、水疗的复合式休闲中心。设计师从形、色、光、材、声的匹配效果入手，创造出舒适合理的尺度空间，使人体的每个器官置于完全放松的状态。

平面元素

关键词：曲线穿插　私密保护　人文关怀

大量圆润的曲线穿插整体空间，并且运用丰富的手法充分展现SPA文化本质——回归、质朴、健康的精要。俱乐部型SPA设计在功能划分上注意对人私密性的保护，从听觉、视觉、嗅觉、味觉、触觉上体现对人性的呵护与关怀，让消费者达到身心放松、超然世外的境界，从而有利于身体的修养、理疗。

墙体

关键词：富有张力　艺术感强

干区的皮质软墙、湿区马赛克的拼贴等，设计讲究简洁而富有张力，打造一个质感丰富的空间。在墙体的装饰设计中，需注意花纹的选择，清晰淡雅，以大气为主。一般选择比较有艺术感的背景，自然华美，营造出尊贵的空间品质，从而令消费者忘却都市间的种种压力，尽情放松身心。

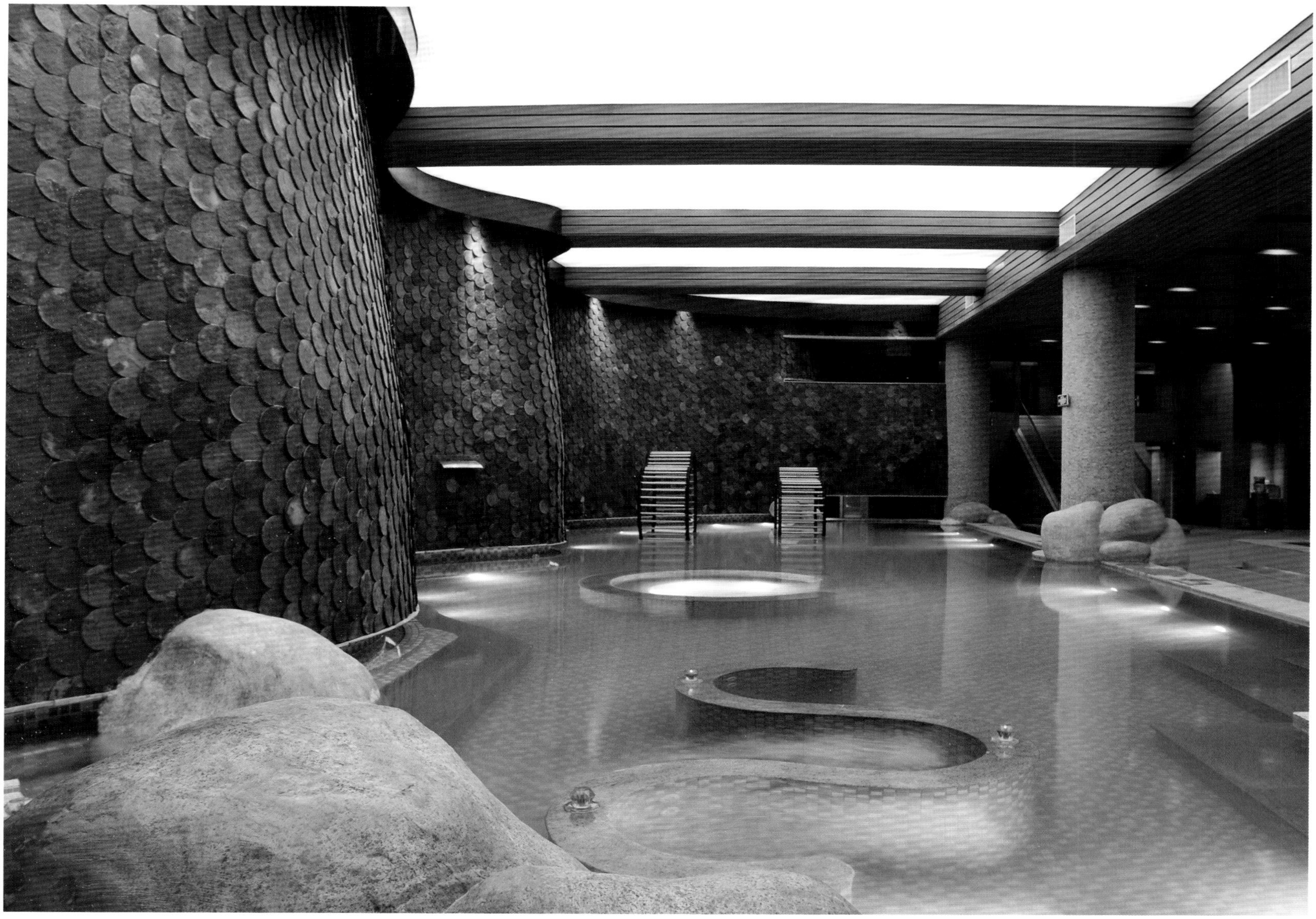

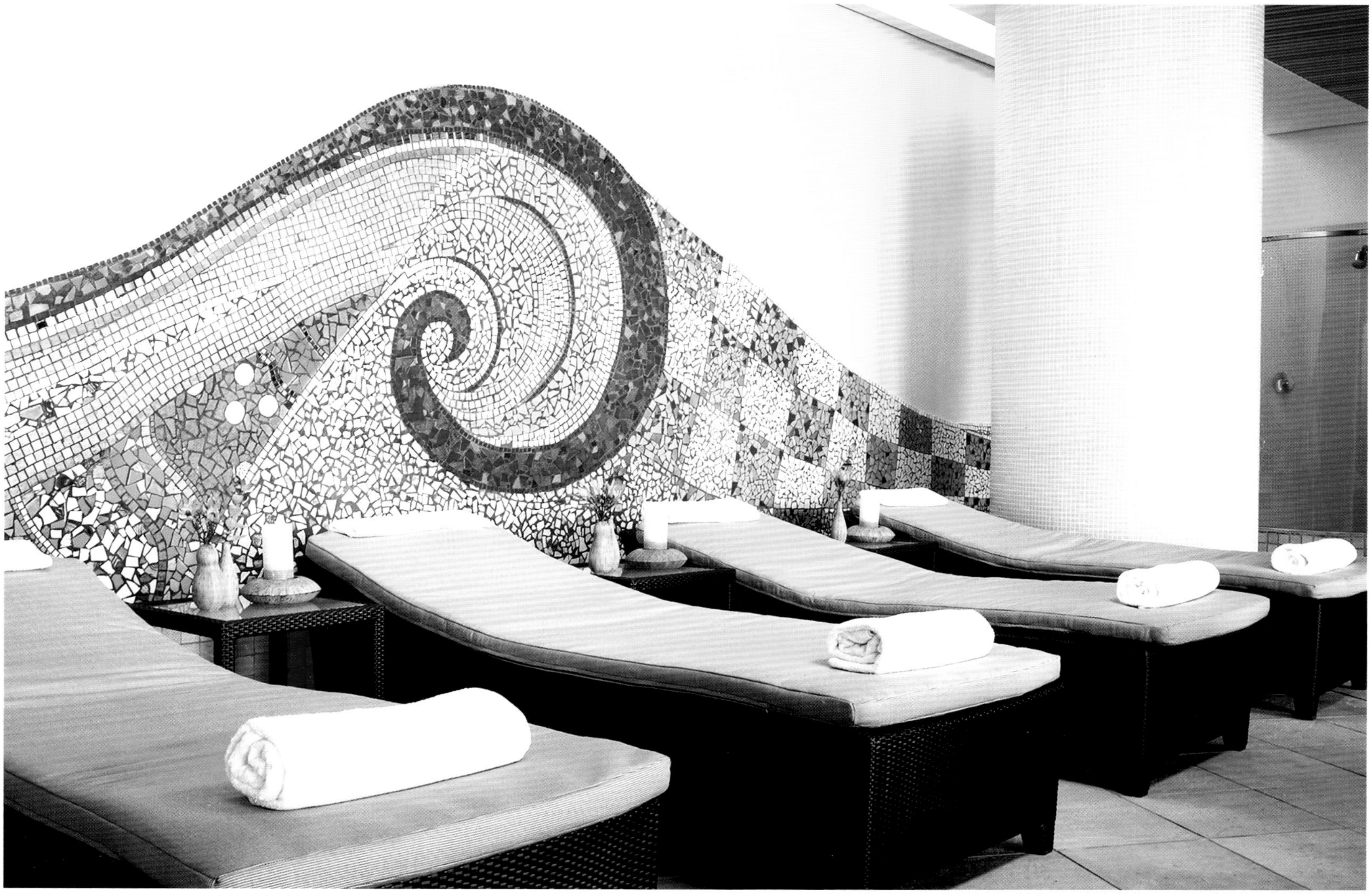

SPA
平面元素
美容型SPA
材料
都会型SPA
色彩
俱乐部型SPA
空间
度假型SPA
照明
Hair SPA
软装

天花

关键词：环环相扣　　层层递进

环环相扣的顶面造型、层层递进的灯具围绕屋顶向外拓展，突出空间的立体造型感，也使天花灯饰显出碧玉般通透润泽的光影。线条明朗的图案，通过色彩配比，在和谐空间的不断对话中，回归内在的本性。

空间

关键词：简单　独立　差别　整体

俱乐部型SPA空间布局主要有半独立型、整合型、独立型等形式，空间结构较为简单，经常运用一些带有条纹图案的瓷砖做出强调效果，利用色谱的变化增强层次，营造出错落的立体感。通常把整个空间组群划分，既各自独立，同时又互有差别，并兼顾互相联系，多个局部空间有机地组成一个完美的整体。

温泉浴池

关键词：通透　亲和　休闲

温泉洗浴的主要功能空间一般由更衣区、水区（淋浴、格式水池、蒸汽房等内容）、休息区、保健按摩区等组成，许多功能空间相互联系、交叉。因此，交通流线的组织成为设计的生命线。休息区是温泉洗浴交通流线组织的枢纽，设计上以其为中心，通过休息区与更衣区、水区及按摩区的相连，营造通透、亲和、休闲的氛围，给人以舒适、便捷的轻松享受。

照明

关键词：舒张　含蓄　妩媚　神秘

在俱乐部型SPA设计中，有直接照明、半直接照明、半间接照明、间接照明、漫射照明等多种方式。灯光可以有不同的形状、不同的颜色，再加上移动、闪烁的效果，时而舒张时而含蓄，妩媚中蕴含着神秘，并兼具平和与激情，为消费者创造了一个身体上、思想上都得以放松的舒适温馨环境，感受到灯光所具有的独特魅力。

冷色调

关键词：个性　奇幻　浪漫

冷色调照明营造了个性、奇幻的休闲娱乐空间。通过大量的漫反射光源、局部重点照明、新光源与新灯具的运用，精致、优雅应运而生，具有很强的感染力。如主色为深蓝的灯光，仿若漫步在海底世界的浪漫感觉，加上材质完美的表达，几乎达到极致。

关键词：优雅 舒适 自然 私密

一般来说，度假型SPA的规模通常较大，它的特色是与大自然融为一体，户外及室内皆有宽阔的视野。在设计过程中，以完美的空间运用、材料选择、颜色搭配、适当的比例和光线配合，来达到简洁自然的目的。此外，在功能划分上注意对人私密性的保护，让客人达到身心放松，超然世外的境界，从而有利于身体的修养、理疗。

平面元素

关键词：合理 科学 舒适 优美

在室内设计中，点、线、面是空间艺术设计中最基本、最基础的元素。在SPA室内墙面设计中平面构成的作用表现更为突出。每一面墙就像一张洁白的画纸，墙面上任何一个元素或造型都可以被视为平面构成中单位纹样和图案，创造出丰富多彩的环境氛围。

墙体

关键词：轻装饰 饰面 隔声

SPA空间墙体不适合过多的装饰，更不合适大面积的造型或软包装饰，墙体往往考虑如何留下空壁和如何作饰面处理，可挂些字画、艺术照片，以增加艺术氛围。SPA空间的墙体通常有两种：一是由于安全和隔声需要而做的实墙结构，二是用壁柜作间墙的柜背板。墙体材料常见的有壁纸、乳胶漆、墙面砖、涂料、饰面板、墙布、墙毡等。

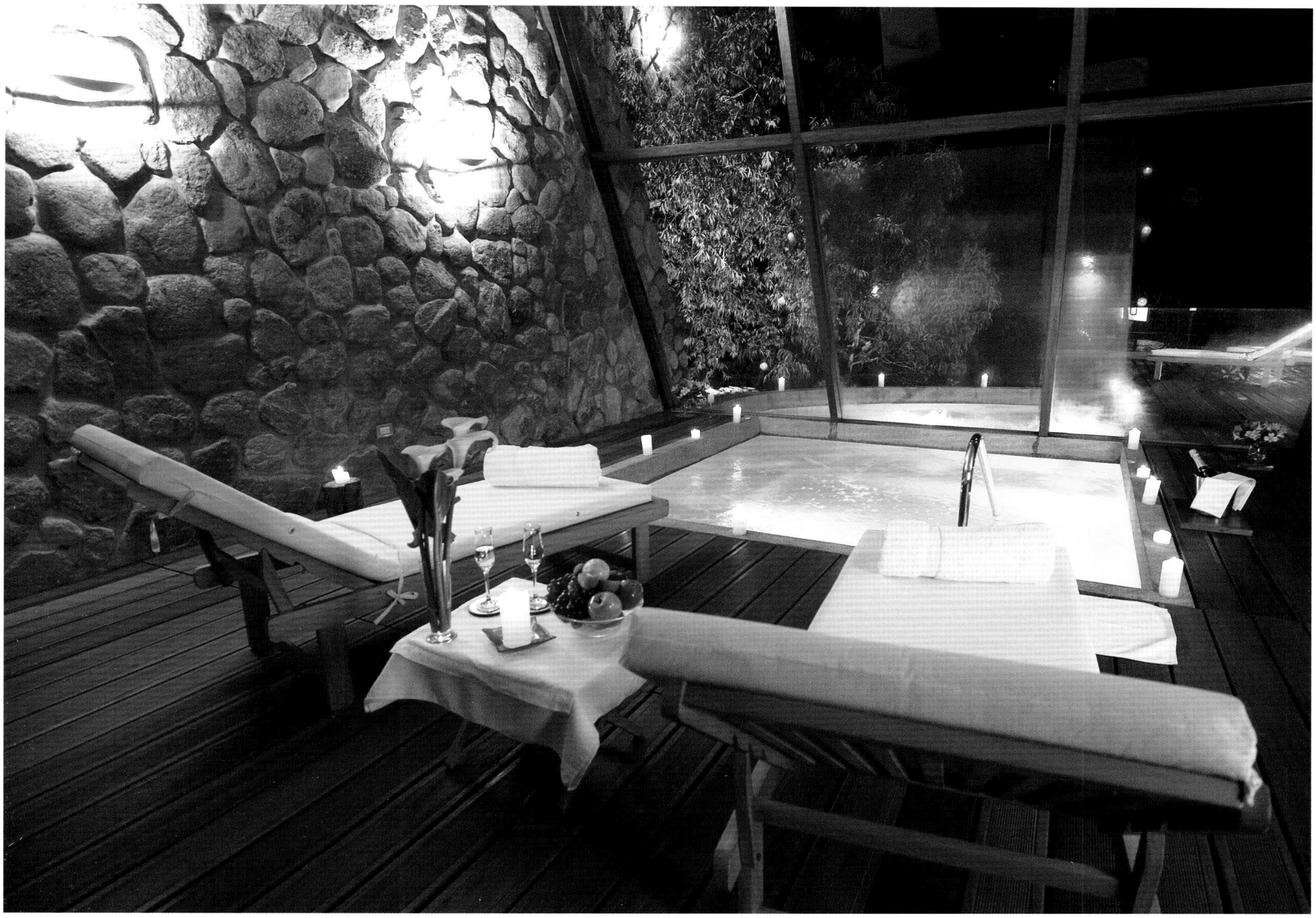

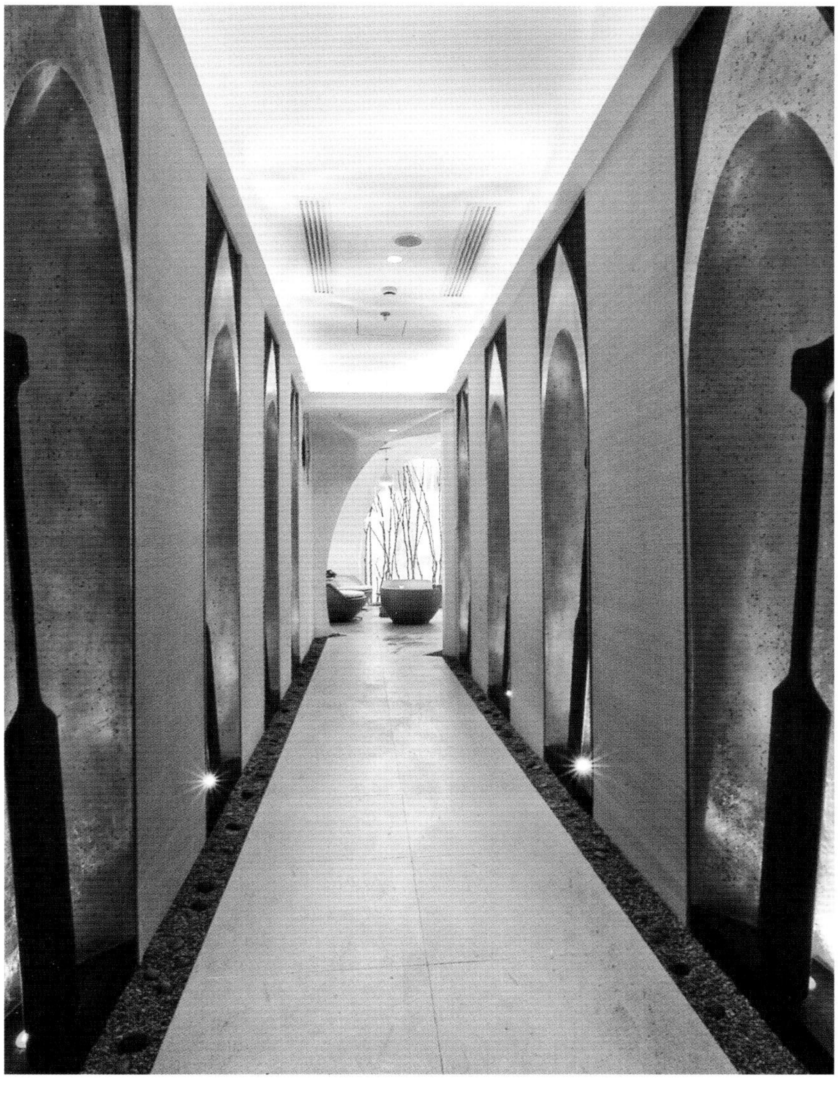

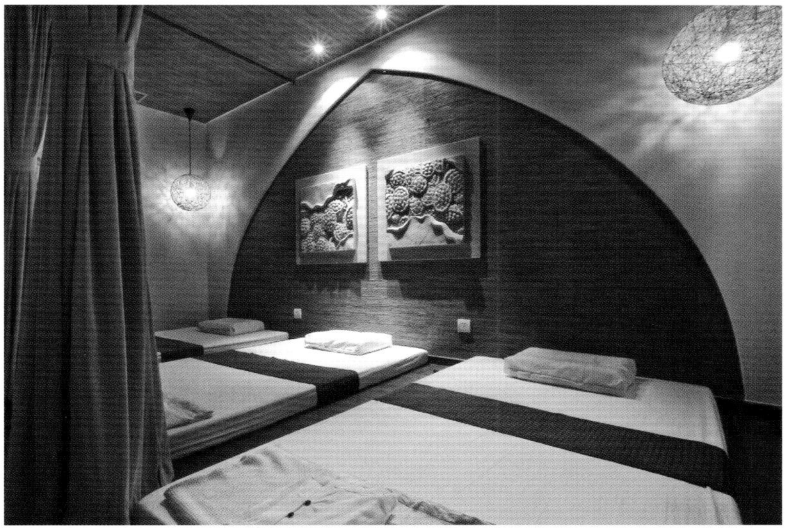

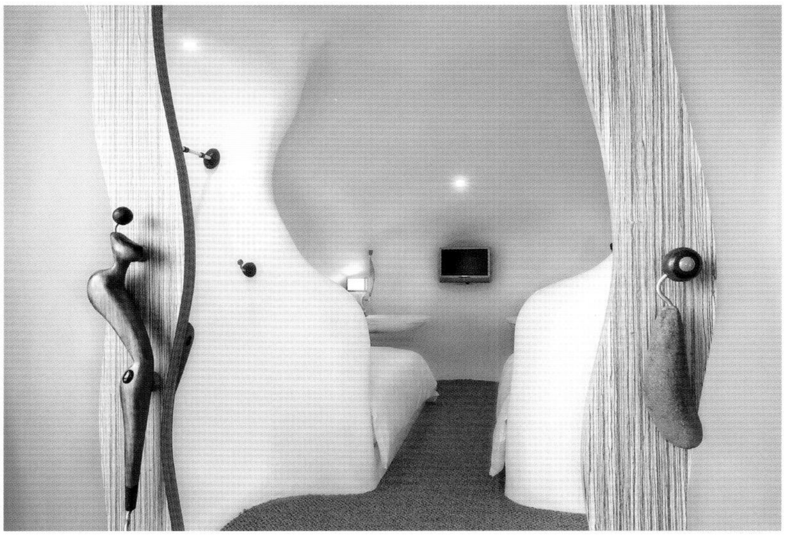

SPA
平面元素
美容型SPA
材料
都会型SPA
色彩
俱乐部型SPA
空间
度假型SPA
照明
Hair SPA
软装

天花

关键词：形式多样 防水 防腐 美观

SPA空间设计中常见的天花形式可以归纳以下几种：平面式、凹凸式、悬浮式、井格式、发光天棚、构架式、自由式、穹顶式、斜面式、雕刻式等。在进行SPA天花装修的时候，一定要选择防水、防腐以及防锈的天花材料，通常采用木天花、石膏板天花、矿棉板或玻璃纤维板天花等，这样不仅看起来美观，而且在装修好之后使用也方便。

材料

关键词：质感 肌理 渲染气氛

SPA空间气氛的组成与材料有关，应注意两者的一致性，严肃空间可选用天然石材等冷性材料，休息空间则需用木材、织物等柔软性材料。总之，不管选择何种材料来组合，首先要服从于整个室内设计的要求，达到其使用功能——安定、舒适、快乐等目的，这才是对室内界面装饰材料进行选择和构成的实质。

木质

关键词：美观 自然 柔和 环保

木材具有原料生产再生性、产品制造低能耗和低污染性以及重量轻、强度高、保温隔热、吸音隔声、防震、吸收紫外线和美观自然等特点，是最受人们青睐的一种室内装饰材料。同时，木材温和、细腻的肌理效果和自然芳香也能够带来一个柔和的氛围。在SPA装修选材上常用木雕、竹子等自然材料进行装饰，摆放木质家具、藤制家具、竹制家具等自然环保家具，偏爱材料的本色和自然纹理。

材料展示

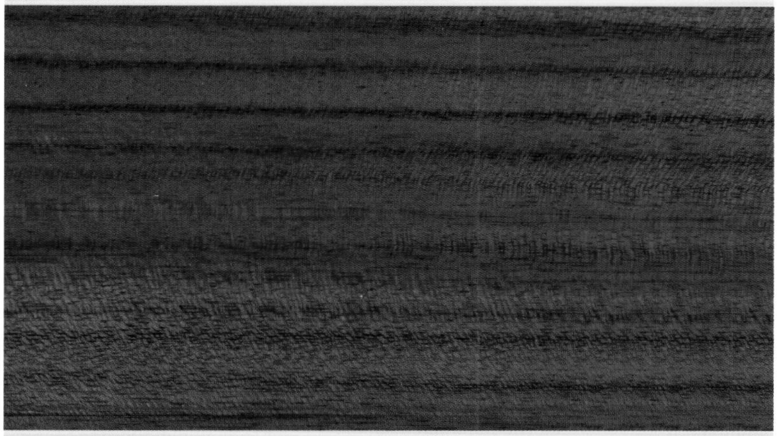

圆盘豆： 圆盘豆树种属于上等实木地板材料，心材呈金黄褐色至红褐色，主要分布于非洲地区，其中以加纳出产的尤为珍贵。适用于高档家具、地板、装饰等。

枫影

石材

关键词：色彩 纹理 质感 光泽

室内用的石材分天然装饰石材和人造装饰石材。天然石材的主要品种有天然大理石、天然花岗岩。人造装饰石材主要有水磨石、人造大理石、人造花岗岩等。无论是天然还是人造的石材，由于其丰富的颜色、纹理和质感，为室内的装饰带来了很大的灵活性和艺术性。此外，石材的运用提高了SPA空间的档次。

材料展示

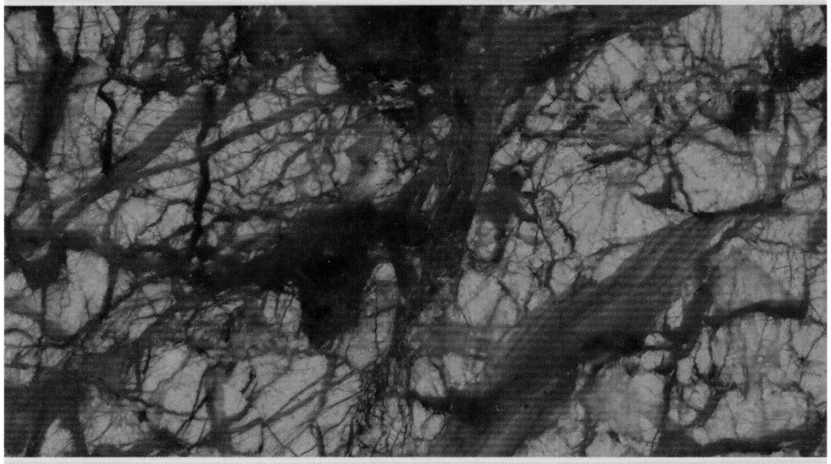

流金岁月：金黄与银白的交融，纹路纵横交错、深浅不一。常用于地面、墙面、地脚线等装饰。

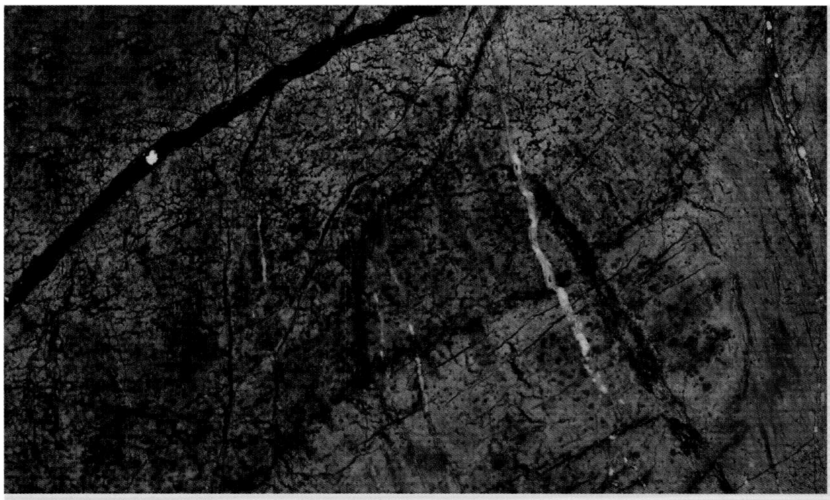

进口西林绿

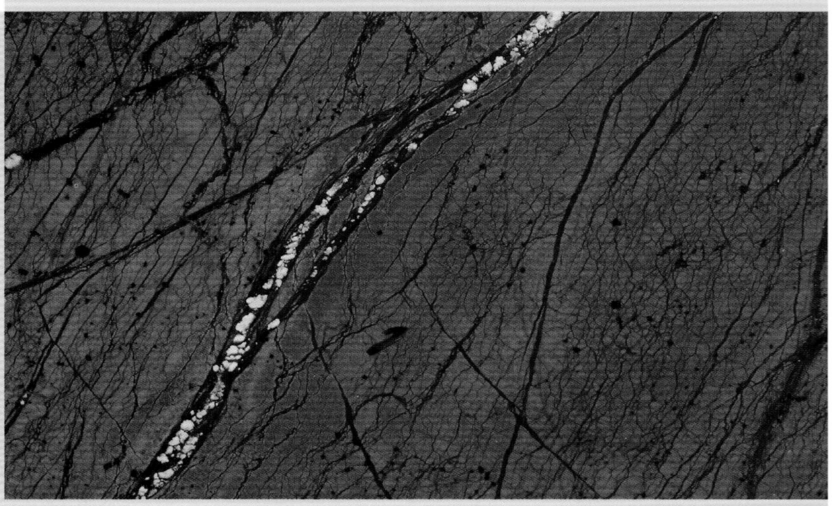

西林啡

纤维

关键词：柔软 舒适 隔热 吸声

纤维类的纺织品是SPA空间设计的常用装饰材料，这类装饰品的色彩、质地、柔性及弹性等均会对室内的质感、色彩及整体效果产生直接影响。合理选用装饰织物，既能使室内呈现豪华气氛，又给人以柔软舒适的感觉。尤其在出现了优质的合成纤维和改进的人造纤维后，室内的墙板、天花板、地板等处都广泛采用优质纤维织品作为装饰材料、隔热材料和吸声材料。

材料展示

中式风格手绘壁纸

中式风格手绘壁纸

真皮壁纸

色彩

关键词：冷暖色 合理搭配 风格协调

室内设计色彩是很丰富多彩的，但是，并不是每一种色彩人们都会从中获得良好的心理感受，因为色彩具有冷和暖的感觉。如果SPA装饰设计中过多使用了冷色作主要装修色，会使得顾客无法产生相应的舒适感觉。同样，过多使用暖色中明度和纯度较高的色彩，也会使客户产生不适感。要依据SPA风格的不同来定性设计空间的整体色彩风格，切不要过于沉闷。

暖色系

关键词：舒适 随意 平和 舒缓

暖色调主要有红色、黄色和橙色。SPA空间设计时一般使用细腻柔和的暖色调，因为暖色调能给人带来温馨、亲切、舒适的感觉，让顾客对环境产生依赖感，并且让身心都得到想要的放松感。

空间

关键词：布局合理 环境轻松

度假型SPA是为顾客提供SPA服务并能使顾客得到身心放松的高级场所，因此空间的布局就显得尤为重要。在装修设计时一定要注意空间关系、室内造型、软装饰等之间的搭配，准确定位消费群体，把握好装修设计主题。在装修度假型SPA每个项目房间时，包括水疗室、按摩池、蒸气浴室、冲浴室和泡浴室等，都需要营造出轻松愉快的环境氛围。

入口

关键词：美观 利于通行 便于客流

入口是SPA的“门脸”，是内外空间交界处，体现SPA文化和SPA服务的重要内容之一，是客人对SPA的第一印象，不同SPA入口区域面积、体量虽有大小，但在设计上却是重点，要做到美观与功能兼顾：利于通行，便于客流、行李进出；防风遮雨，减少空调气外逸。

理疗室

关键词：宽敞 明亮 多功能

所有宽敞明亮的理疗室均经过精心设计，采用优质石材和天然木材，自然采光，通风良好。每间理疗室均为多功能设计，可进行面部及身体的各种护理，均配备有按摩床和独立冲淋房和卫生间，同时还配有精致景观庭院，双人理疗室更是配备了独立干蒸室和水力按摩浴缸。

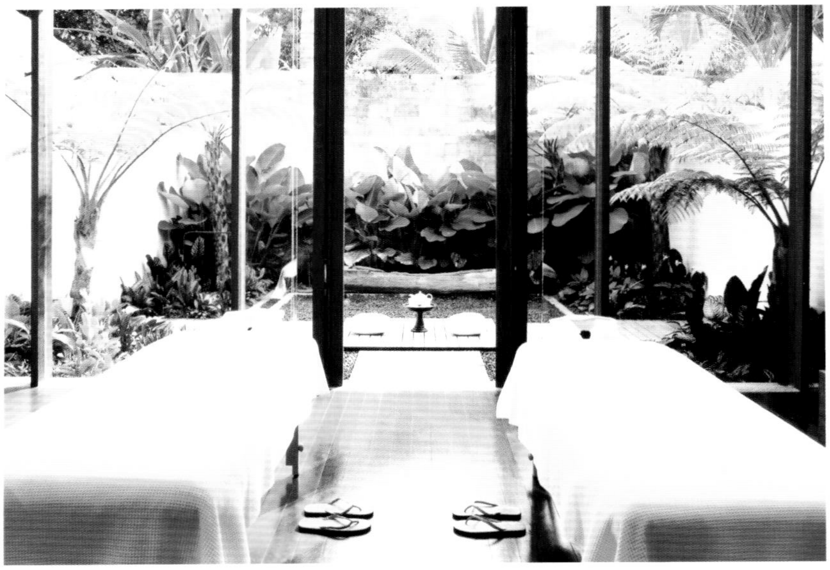

SPA

平面元素

材料

色彩

空间

照明

软装

美容型SPA

都会型SPA

俱乐部型SPA

度假型SPA

Hair SPA

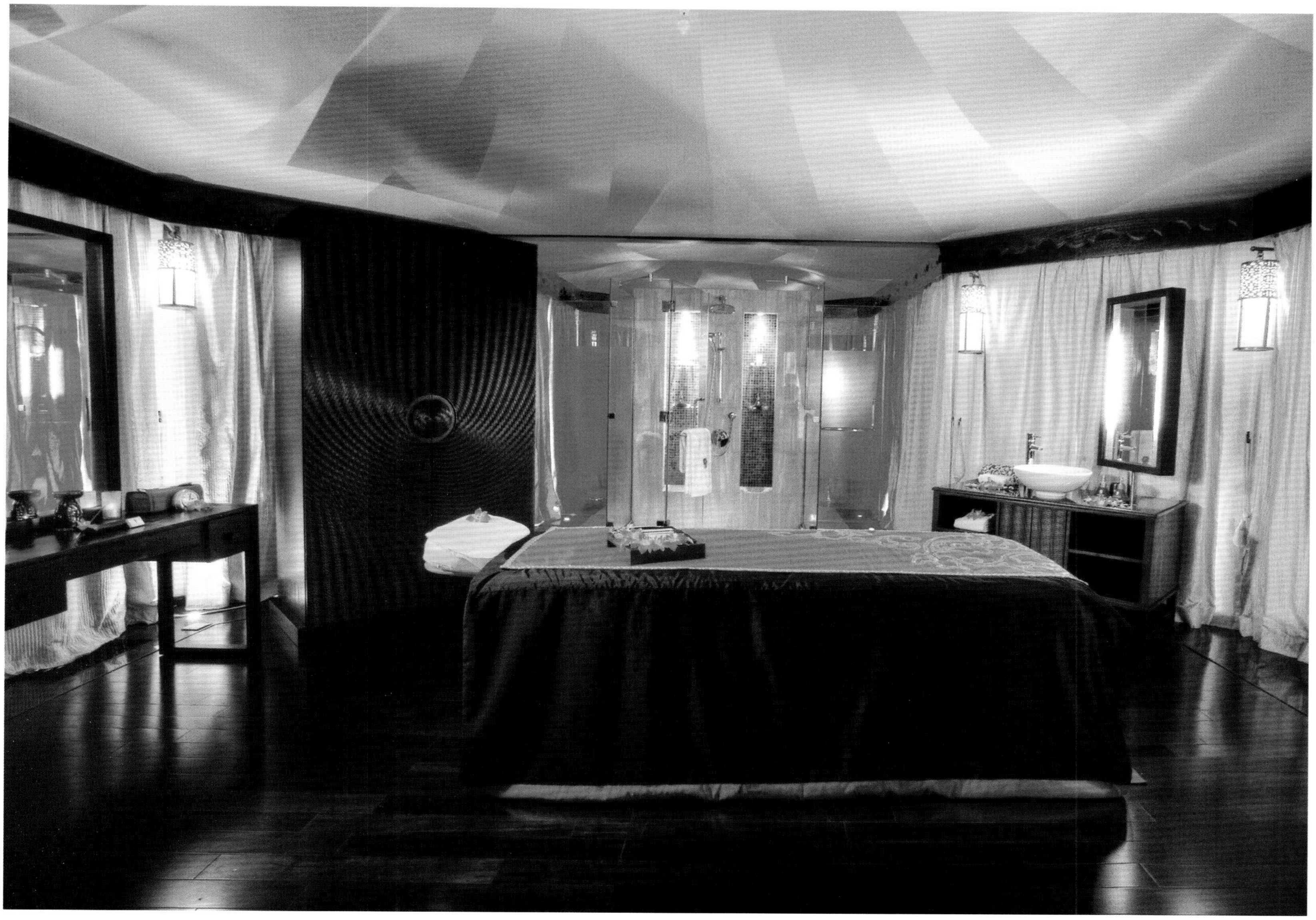

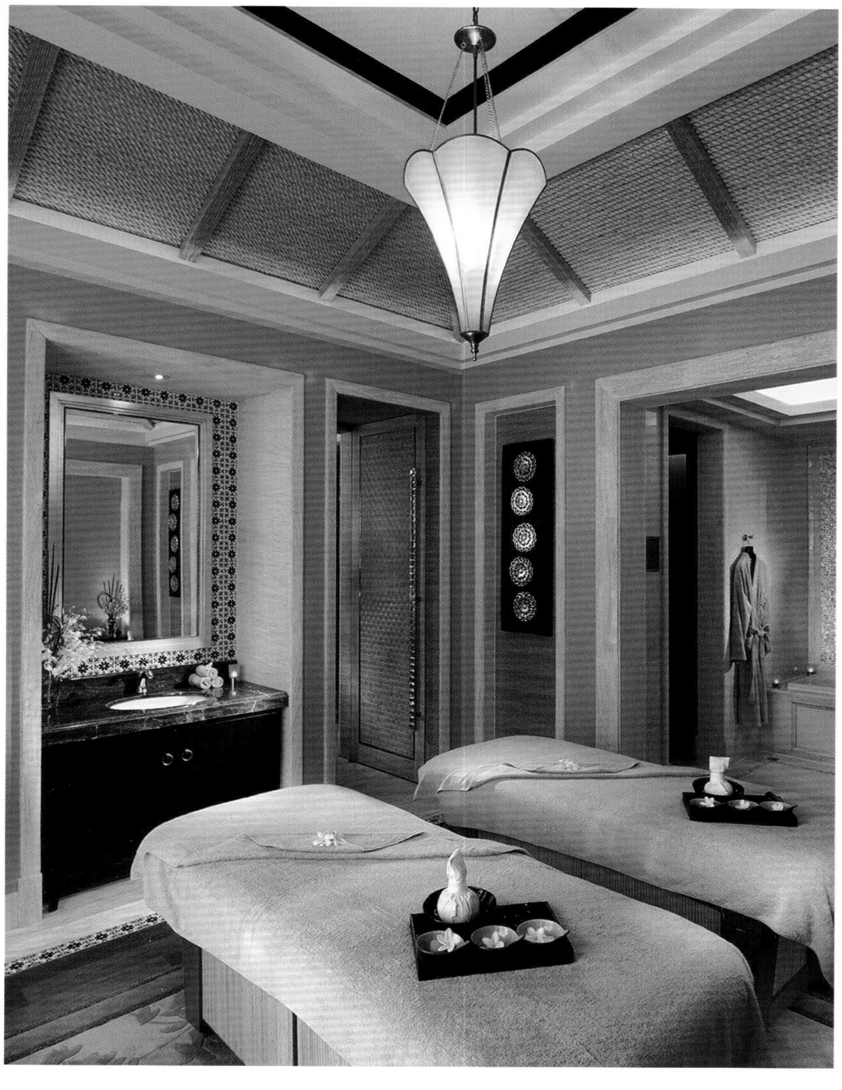

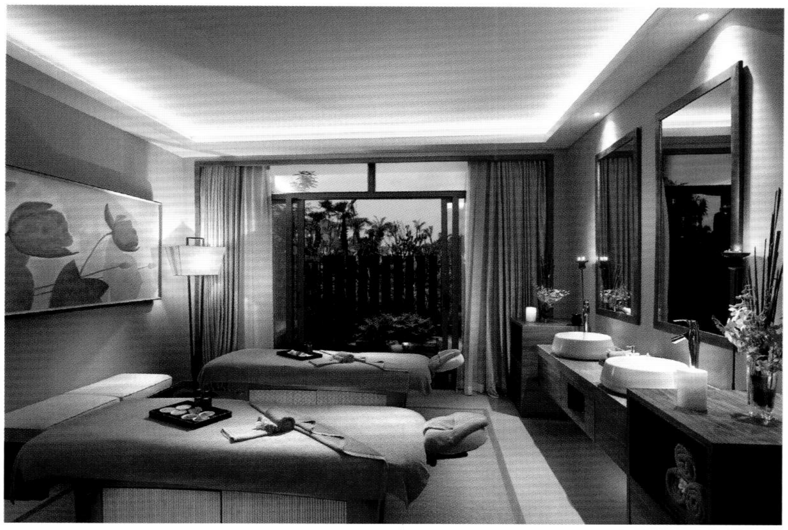

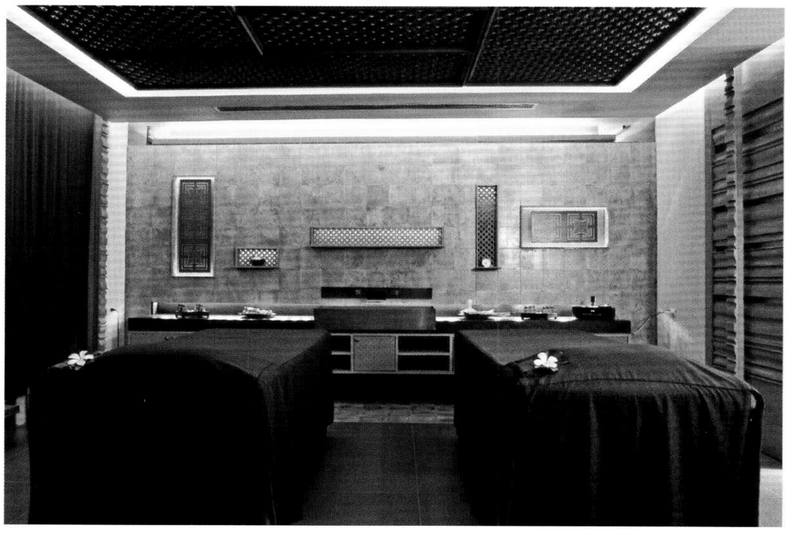

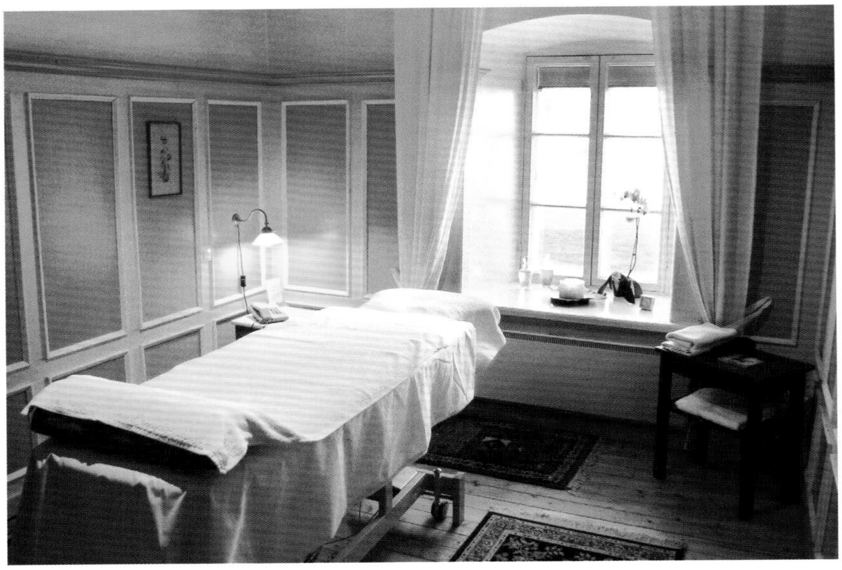

SPA

美容型SPA

都会型SPA

俱乐部型SPA

度假型SPA

Hair SPA

平面元素

材料

色彩

空间

照明

软装

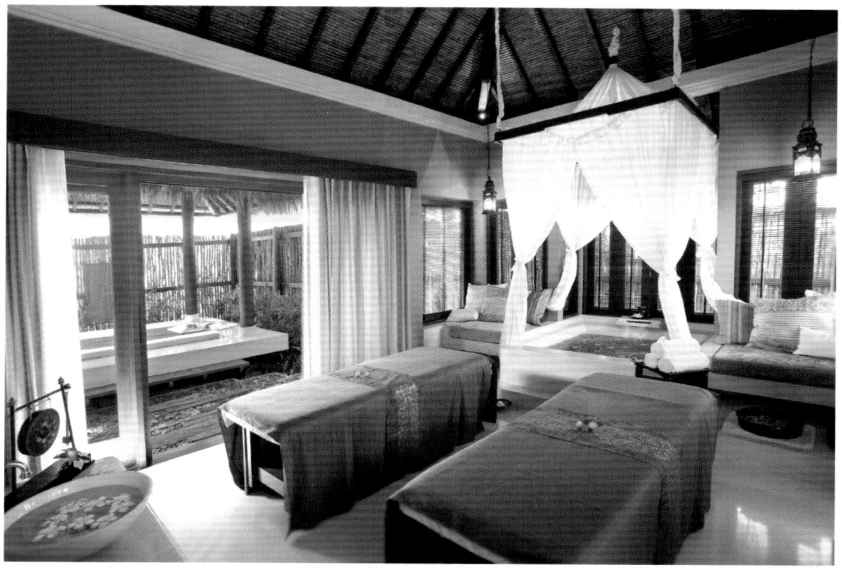

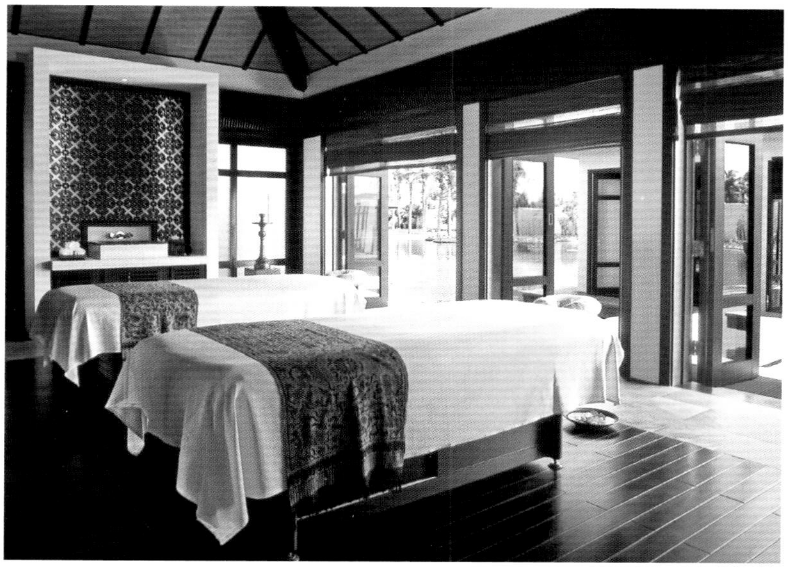

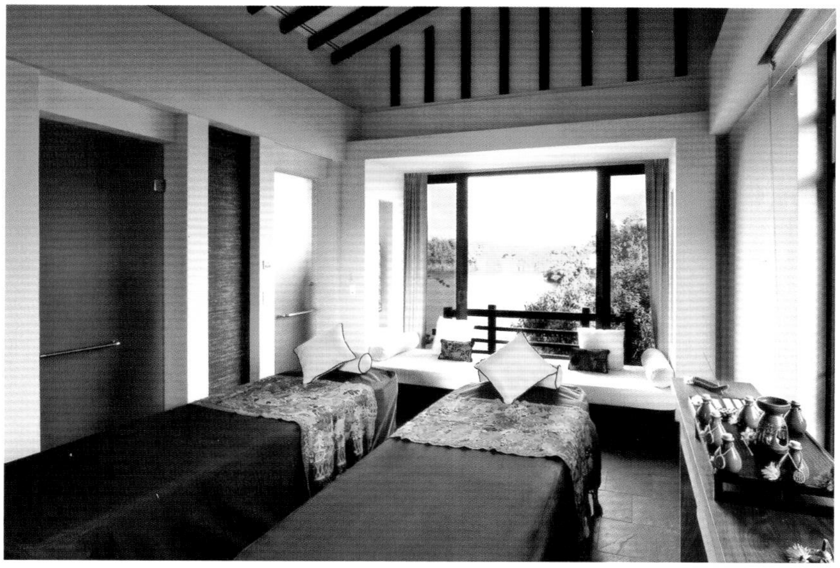

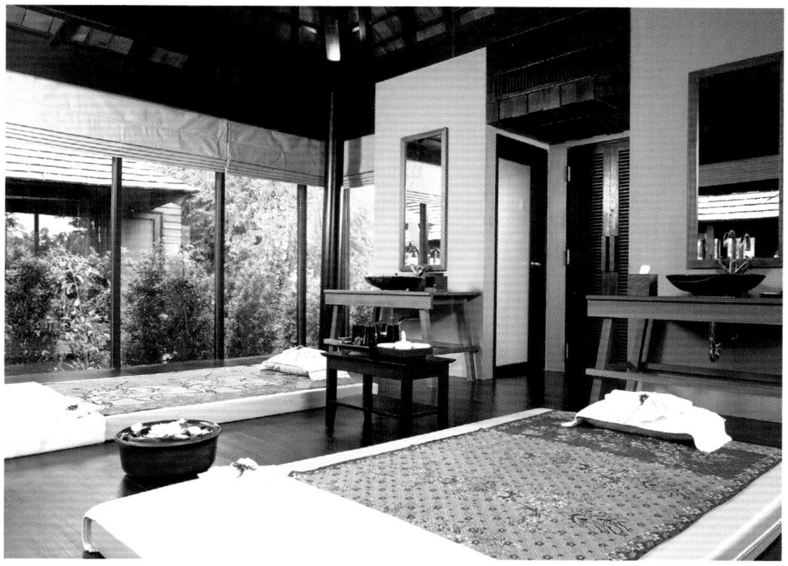

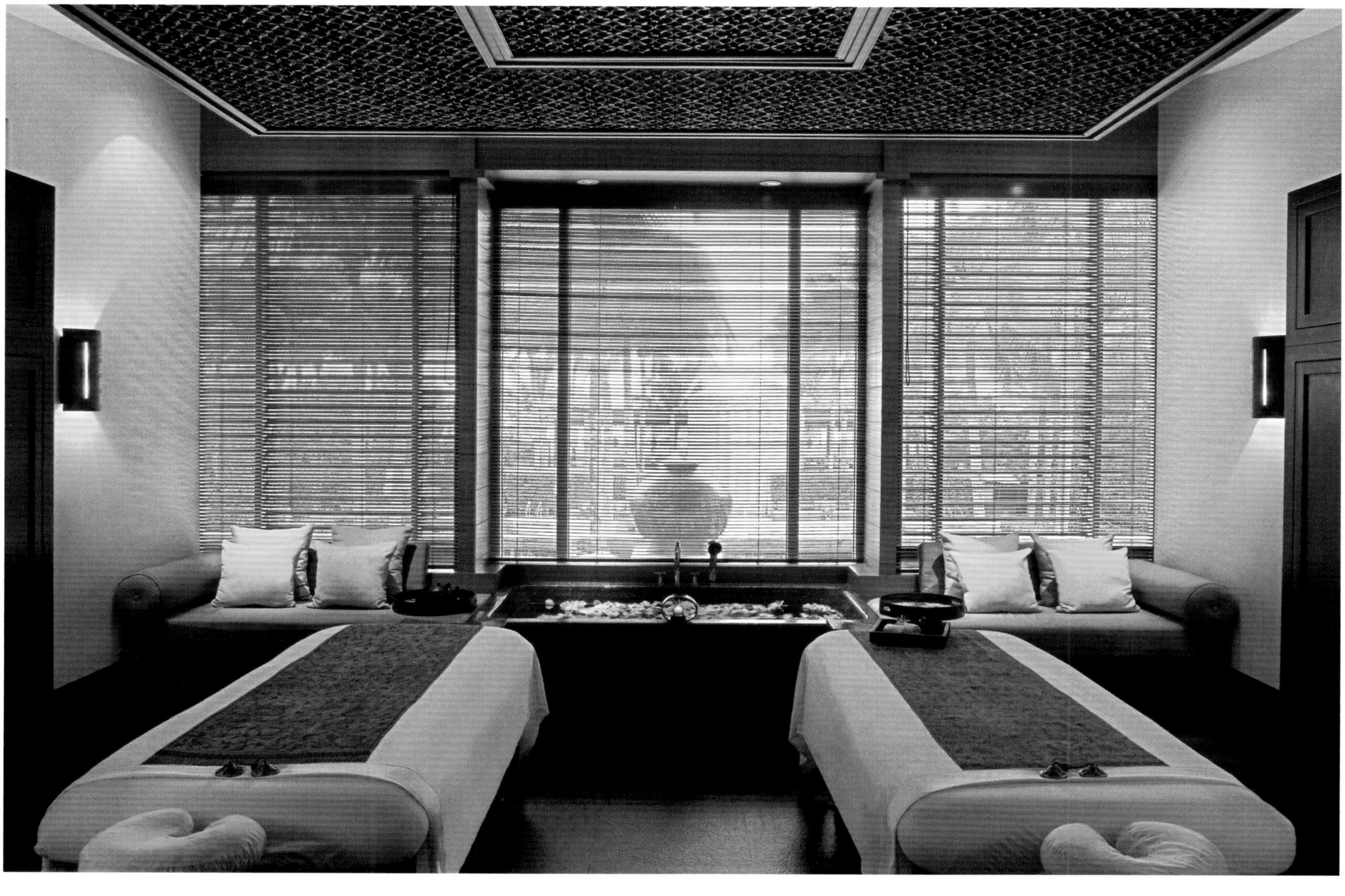

温泉浴池

关键词：独特 个性服务 光线明亮

温泉浴池可针对客人需要提供不同功效之配料，有的池边部分平铺卵石地面，让客人足不出户都能得到脚部按摩，彰显个性化温泉服务。独特的水力按摩浴池，配合世界各地特色的按摩技术，使感觉疲劳的客人享受水力按摩消除疲劳。此外，这个区域内的光线比较明亮，这是为了达到自然景观和人共享的目的，通常采用瀑布、流水、假山石头等雨林景观作为布景。

休息区

关键词：干净 整洁 空气畅通 装饰优雅

休息区也是SPA主要的区域，是体现服务细节的一个重要表现方面。休息区要保持干净、整洁、有序，光线一般比较柔和、空气通畅，在装饰上优雅而休闲。如果条件具备，可以将休息区设计成一个小小的茶座，要保证客人能自由走动，并配备必要的电视、音响设备，以此营造独特的品位和格调。

照明

关键词：营造气氛 合理 悦人身心

照明是营造气氛的主要载体。使用间接照明或加大的光源可以使整个空间看起来很亮而让人更多地关注整个空间。使用筒灯、射灯等直接照明时就需要注意光线的角度和照射方向，避免落入休闲状态下的人的眼睛区域。只有恰当合理的灯光设计才能取得引人入胜和悦人身心的效果。

暖色调

关键词：平和 恬静 亲切

一般色温小于3 300K为暖色，暖色光平和恬静，给人亲切的感觉。SPA空间设计常常选用暖色光的灯具，这样使整个空间具有温暖、愉悦、轻松的气氛，而且在暖色光中人的皮肤、面容看起来更健康、美丽动人。

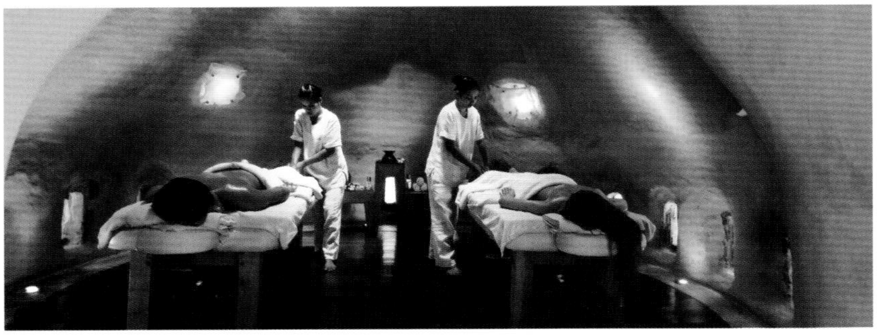

软装

关键词：层次分明 文化韵味

SPA空间可以通过室内软装饰品的布置，给顾客健康高雅的文化韵味。SPA饰品软装需要注意五方面技巧：一、摆放饰品要前小后大层次分明；二、布置饰品要结合SPA整体风格；三、饰品摆放要有主次；四、不可忽视布艺；五、花卉和绿色植物给室内带来生气。

家具陈设

关键词：实用 装饰 得体

SPA室内家具的类型、形式、风格、造型往往具有陈设特征，大多数起着装饰作用。实用和装饰二者应互相协调，不能杂乱无章又要有不断变化，使整体空间舒适得体、浪漫温馨。

布艺织物

关键词：丰富多彩 文雅 柔软

布艺织物的色彩、构造和性能丰富多样，在设计中几乎不受什么限制，因此，在室内运用非常广泛。布艺织物在室内可作椅子、沙发和靠垫外蒙面，也可用作床罩和桌布，或用作窗帘等，它们不仅可以使空间产生文雅、温和的感觉，还可以使室内显得舒服和柔软。

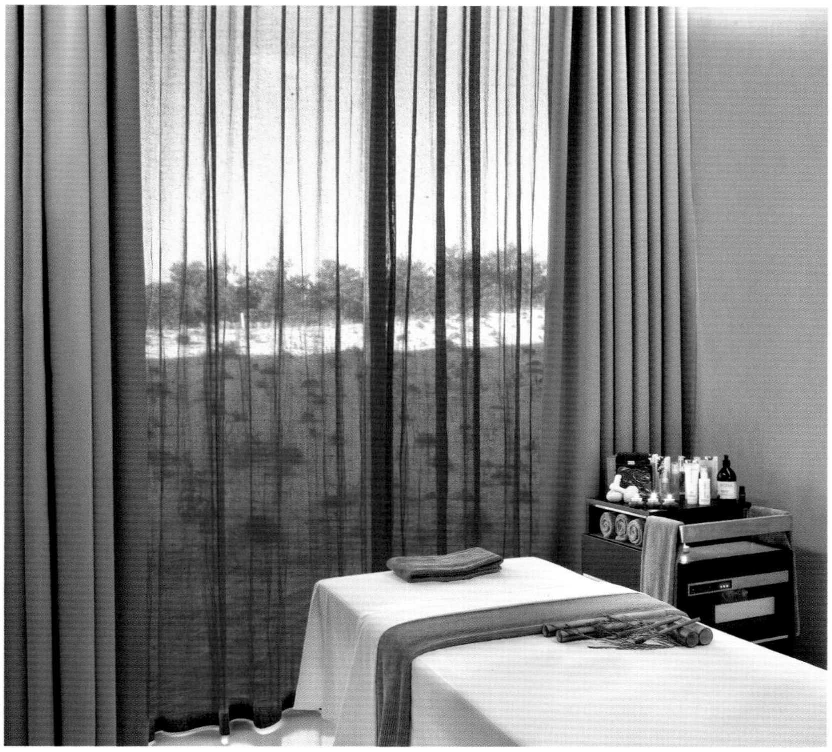

关键词：时尚 尊贵 奢华

这类SPA是对传统的美发店进行空间上的改进，讲究时尚、简洁、宽敞的气氛，更倾向于一种舒适、亲切的豪华感。在整体的空间架构上，以简单、中性的方式呈现；在色系与线条上力求沉稳简洁，典雅内敛的形象，正是构成低调奢华的精髓所在。

平面元素

关键词：合理　时尚　舒适

Hair SPA分为洗发区、剪发区、烫染区、VIP室和服务收银区等，设计不仅仅要漂亮，更重要的是专业氛围感对经营有利，功能布局合理实用、色彩搭配时尚简洁、灯光设置舒适节能。平面元素通常采用弧形、圆形、菱形、不规则几何图形等设计手法，给消费者以强悍的视觉冲击力。

墙体

关键词：线条流畅　色彩亮丽

墙体是体现室内空间、色彩、质感等一切审美的必要元素。重要功能是塑造整个店面的气氛，突出格调，创造预期的营业效果。设计关键在于选择与氛围相匹配的图案素材，讲究线条流畅，色彩亮丽，动感十足，梦幻迷离，给人以丰富的视觉效果。

隔断

关键词：灵活多变　丰富层次　可移动性

在Hair SPA灵活多变的室内空间中，隔断不仅巧妙扩大了功能区，节约了空间，还能营造出丰富的层次感，让室内环境更为多姿多彩。设计注重考虑可移动性，经常配备灯光以及个性的饰品点缀，给顾客一种美的享受。

色彩

关键词：轻松　舒适　温馨

Hair SPA色彩设计的要点在于要让消费者感到轻松、舒适、温馨，并具有信赖感、安全感。合理的色彩搭配，可以使消费者在紧张、快节奏的工作之余，寻求一个良好的环境，在打理头发和养护皮肤的同时，身心得到全面放松。

暖色系

关键词：高雅　热情　华贵

最理想的Hair SPA装修设计是以其独特风格来吸引消费者。风格是时尚旋律的体现，高雅的暖色系，配上观感舒适的饰物点缀，显得格外迷人，给消费者以热情、华贵之感。

冷色系

关键词：现代　内敛　质感

明度较低、彩度较高、有收缩感的冷色系使空间间隔显得较近，带来另一种清凉、宁静的内敛，表现出更为浓厚现代气息。冷色系的Hair SPA主要注重其环境的舒适度及追求的质感体验，是都市白领一族的最爱。

空间

关键词：合理性　方便性　畅通性

从空间布局上看，要结合经济因素，考虑每个功能区的分布合理性。按照实际空间的使用去考虑每一个区域的安排，既要发挥每一处空间的作用，又要迎合消费者的心理。以宽松、干净、舒适为宜，还要考虑到方便性、畅通性，整体造型要独特，色调要统一。

大厅

关键词：光线充足　通风良好　轻松愉快

需根据店面大小灵活设计，在光线充足、通风良好的基础上，应保留适当的空间，用以摆放沙发、茶几，通常准备些美发时尚类的杂志供消费者阅览参考，同时播放音乐，使顾客在轻松、愉快的心情下度过等候的时光。

SPA

平面元素　美容型SPA

材料　都会型SPA

色彩　俱乐部型SPA

空间　度假型SPA

照明　Hair SPA

软装

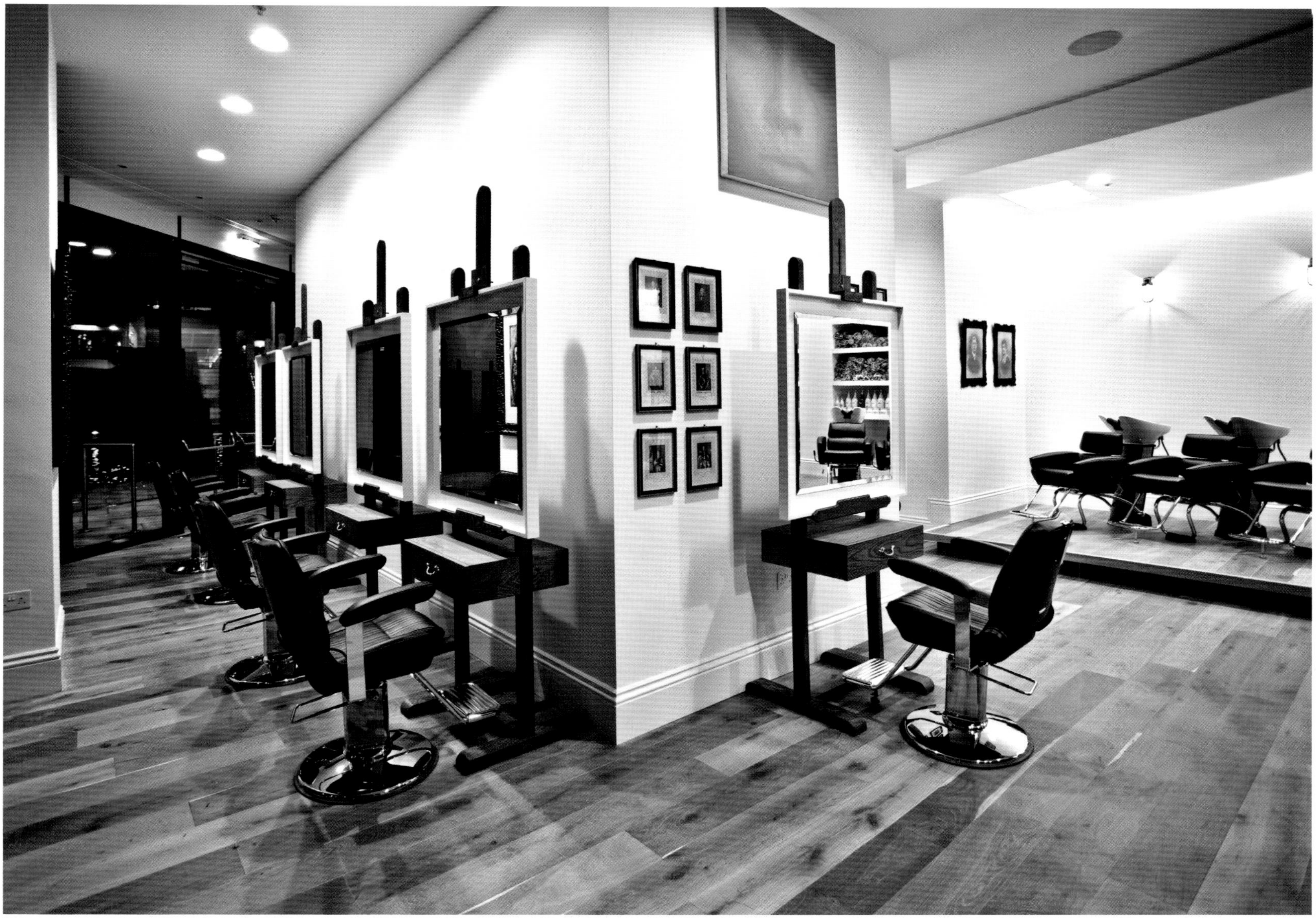

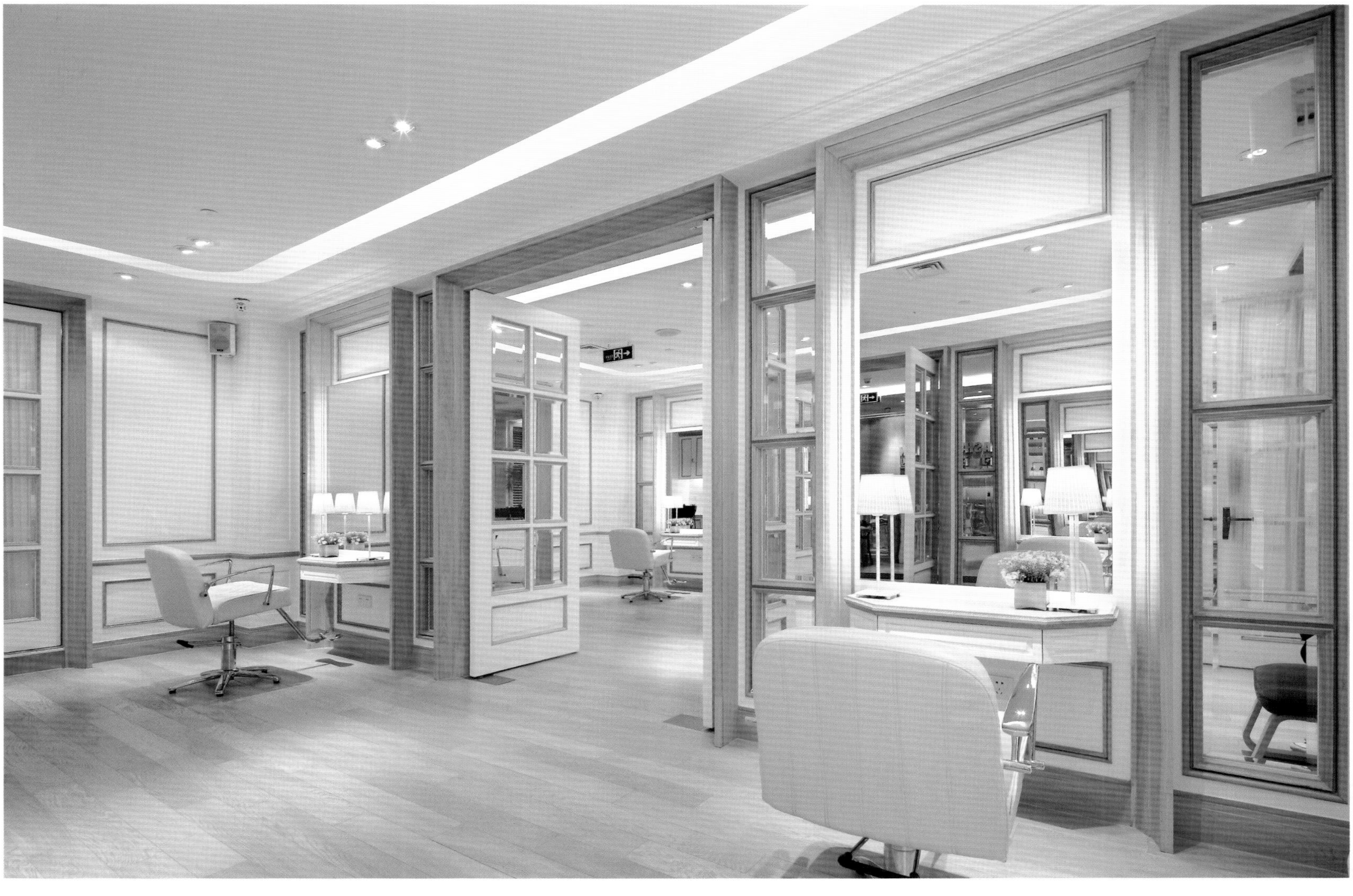

走道

关键词：鲜明个性　可视性强

走道设计应更注重突出店面的整体特征，具有鲜明、独特的个性。造型、大小、凹凸、色彩应统一、协调、适当、可视性强，以引导消费者，诱发其好奇心。另外，适当增加文化气氛，可成为吸引人气的不可偏废的一笔。

软装

关键词：亲切触感　宜人色彩　体贴入微

Hair SPA设计讲究营造个性的空间，来体现其特性和与众不同，这就要求软装具有鲜明的独创性。亲切的触感，宜人的色彩，舒适的温湿度，合理的家具设置等，使消费者产生一种体贴入微的感觉。

家具陈设

关键词：立体感　时尚感

根据店面摆设风格统一的沙发，一般要求色调清新，空间感受要强烈；或配套专业护理设备和洗头设备，且风格独立特别。加以适当的软装饰，如纱帘、帷幔、线帘、木质花格等，营造出温馨、浪漫、精致、高雅的氛围，辅以灯光照明，更增加了空间的立体感与时尚感。